기기분석 핸드북 2

고분자·분리분석 편

오승호 역

Handbook of Instrumental Analysis

토코나 미시호·마에다 코오지·야스카와 토모유키 편

化学同人

신일서적(주)

집필자 일람

1장 酒井達子 (名城大学分析センター)
専門は有機微量分析

1장 板東敬子 (元住友ファーマ (株))
専門は有機微量分析

2장 芝本繁明 ((株) 島津製作所基盤技術研究所)
専門は分析化学 (GC, GC/MS) , マイクロ・ナノシステム

3장 鈴木茂生 (近畿大学名誉教授)
専門は分離分析化学, 糖鎖解析

4장 楠川隆博 (京都工芸繊維大学大学院工芸科学研究科)
専門は分子認識化学, 超分子化学

5장 末吉健志 (大阪公立大学大学院工学研究科)
専門は分析化学 (主に電気泳動) , マイクロ・ナノ分析化学

5장 大塚浩二 (京都大学大学院工学研究科)
専門は分析化学, 分離分析

6장 石田由加 (アトー (株) 顧客部)
専門は電気泳動

6장 藤生弘子 (アトー (株) 技術開発部)
専門は生化学, 細胞生物学

6장 久保田英博 (アトー (株) 技術開発部)
専門は高分子分析化学, 微弱光計測

7장 稲山良介 (大塚電子 (株) 開発本部)
専門はコロイド化学, 粉体工学

8장 渡部悦幸 ((株) 島津総合サービスリサーチセンター)
専門は分析化学 (主に高速液体クロマトグラフィー)

9장 中木戸誠 (東京大学大学院工学系研究科)
専門はタンパク質科学, 分子生物学

9장 長門石曉 (東京大学医科学研究所)
専門は生化学, 生体関連化学

9장 津本浩平 (東京大学大学院工学系研究科)
専門は生命物理化学, 分子医工学

10장 門出健次 (北海道大学大学院先端生命科学研究院)
専門はキラル化学, 化学生物学

11장 安川智之 (兵庫県立大学大学院物質理学研究科)
専門は電気分析化学, 粒子操作

11장 床波志保 (大阪公立大学大学院工学研究科)
専門はバイオ分析化学

11장 飯田琢也 (大阪公立大学大学院理学研究科)
専門は生体光物理

11장 前田耕治 (京都工芸繊維大学大学院工芸科学研究科)
専門は分析化学, 電気化学

『기기분석 핸드북』 시리즈 간행에 있어서

『기기분석 핸드북』 시리즈에서는 화학연구에 빼놓을 수 없는 분석기기를, 처음 다루는 초보자도 알 수 있도록, 3분책으로 해설했습니다. 일본분석화학회 킨키지부의 유지 선생님들의 편집에 의해, 각각의 기기의 전문 분들이 집필해 주실 수 있어, 초학자부터 현장의 연구자까지, 폭넓은 요구에 응할 수 있는 내용으로 되어 있습니다.

【유기 · 분광 분석편】
- 적외선 분광법
- NMR 분광법
- 질량 분석법
- 가시·자외선 분광법, 형광
- 근적외선 분광법
- 라만 분광법
- ESR 분광법
- 스펙트럼에 의한 화합물의 구조 결정법

【고분자 · 분리분석법】
- 유기 원소 분석
- 가스 크로마토그래프법
- 고속 액체 크로마토그래프법
- 박층, 종이, 컬럼 크로마토그래프법
- 전기영동
- 동적 광산란법(DLS), 겔 침투 크로마토그래피(GPC)
- 표면 플라즈몬 공명(SPR)
- 선광도와 원편광 이색성법(CD)
- 전기화학

【고체 · 표면 분석편】
- 열 분석법
- 시료 준비
- 원자 흡광 분석법
- ICP 발광 및 질량 분석법
- 형광 X선 분석법
- X선 회절법
- X선 광전자 분광법
- 광학 현미경
- 전자 현미경
- 프로브 현미경

본 시리즈의 전작이라 할 수 있는 『제2판 기기분석의 지렛대』 시리즈(1996년)의 간행 이후 약 4반세기가 지나 그 후계로서 새롭게 본시리즈가 써내려갔습니다. 레이와 시대에도 분석기기의 발전은 계속되어 갑니다. 이 시리즈가 그 일에 도움이 되기를 바랍니다.

2020년 3월

화학동인 편집부

머리말

분석기기는 환경 모니터링, 식품의 품질관리, 개개인의 건강진단이나 건강상태 추적 등 일상생활에 필수적인 도구가 되고 있다. 지금 기기를 사용하지 않는 과학이 있을까? 앞으로 자연과학이나 공학분야에 종사한다면 기기분석은 필수불가결하다.

기기의 매뉴얼도 읽지 않고, 구경꾼으로 장치를 설치하고, 샘플을 주입하고, 측정 시작 버튼을 누르는 것만으로, 나름대로의 결과를 얻을 수 있을지도 모른다. 그러나 그 결과를 붙여 리포트를 쓰려고 해도, 잘 설명되지 않고, 교과서나 실험서를 그대로 베끼는 수밖에 없지 않을까? 기기 안의 '과학'이나 '작동기구'를 알지 못하면 실험기법이나 조작기술은 몸에 배거나 과학의 창의성을 키우거나 기기발전에 기여할 수 없을 것이다.

현재 기기분석과 관련된 교과서와 전문서가 많이 출판되고 있으며, 이들은 각각 분석기기의 실제와 분석화학의 원리를 전달하는 데 목적에 맞는 깊이와 폭이 설정되어 있다. 이 책은 처음으로 그 분석기기를 사용하는 학부생이나 산업계의 연구자들을 위한 지침서로 자리매김할 수 있도록 고안했다.

각각의 기기의 원리(샘플을 주입하면 어떻게 처리되고 분리되며 시그널로 변환되는지), 조작방법, 특징, 대표적인 사용 예, 샘플 전처리, 얻어진 데이터를 보는 방법 등에 대해 평이하게 해설하였다. 따라서 분리나 검출의 상세한 기초 원리에 대해서는 다른 분석 화학 교과서를 병용해 주었으면 한다. 본서는 앉아서 차분히 읽는 것보다, 실제로 분석기기 옆에 두고, 읽고, 장치를 만지고, 또 읽고를 반복해 주었으면 한다. 잠시 후, "아, 이건 저 그림 근처에 쓰여져 있던 현상이야."라고 실감할 수 있을 것이다. 이것이 전문가로 가는 첫걸음이다. 이 책은 3분책으로 발간된 '기기분석 핸드북'의 제2권 '고분자 분리 분석편'이다.

고분자 분리분석법인 각종 크로마토그래피, 단백질 분리를 위한 전기영동을 비롯하여 유기원소분석, 동적광산란법, 표면 플라즈몬 공명, 원편광이색성법, 전기화학분석법을 다루었다. 이 책을 장치 옆에 둔 여러분이 각각의 분석기기를 앞에 두고 차례차례 마주치는 의문과 난점을 해결하고 분석기기의 진수를 맛볼 수 있다면 망외의 기쁨이 될 것이다.

마지막으로, 본서의 취지에 찬동해 주셔서, 쾌히 집필해 주신 선생님들께 진심으로 감사의 말씀을 드린다. 또한, 본서의 출판에 있어서 기획 당초부터 신세를 진 화학동인 편집부의 오바야시 후미히코님께 심심한 사의를 표한다.

2020년 8월

고분자·분리분석　편자
토코나 미시호
마에다 코오지
야스카와 토모유키

역자 소개

오승호
吳承鎬

- 성균관대학교 화학공학과 졸업
- 화공기술사
- 기술지도사(화공분야)
- 현대자동차㈜ 기술연구소 근무(1986~1990)
- 현대정공㈜ 중앙실험실 근무(1990~1993)
- 한국 다이오넥스㈜ 학술부 이사
- 써모사이언티픽 코리아㈜ 학술지원부 상무(2011~2017.10)
- 연세대학교 약학대학원 제약산업학 협동과정 기기분석학 강사 (2021년-현재)
- 현재 기기분석, 시료전처리, 연구실 안전 전문강사로 활동 중
- 연락처– 이메일: shoh2121@hanmail.net 전화: 010–8937–7860

■ 저서

- 기기분석을 위한 시료전처리 기초와 실무(기기분석 전문가 커뮤니티) – 2003년
- 이온 크로마토그래프, 국가연구시설장비진흥센터 – 2014년

■ 역서

- 분석시료 전처리 핸드북 (아카데미 서적/2008년)
- 현장에서 도움되는 화학분석의 기초 (신일북스/2010년)
- ICP 발광분석 · ICP 질량분석의 기초와 실제 (신일북스/2010년)
- 조금 상세한 액체 크로마토그래피 (신일북스/2011년)
  [I 아무도 가르쳐 주지 않는 노하우, II 검출편, III 전처리편, IV 분리편]
  – 2012년 대한민국 문화체육관광부 우수학술도서 선정 –
- 가스 크로마토그래피 자유자재 Q&A [준비, 시료도입편/분리, 검출편]
- (신일북스/2011년)
- 도움되는 이온크로마토그래피 (신일북스/2012년)
- 도움되는 기체 크로마토그래피 (신일북스/2012년)
- 분석화학 실기 시리즈 원자흡광 분석 (신일북스/2012년)
- 기기분석 실기 시리즈 ICP 발광분석법 (신일북스/2013년)
- 유도결합 플라즈마 질량분석법 (신일북스/2013년)
  – 2014년 대한민국 학술원 우수학술도서 선정 –
- 화학실험에 있어서 사고예와 안전 (신일서적㈜/2013년)
- 크로마토그래피에 의한 이온성 화학종의 분리분석 (신일서적㈜/2015년)
- 분석화학 실기 시리즈 ICP 발광분석법(개정판) (신일서적㈜/2015년)
- 분석화학 실기 시리즈 ICP 열분석 (신일서적㈜/2015년)
- 현장에서 도움되는 화학분석의 기초(제2판) (신일서적㈜/2016년)

- 이공계를 위한 화학 (신일서적㈜/2017년)
- LC/MS, LC/MS/MS의 메인테넌스와 트러블 해결 (신일서적㈜/2017년)
- LC/MS, LC/MS/MS Q & A (I) (신일서적㈜/2017년)
- 현대 질량분석학 (신일서적㈜/2017년)
- 도움되는 화학시리즈 분석화학 (신일서적㈜/2018년)
- 기초부터 배우는 분석화학 (신일서적㈜/2018년)
- 화학 시작의 첫걸음 분석화학 (신일서적㈜/2018년)
- 질량분석의 원류 [기초부터 배우는 매스 스펙트로메트리] (신일서적㈜/2018년)
- 질량분석학 [기초편] (신일서적㈜/2018년)
- 바이오 의약품의 품질관리 전략 [Qulity by Design을 도입한 제조 품질관리] (신일북스/2018년 12월)
  – 2019년 세종도서 우술학술도서 선정 –
- 매스 스펙트로메트란 무엇인가 (신일북스/2018년 12월)
- 화학 안전 노트 (신일북스/2019년)
- 이온 크로마토그래피 (신일북스/2019년)
- 화학 실험 현장의 안전 공학 (성안당/2019년)
- 안전한 화학실험을 위한 수칙 (성안당/2019년)
- 화학실험실의 안전 (성안당/2019년)
- 입문 기기 분석 화학 (신일북스/2019년)
- LC/MS, LC/MS/MS Q & A [II–중급] (신일서적㈜/2020년)
- 분석화학 실기 시리즈 [응용분석편 4 고분자 분석] (2020년)
- 플라스틱 분석 입문 (신일서적㈜/2021년)
  – 2021년 세종도서 우술학술도서 선정 –
- 고분자 첨가제 분석 가이드북 (신일서적㈜/2021년)
- 이것이라면 알 수 있다. [Mass Spectrometry] (신일서적㈜/2021년)
- LC/MS, LC/MS/MS 기초와 응용 (성안당/2021년)
- 현장에서 도움이 되는 환경분석의 기초 (성안당/2021년)
- 현장에서 도움이 되는 수질분석의 기초 (성안당/2021년)
- 현장에서 도움이 되는 대기 분석의 기초 (성안당/2021년)
- 현장에서 도움이 되는 화학 분석의 기초기술과 안전 (성안당/2021년)
- 가스 크로마토그래피 (신일서적㈜/2021년)
- 전기화학분석 (신일서적㈜/2021년)
- 형광 X선 분석 (신일서적㈜/2021년)
- 고상 추출 (SPE) 가이드북 (신일서적㈜/2022년)
- LC/MS, LC/MS/MS에 있어서의 스펙트럼 해석 (신일서적㈜/2022년)
- LC/MS, LC/MS/MS Q & A [III–고급] (신일서적㈜/2022년)
- 흡광·형광분석 (신일서적㈜/2022년)
- 유도결합 플라즈마 질량분석 (신일서적㈜/2022년)
- 바이오 의약 (신일서적㈜/2024년)

목 차

※ 부록 '스펙트럼에 의한 화합물의 구조 결정법'을 화학동인 웹사이트에서 다운로드 할 수 있습니다.

1 유기원소분석

1.1 처음에

유기물의 구조를 결정하기 위해서는 우선 유기물에 포함되는 원소의 조성식을 결정한 뒤 다양한 기기로 분석할 필요가 있다. 구조를 결정하기 위하여 행하는 중요한 분석 방법 중 하나가 유기원소 분석이 있다. 유기원소 분석이란 유기물을 연소 등에 의한 분해해서 탄소(C), 수소(H), 질소(N), 산소(O), 황(S), 할로겐[불소(F), 염소(Cl), 브롬(Br), 요오드(I) 등 총칭 X], 인(P) 및 금속 등의 원소를 어떤 방법으로 정량해 조성식을 결정하는 방법이다. 최근에는 제품의 품질 관리나 환경 분석 등에도 응용된다. 이하에 유기원소 분석의 원리, 시료의 전처리, 조작 방법, 시료 분석을 의뢰할 때 주의 및 분석 결과의 해석법 등에 대해서 기술한다.

1.2 유기원소 분석으로 무엇을 알 수 있는가?

1.2.1 구조식을 결정할 수 있다.

유기원소 분석으로 얻은 시료 중의 각 성분 원소의 함유율(분석값)과 원자량으로부터 각 원자의 성분비(분석값/원자량)를 구하고, 이 비를 가장 간단한 정수비로 환산하면 조성식이 구해진다.

1.2.2 순도 분석할 수 있다.

시료의 분자식으로부터 계산하여 얻어지는 각 원소의 함유율(이론값)과 분석값을 비교하면 시료의 순도를 알 수 있다. 게다가, 다른 제조 로트의 시료의 분석값을 비교함으로써 제조 방법의 검토나 제품의 품질 관리를 할 수 있다.

1.2.3 불순물 분석할 수 있다.

원료에 사용된 무기 물질 등 같은 시료 속의 원소를 분석함으로써 불순물을 분석할 수 있다.

1.3 분석의 원리

1.3.1 탄수소 동시 분석법(중량법)

탄수소(CH) 동시 분석법(중량법)은 유기원소 분석의 기초를 닦은 측정 방법이다. 산화구리(CuO)를 충전한 연소관 내에 캐리어 가스로 공기 또는 산소(O_2)를 흘려보내고 연소관을 900℃ 이상으로 가열하며 정밀하게 잰 시료를 연소관 내에 도입하여 연소분해

1

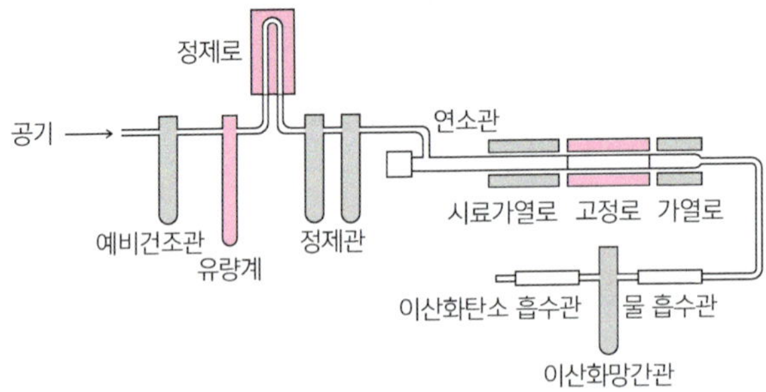

그림 1.1 탄수소 동시분석장치 (도움되는 유기미량원소분석으로부터)

하면 시료 중의 탄소는 일산화탄소(CO) 및 이산화탄소(CO_2) 등의 탄소산화물(CO_x), 수소(H)는 물(H_2O), 질소(N)는 일산화질소(NO) 및 이산화질소(NO_2) 등의 질소산화물(NO_x)로 산화된다. 더욱이 시료에 할로겐 및 황이 포함되어 있는 경우 할로겐 가스(X_2) 등의 할로겐화물로 황 및 황산화물(SO_x)로 산화된다.

이들 산화물이 가열된 산화구리 및 은(Ag) 충전층을 통과하면 할로겐화물 및 황산화물이 제거되어 이산화탄소, 물, 질소산화물이 된다. 이들 연소생성가스를 과염소산 마그네슘을 충전한 물 흡수관, 이산화망간을 충전한 이산화망간관 및 수산화나트륨을 충전한 이산화탄소 흡수관 중을 통과시키면 각각의 흡수관에서 가스가 흡수되므로 측정 전후에 물 흡수관 및 이산화탄소 흡수관의 중량을 계측하면 증가된 중량에서 수소 및 탄소의 분석값이 구해진다.

1.3.2 질소 분석법

질소 분석법에는 마이크로 듀마법과 켈달법이 있다.

(1) 마이크로 듀마법

마이크로 듀마법은 유기원소 분석의 기초를 세운 측정 방법이다. 탄수소 동시 분석법과 마찬가지로 시료를 연소 분해하면 시료 중의 질소를 질소 산화물에 산화되어 질소 산화물은 환원 구리(Cu)에 의한 질소(N_2)로 환원된다. 아조토미터(질소를 재기 위한 부피계에 보낸 수산화칼륨 용액 안에서 질소 외의 연소 생성 가스를 제거한 뒤 질소 부피를 측정, 질소의 분석값을 구한다. 또한 최근에는, 1.3.3항에 제시한 탄수질소 동시분석장치의 충전제나 흡수 파이프 등을 변경하는 것으로 질소 분석이 가능하다.

(2) 켈달법

켈달법은 일본 약전과 JIS에 규정되고 있는 측정 방법이다. 정밀하게 잰 시료에 분해 촉진제와 황산을 가하고 가열하고, 황산암모늄으로 변환한 후, 알칼리성 용액을 넣어 유리한 암모니아를 염산으로 적정하여 질소의 분석값을 구한다.

1

1.3.3 탄수질소(유황) 동시 분석법

1960년경부터 열전도도 검출기를 이용한 가스 크로마토그래프법이나 흡수 제거 컬럼을 이용하는 차동열전도도법에 의한 탄수질소(CHN) 동시분석법이 급속히 발전하였다. 또한 1980년대에는 컴퓨터 기술의 도입에 의한 자동화가 달성되었고, 1990년에는 적외선 분광 검출기와 열전도도 검출기를 조합한 선택적 검출 방식의 자동 분석계도 개발되었다. 최근에는 1대의 장치에서 탄수질소 동시 분석법, 탄수질소황(CHNS)의 4성분 동시 분석법 및 산소 분석법 등을 수행할 수 있는 장치도 보급되고 있다. 탄수질소 동시 분석법 및 탄수질소황 동시 분석법과도 시료를 연소 분해하고 연소 생성한 가스를 다양한 방법으로 분리하여 열전도도 검출법 또는 적외선 분광법 등에 의해 검출하는 방법이다.

(1) 시료의 분해법

탄수질소 동시 분석법은 현재 시판되는 대부분의 장치가 다음에 나타낸 방법을 채용하고 있다. 시료를 고온 하의 연소관 내에서 완전히 연소 분해해서 탄소는 이산화탄소, 수소는 물, 질소는 질소 가스로 변환한다. 연소관 내에 산화제로 산화구리, 산화크롬(Cr_2O_3), 산화니켈(NiO), 산화크롬 혼합물 등을 충전한다. 황이나 할로겐의 제거제로, 산화구리와 산화마그네슘(MgO), 은, 산화코발트(Co_3O_4)와 은의 혼합물, 산화세륨(CeO_2) 등을 충전한다. 환원관 내에 환원제로 환원 구리 등을 충전한다.

캐리어 가스에 헬륨 가스를 이용, 900℃ 이상으로 가열한 연소관 내에, 백금 보트 또는 주석제 시료 용기에 정밀하게 잰 시료를 도입한다. 조연 가스로 산소 가스를 이용하여 연소 분해한다. 또한 주석제 시료 용기를 이용한 경우, 순수 산소 분위기 중, 연소 온도는 1800℃이다. 시료 중 탄소는 일산화탄소 및 이산화탄소 등의 탄소 산화물, 수소는 물, 질소는 일산화질소 및 이산화질소 등의 질소 산화물에 산화되고, 또한 시료에 할로겐 및 유황이 함유되어 있는 경우, 할로겐은 할로겐화물, 황은 황산화물로 산화된다. 이들의 산화물은 가열한 산화구리, 은 및 환원구리 중을 통과하자, 탄소 산화물은 산화구리에서 산화되어 이산화탄소로 되고, 할로겐화 및 황산화물은 은에 포착되고, 질소 산화물은 환원구리로 환원되어 질소가 되고, 표 1.1에 나타낸 것처럼, 연소생성 가스 성분은 이산화탄소, 물, 질소가 된다.

표 1.1 탄수질소 동시 원소 분석법의 연소 분해의 원리

반응시약	O_2, CuO, WO_3	Cu, Ag, Mg, Ca		
시료 중의 원소 →	연소분해/산화 →	제거 →	분리 →	검출
C	$CO_x \rightarrow CO_2$			CO_2
H	H_2O			H_2O
N	NO_x	N_2		N_2
O	O_2	Cu_2O, CuO		
S	SO_x	Ag_2SO_4		
X(F, Cl, Br, I)	HX, X_2	AgX, MgF_2, CaF_2		
금속	금속산화물 등			

1

탄수질소황 동시분석법으로 분석 가능한 장치의 대부분이 다음과 같은 방법을 채택하고 있다. 연소관내에 삼산화텅스텐(WO_3) 및 환원구리 등을 충전하고 캐리어 가스에 헬륨가스를 이용하여 연소관을 900℃ 이상으로 가열한다. 은제 혹은 주석제 시료 용기에 시료를 정밀하게 칭량하여 이를 연소관 내에 도입하여 탄수질소 동시분석법과 동일하게 연소 분해한다. 연소관 내에서 시료 중의 탄소는 이산화탄소로, 수소는 물로, 질소는 질소가스가 되고, 황산화물(SO_x)을 생성한 후 이산화황(SO_2)이 되고, 연소 생성 가스 성분은 이산화탄소, 물, 질소, 이산화황이 된다. 또한 연소관이나 환원관에 충전제를 충전할 경우 충전제가 효과적으로 작용하는 온도의 위치에 충전할 필요가 있으므로 각 장치의 사용설명서에 따라 충전한다. 충전위치가 다르면 정확한 분석값을 얻지 못할 수 있으므로 주의한다.

(2) 분리 검출법

● 차동열전도도법에 의한 검출

차동열전도도법에서는 연소 생성 가스 성분의 이산화탄소, 물, 질소 가스를 일정 용량의 자세 그릇에 회수하는 용기 내에서 농도 차이가 없이 균일한 연소 생성 가스다. 이 가스를, 물 이산화탄소의 순으로 흡수 파이프에 끼운 때의 열전도도 차이를 측정하는 방법이다.

제이 사이언스·랩제 탄수질소 동시분석장치(그림 1.2)에서는 연소 생성 가스는 캐리어 가스의 헬륨 가스와 함께 정량 펌프에 흡인된다. 흡인된 가스는 펌프 내에서 확산으로 균일하게 혼합된 다음, 물, 이산화탄소, 질소의 각각의 열전도도 검출기로 보내져, 각종 신호를 검출한다. 검출 성분은 물, 이산화탄소, 질소의 순으로 검출되어 검출기는 직렬로 연결되는 3쌍의 차동열전도도계이다. 이하에 나타낸 것처럼 제1쌍의 수소용 열전도도 검출기는 물을 제거하는 과염소산 마그네슘을 충전한 물 흡수 파이프를 통과하기 전과 통과 후의 열전도도 차이를 검출한다. 제2쌍의 탄소용 열전도도 검출기도 마찬가지로 이산화탄소를 제거하는 수산화나트륨과 과염소산 마그네슘을 충전한 이산화탄소 흡수 파이프를 통과하기 전과 통과 후의 열전도도 차이를 검출한다. 제3쌍의 질소용 열전도도 검출기에서는 물과 이산화탄소가 제외된 질소와 헬륨의 혼합가스와 레퍼런스 유량 설정 가압밸브로 일정 유량으로 제어된 헬륨가스와의 열전도도 차이를 검출한다.

- 제1쌍-수소용 열전도도 검출기
  - 샘플 측(입구 쪽) $He + N_2 + CO_2 + H_2O$
  - 레퍼런스 측(출구 측) $He + N_2 + CO_2$
- 제2쌍-탄소용 열전도도 검출기
  - 샘플 측(입구 쪽) $He + N_2 + CO_2$
  - 레퍼런스 측(출구 측) $He + N_2$
- 제3쌍-질소용 열전도도 검출기
  - 샘플 측(입구 쪽) $He + N_2$
  - 레퍼런스 측(출구 측) He

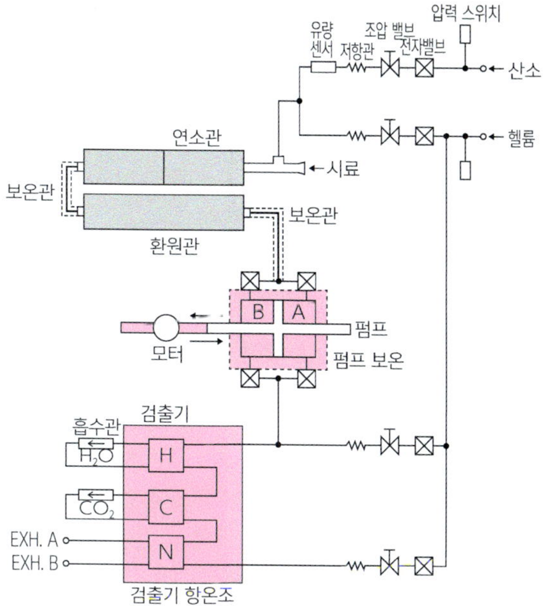

그림 1.2 차동열전도도법에 의한 탄수질소 동시분석장치

검출된 열전도도로부터 미리 표준시료에 의해 구한 검출 감도를 이용하여 시료 중의 수소, 탄소, 질소의 분석값을 구한다. 또한 이 장치는 산소분석법도 가능하다.

EXETER세 탄수질소 원소분석장치에서는 연소 생성 가스 성분의 이산화탄소, 물, 질소 가스가 캐리어 가스의 헬륨 가스와 함께 일정 압력 용기의 압력이 2기압이 될 때까지 일정 압력 용기 내에 포집된다. 정압 용기 내에서 연소 생성 가스가 균일하도록 교반된 후 제이 사이언스 실험실의 장치와 마찬가지로 물, 이산화탄소, 질소의 각각의 열전도도 검출기로 보냈고, 각종 신호가 검출된다. 게다가 이 장치는 탄소, 질소 및 유황을 동시에 분석할 수 있다. 연소관 내의 충전제를 삼산화텅스텐으로 변경하고 환원관 출구로 물 흡수관을 붙여 수용 열전도도 검출기에 사용되는 물 흡수관을 이산화황 흡수관에 교환하여 열전도도 검출기를 이산화황용으로 하는 것으로 탄질소유황(CNS) 동시 분석용으로 변경 가능하다. 또 산소 분석법도 가능하다.

또한, 차동열전도도법에서 사용되는 흡수관에 흡수제를 충전하는 방법은 각 장치에 적합한 방법이 있으며, 다르면 정확한 분석값을 얻지 못할 수 있으므로 주의한다.

- 흡탈착 컬럼을 통한 분리와 열전도도법에 의한 검출

Elementar제의 탄수질소 동시분석장치(그림 1.3)에서는 연소 생성 가스 성분인 이산화탄소, 물, 질소가스는 캐리어가스의 헬륨가스와 함께 수용 및 이산화탄소용 2개의 흡탈착 컬럼에 도입된다. 흡착되지 않고 통과한 질소가스는 헬륨가스를 대조하여 열전도도가 검출된다. 질소 검출 피크가 기준선까지 내려가면 이산화탄소용의 흡탈착 컬럼이

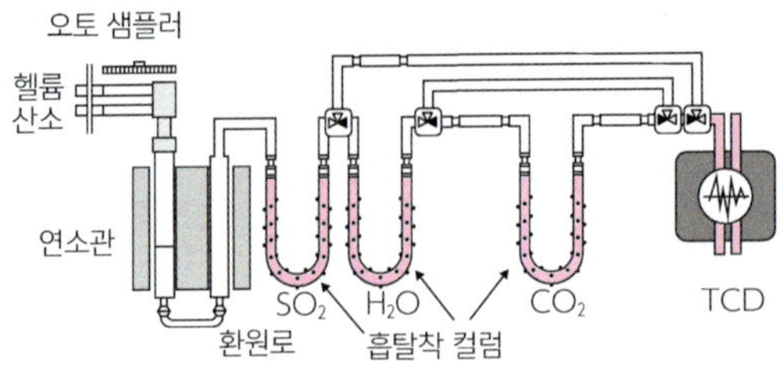

그림 1.3 흡탈착 컬럼에 의한 탄수질소유황 동시분석장치

가열되고 이산화탄소가 컬럼에서 탈리되며 열전도도가 검출된다. 이산화탄소의 검출 피크가 기준선까지 내려가면 가열되고, 수용의 흡탈착 컬럼이 가열되어 물이 컬럼으로부터 이탈해 열전도도가 검출된다. 사전에 표준시료를 이용하여 작성한 질소, 탄소, 수소의 검량선에서 시료 중 질소, 탄소, 수소의 분석값을 구한다.

또한, 이 장치에 수용 흡탈착 컬럼 앞에 이산화황용 흡탈착 컬럼을 추가하고 연소관의 충전제를 삼산화텅스텐으로 변경하면 3개의 흡탈착 컬럼이 장착된 탄수질소황 동시분석법이 가능해진다. 게다가 이 장치는 탄질소황 분석용, 탄소질소(CN) 동시분석용 및 산소분석용으로 변경할 수 있다.

또한 하나의 흡탈착 컬럼으로 질소, 탄소, 수소 및 황 분석이 가능한 장치도 있다. 1개의 흡탈착 컬럼을 이용하는 탄수질소황 동시분석법도 3개의 흡탈착 컬럼 방법과 마찬가지로 연소관의 충전제에 삼산화텅스텐을 충전하고 연소생성 가스를 1개의 흡탈착 컬럼에 도입한다. 흡착되지 않고 통과한 질소가스는 헬륨가스를 대조하여 열전도도가 검출되며 3가지(이산화탄소, 물, 이산화황)의 연소 생성 가스는 성분마다 흡탈착 컬럼의 온도를 바꾸어 분리 검출된다. 이 장치도 탄수질소 분석용, 탄소질소 분석용, 산소 분석용으로 변경할 수 있다.

- 가스 크로마토그래프법에 의한 분리와 열전도도법에 의한 검출

Thermo Fisher Scientific제 탄수질소 동시분석장치(그림 1.4)에서는 연소 생성 가

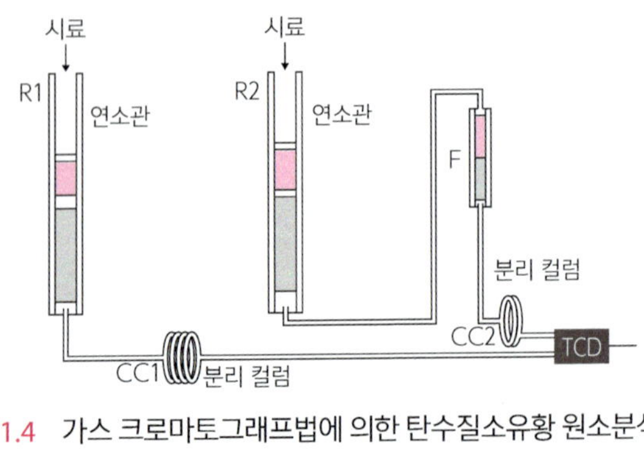

그림 1.4 가스 크로마토그래프법에 의한 탄수질소유황 원소분석장치

스 성분의 이산화탄소, 물, 질소 가스는 캐리어가스의 헬륨가스 모두 분리 컬럼에 도입된다. 질소 이산화탄소 및 물의 순서로 완전히 분리되고 헬륨가스를 대조하여 열전도도가 검출된다. 미리 표준시료를 이용하여 작성한 질소, 탄소, 수소의 검량선으로부터 시료 속의 질소, 탄소, 수소의 분석값을 구한다.

또한 이 장치에서는 탄소질소 동시분석장치의 연소관의 충전제를 삼산화텅스텐으로 변경하고 분리컬럼을 탄수질소황 분석용으로 바꿈으로써 탄수질소황 원소분석장치로 변경할 수 있다. 또한 이 장치는 탄소질소황 분석용, 탄소질소 동시분석용, 질소분석용 및 산소분석용으로 변경 가능하다.

그림 1.4에는 2개의 연소관이 기재되어 있는데, 한쪽 연소관에서 CHN 원소 분석을 하고, 다른 한 개의 연소관으로 산소 분석을 할 수 있다. 또한 검출기는 하나이므로 CHN 원소 분석과 산소 분석은 날을 바꾸어 실시할 수 있다.

● 프론탈 크로마토그래프법에 의한 분리와 열전도도법에 의한 검출

Perkin Elmer제의 탄수질소 동시분석장치(그림 1.5)에서는 연소 생성 가스 성분인 이산화탄소, 물, 질소가스가 캐리어 가스의 헬륨 가스와 함께 정압 용기의 압력이 2기압이 될 때까지 정압 용기 내에 포집된다. 정압 용기 내에서 연소 생성 가스가 균일하도록 교반된 후 균일한 연소 생성 가스가 분리 컬럼에 도입된다. 정압 용기에서 2기압의 균일한 가스가 연속적으로 컬럼에 도입되기 때문에 분리 시작 부분이 계단 형태로 된 프론탈 크로마토그램을 얻을 수 있다.

이때 열전도도 검출기에서 헬륨가스를 대조한 열전도도가 검출된다. 미리 표준시료를 이용하여 작성한 질소, 탄소 및 수소의 검량선으로부터 시료 중의 질소, 탄소, 수소의 분석값을 구한다. 또, 이 장치에서는 연소 가스 충전제에 삼산화텅스텐과 산화지르코늄(ZrO_2)의 혼합물 및 환원 구리 등을 충전하고 환원관을 중공으로 변경하고, 분리컬럼을 탄수질소 유황 분석용으로 바꾸는 것으로 탄수질소유황 원소 분석이 가능하게 된다. 또한 이 장치는 탄질소유황 분석용, 탄질소 동시 분석용, 질소 분석용 및 산소 분석용으로 변경할 수 있다.

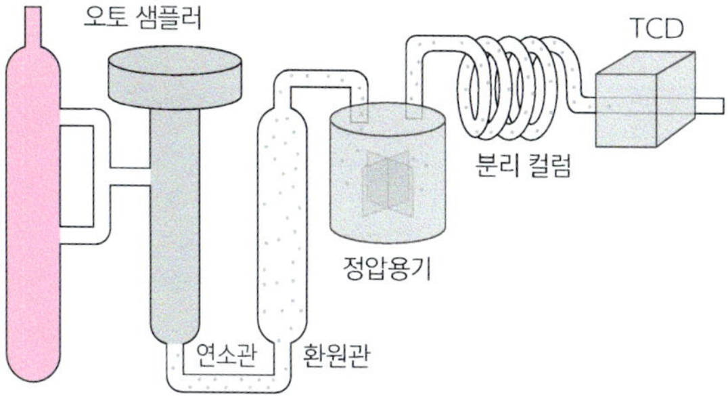

그림 1.5 프론탈 크로마토그래프법에 의한 탄수질소유황 원소분석장치

1

1.3.4 산소 분석법

산소 분석값은 탄소, 물, 질소, 황 및 할로겐 등의 원소 분석을 거친 뒤, 그것들의 분석값의 합계를 100%에서 빼고 구하는 경우가 많지만, 정확한 산소의 분석값이 필요한 경우는 산소 분석을 한다. 산소를 분석하려면, 분해 생성한 일산화탄소를 정량하는 방법과 일산화탄소를 이산화탄소로 변환한 후, 이산화탄소를 정량하는 방법이 있다. 시료를 900℃ 이상의 질소 기류 중 혹은 불활성 기체류 중의 열분해관 내에서 분해시키면, 연소 가스 충전된 탄소 입자 또는 백금 탄소 입자에 의한 일산화탄소가 생성한다. 생성한 일산화탄소를 가스 크로마토그래피 또는 비분산형 적외선 분광법 등에 의한 분석하는 방법과, 생성한 일산화탄소를 산화관에 충전한 산화구리에 의한 이산화탄소로 차동열전도도법 또는 전기량 적정법 등에 의한 분석하는 방법이 있다. 역시 산소 분석은 1.3.3항에 제시한 탄수질소 동시분석장치의 충전제나 흡수 파이프 등을 변경하는 것으로 분석이 가능하다.

1.3.5 황 할로겐 분석법

황, 할로겐(불소, 염소, 브롬, 요오드 등)의 분석 방법에는 시료를 가열 등에 의해 분해 생성한 기체를 분석하는 방법과 분해 생성한 기체를 산화제 등이 첨가된 수용액에 용해하여 그 수용액을 분석하는 방법이 있다. 황, 할로겐을 포함한 유기물을 900℃ 이상의 산소 기류 속에서 연소 분해하면 탄소 산화물, 물, 질소 산화물, 황산화물, 할로겐화수소(HX), 할로겐 가스(X_2) 및 할로겐 산화물 등이 생성된다.

분해 생성한 기체를 분석하는 방법에 대해서는 1.3.5항의 (2)에 상술하였다. 수용액을 분석하는 방법에서는 분해 생성한 기체를 과산화수소나 히드라진 수화물 등의 산화제나 환원제를 첨가한 수용액(흡수액)에 흡수시킨다. 수용액에 용해된 할로겐화수소나 할로겐 가스는 표 1.2에 나타낸 바와 같이 할로겐화물 이온(X) 및 황산화물은 황산이온(SO_4^{2-})이 되고 적정법, 흡광도법, 이온크로마토그래피 등으로 검출한다. 정밀도 좋게 분석하기 위해서는 시료를 완전히 분해하고 검출에 적합한 가스화 또는 용액화를 수행할 필요가 있다.

유기원소 분석에서 많이 이용되고 있는 시료의 분해법에는 산소 플라스크 연소법, 연소관 분해법, 산수소염법, 용해법 등이 있으며, 분리 검출법에는 적정법, 흡광광도법, 이

표 1.2 유황 할로겐 원소 분석법의 연소 분해의 원리

반응 시약	O_2, H_2O_2, NH_2NH_2			
시료 중의 원소 →	연소분해/산화 →	제거 →	분리 →	검출
S	SOx			SO_4^{2-}
X(F, Cl, Br, I)	HX, X_2			X^-
C	COx → CO_2			
H	H_2O			
N	NOx, N_2O			
금속		WO_3를 첨가		

온 크로마토그래피, 중량법 등이 있다. 또한 시료를 분해하지 않고 분석할 수 있는 형광 X선 분석법도 있다. 아래에 분해법 및 분리 검출법에 대해 기술한다.

(1) 시료의 분해법

● 산소 플라스크 연소법

산소 플라스크 연소법(그림 1.6)은 일본 약국방이나 JIS에 규정되어 있는 측정방법이다. 연소 플라스크에 과산화수소를 더한 흡수액을 넣고 플라스크 안을 산소가스로 채우고 시료를 여과지에 싸서 이를 연소 플라스크 마개에 장착된 백금제 바구니에 넣고 여과지의 선단부에 점화하여 연소시킨다. 분해 생성한 연소가스를 흡수액에 흡수시킨 수용액을 시료용액으로 한다. 요오드를 분석할 경우에는 과산화수소 대신 히드라진 등의 환원제를 첨가한다. 시료의 황은 황산이온으로, 할로겐은 할로겐화물 이온으로 변환된다.

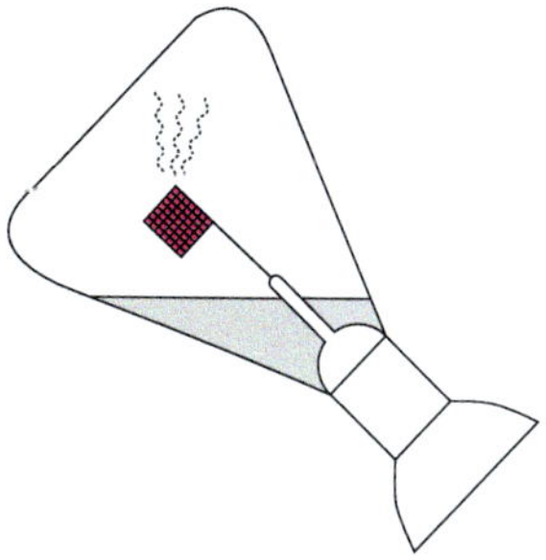

그림 1.6 산소 플라스크 연소법에 의한 시료 연소

● 연소관 분해법

연소관 분해법을 이용하면, 유기물을 산소 분위기 속에서 분해하여 분해 생성 가스를 직접 분리 검출할 수 있고, 나아가 분해 생성 가스를 흡수액에 용해시켜 용액화할 수 있다. 분해 생성 가스를 직접 분리 검출할 수 있는 분석법으로는 가열흡수법이 있으며, 1.3.5항의 (2)에 상술하였다.

한편, 분해 생성 가스를 용액화하는 방법에서는 중공의 연소관을 이용하여 가열 분해하고, 분해 생성한 가스를 분리 검출에 적합한 흡수액에 흡수시켜 시료 용액으로 한다. 시료의 황 화합물은 황산이온으로, 할로겐 화합물은 할로겐화물 이온으로 변환된다.

그림 1.7에 연소관 분해법과 이온 크로마토그래프법을 조합한 미쓰비시 케미컬 아나리텍제의 자동 유황 할로겐 원소분석장치를 나타냈다. 장치로는 그 밖에 야나코 분석공업제의 장치가 있다.

■ 산수소염법

산수소염법(그림 1.8)에서는 시료를 산수소염으로 연소시키고, 생긴 분해 생성 가스

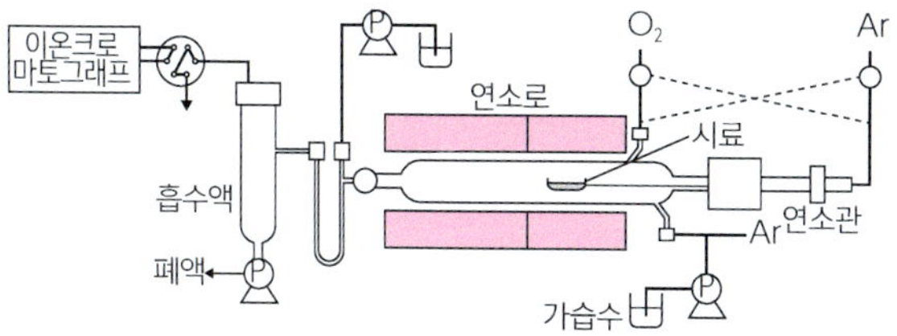

그림 1.7 연소관 분해법에 의한 유황 할로겐 분석장치

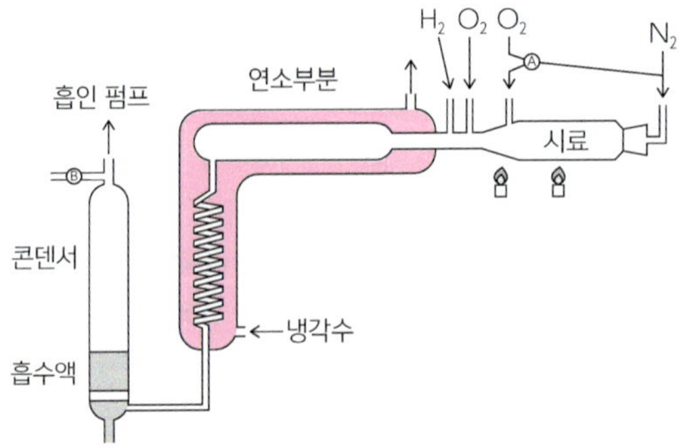

그림 1.8 산수소불꽃법

를 분리 검출에 적합한 흡수액에 흡수시켜 시료 용액으로 한다. 시료 중의 황은 황산이온으로, 할로겐화물은 할로겐화물 이온으로 변환된다. 이 분해법에서는 수소를 사용하기 때문에 취급에 주의가 필요하다.

- 용해법

용해법을 이용할 경우 시료를 수용액 또는 유기용매에 완전히 용해시키는 것이 가능하다면 염산염이나 황산염 등과 같이 유리된 염화물 이온(Cl^-)이나 황산이온(SO_4^{2-})을 분리 검출할 수 있다.

(2) 분리 검출법

- 적정법

적정법은 황산이온 및 할로겐화물 이온을 포함하는 시료용액에 화학반응을 일으키는 용액을 적하하고 반응이 종료되기까지 소요된 적하액량에서 황산이온 및 할로겐화물 이온의 분석값을 구하는 방법이다. 유기원소 분석에서 사용되는 적정법에는 중화적정, 침전적정, 광도적정, 전위차 적정 및 전기량 적정이 있다.

예: 염화물 이온의 질산은($AgNO_3$)에 의한 침전 적정법

$$AgNO_3 + Cl^- + H^+ \rightarrow AgCl \downarrow + HNO_3$$

- 흡광 광도법

흡광 광도법은 황산이온 및 할로겐화 이온을 포함한 시료 용액에 발색 시약을 가하고, 흡광도를 측정하고 미리 표준품으로 작성한 분석 곡선을 이용하여 시료 중 할로겐 및 유황 분석값을 구하는 방법이다. JIS에 채용되고 있는 알푸존 시약을 이용한 불소 이온(F)의 정량 등이 있다.

- 모세관 전기영동법

모세관 전기영동법(그림 1.9)는 용융 실리카제 모세관 내에 전해질을 포함한 용액(완

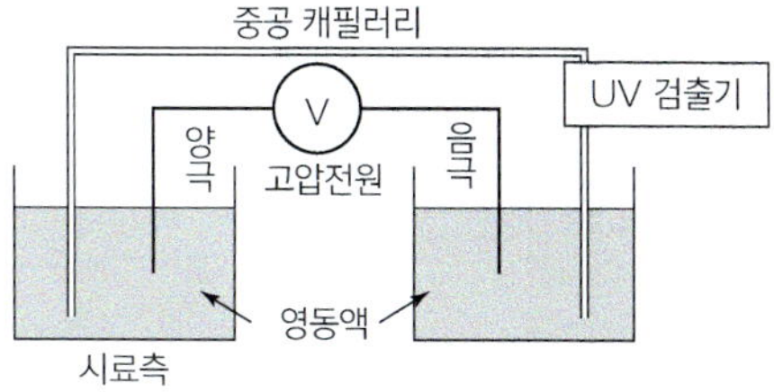

그림 1.9 캐필러리 전기영동법

충 용액)을 충전하고 전기 영동을 하는 분석법이다. 모세관 내벽의 실라놀기는 완충 용액과 접하게 되면 수소 이온이 증발하고, 내벽은 음전하를 가지므로 양극에서 음극으로 향한 전기 침투류가 생긴다. 황산이온 및 할로겐화 이온을 포함한 시료 용액을 도입하면, 시료 용액 중의 황산이온 및 할로겐화 이온은 그 전하·이온 반경에 따라 다른 이동도로 음극에서 양극으로 이동한다.

캐필러리의 중간에 있는 검출부분에서 각 이온은 이동에 소요된 시간마다 검출된다. 검출에는 자외선 흡광 검출기(UV 검출기)를 이용하여 브롬화물(Br^-) 및 요오드 이온(I^-)은 직접 흡광도를 측정한다. 한편, 불소 이온, 염화물 이온, 황산이온은 자외선 흡수가 없으므로 미리 완충액에 자외선 흡수물질을 첨가하고 불소 이온 등이 검출부를 통과할 때 자외선 흡수가 감쇠하는 것을 이용(간접 흡광도법)하여 그 감쇠량을 측정한다. 미리 표준시료에 의해 작성한 검량선을 이용하여 시료 중의 힐로겐 및 황의 분석값을 구힌다. 산소 플라스크 연소법이나 연소관 분해법과 조합하여 황 및 할로겐의 복수 원소 분석이 가능하다.

● 이온 크로마토그래피법

이온 크로마토그래프법(그림 1.10)에서는 계 내에 용리액으로 전해 수용액을 흘려보내 황산이온 및 할로겐화물 이온을 포함하는 시료용액을 주입한다. 황산이온 및 할로겐화물 이온은 이온교환체를 충전한 분리컬럼 내에서 이온의 가수 등에 의해 분리된다.

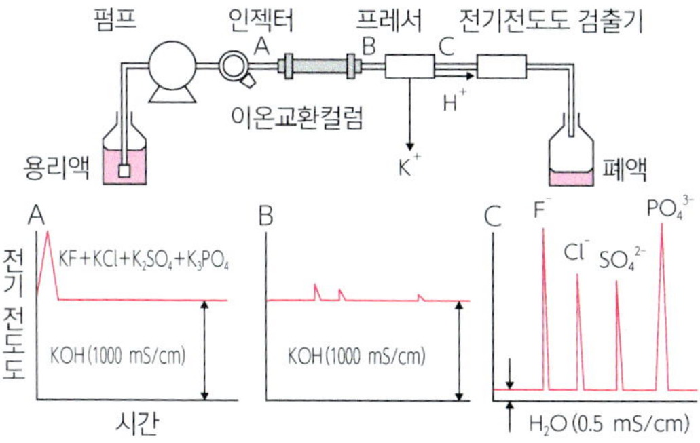

그림 1.10 이온 크로마토그래프법

1

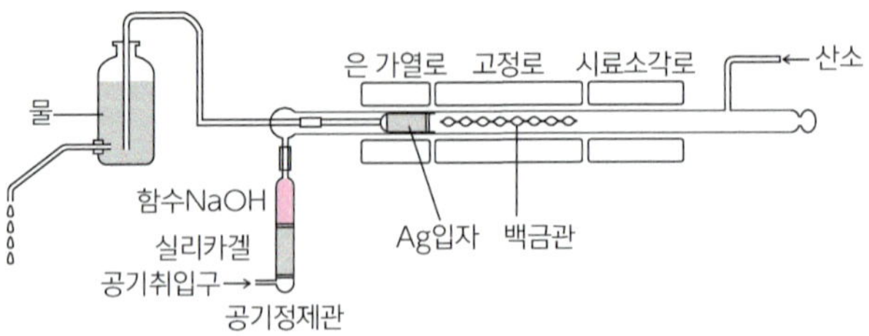

그림 1.11 가열은 흡수법
(유용한 유기 미량원소분석에서)

분리된 각 이온은 서프레서를 통과한 후 검출기에서 전기전도도가 검출된다. 미리 표준 시료에 의해 작성한 검량선을 이용하여 시료 중의 할로겐화물 이온의 분석값을 구하는 방법이다.

서프레서는 이온교환반응을 이용하여 용리액의 전기전도도를 저감시키고 고감도화를 행하는 장치이다. 검출기는 주로 전기전도도 검출기를 이용하는데, 전기화학 검출기, 분광광도 검출기 및 형광 검출기 등도 이용된다. 산소 플라스크 연소법 및 연소관 분해법과 결합하여 황 및 네 가지 할로겐의 일제 분석이 가능하다.

- 가열은 흡수법

가열은 흡수법(그림 1.11)은 연소관에 산화촉매로서 백금판 등을 충전하고 시료를 산소 분위기 중 900℃ 이상의 온도에서 가열 분해하여 분해 생성한 할로겐 또는 황을 포함한 가스를 가열한 은과 반응시켜 할로겐화은이나 황산은으로 포집하여 반응 전후의 은의 질량을 계측하고 그 증가한 질량에서 분석값을 구하는 방법이다. 또한 불소는 은과 반응하지 않으므로 정량할 수 없다.

- 형광 X선법

형광 X선법(그림 1.12)은 시료를 파괴하지 않고 원소를 측정할 수 있는 분석법이다. 시료에 X선을 조사하면 원소의 내각전자가 여기되어 공공이 생기고, 그 공공으로 외각전자가 옮겨갈 때 원소 고유의 파장을 가진 X선을 방출한다. 이 X선을 형광 X선이라고 한다. 형광 X선의 파장은 원소마다 고유한 값을 가지므로 정성분석이 가능하며 방출된 X선의 강도보다 원소의 농도도 알 수 있다. 게다가 유기물 시료를 정밀도 좋게 측정하기 위해서는 균질하게 처리하고 전용장치로 정제로 가공하여 측정하거나 폴리프로필렌 필름을 붙인 용기에 넣어 측정하면 좋다.

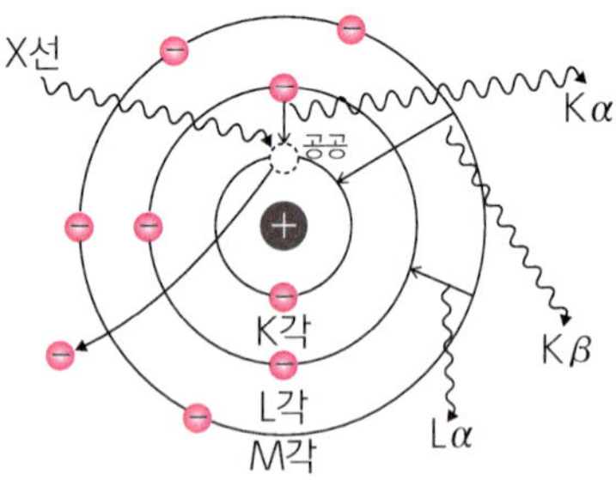

그림 1.12 형광 X선 발생원리
(시마즈 제작소 제공)

1.4 시료의 전처리

1.4.1 시료의 정제

조성식을 결정하고 싶은 시료의 분석을 실시할 경우에는 컬럼 크로마토그래피, 증류, 재결정 등을 실시하고, 단리, 정제하여 순도가 높은 시료로 한다. 얻어진 시료는 액체 크로마토그래피, 혹은 가스크로마토그래피 등을 이용하여 순도를 확인하는 것이 좋다. 순도가 낮을 경우 재결정 등을 반복하여 순도를 높이는 것이 중요하다.

1.4.2 시료의 건조

시료를 건조할 경우 결정 내의 용매를 제거하기 쉽도록 절구 등으로 미세하게 분쇄한 후 감압 건조한다. 감압 가열 건조할 경우 시료의 융점이나 시료의 물성(승화성 등)에 따른 온도로 설정한다.

1.4.3 유기물임을 확인

분석을 수행하는 시료 중에 불순물로 무기물이 포함되어 있을 수 있다. 무기물을 포함하고 있으면 분석장치의 연소관 등의 오염 혹은 파손 및 충전제 등을 오염시키고 직후에 분석한 시료나 이후의 시료의 분석값에 영향을 준다. 무기물을 포함하는지 여부를 간편하게 확인하려면 극소량의 시료를 동선에 붙이고 가스버너에 대고 염색반응으로 무기물을 확인한다. 또는 소량의 시료를 스파텔에 올려 버너로 연소하여 완전히 회화시키고 잔류물을 관찰한다. 형광 X선 장치 등이 있으면 무기물을 X선 분석을 수행한다.

1.4.4 분석 의뢰 시 주의사항

시료의 분석을 의뢰할 경우 가능한 한 자세히 설명하고 의문점 등은 상담한다. 예를 들어 분석자가 분석실에서 측정이 불가능할 정도로 불안정한 시료의 경우 아래와 같이 대응받을 수 있으므로 상담하는 것이 좋다.

> 불안정 시료의 경우의 예　의뢰자는 분석에 사용하기 위한 정밀하게 잰 알루미늄 팬과 알루미늄 실러를 연구실에 빌려 연구실의 글로브박스 내에서 샘플링하여 알루미늄 팬을 봉입하고 분석자가 분석하는 시간에 맞추어 시료를 봉입한 알루미늄 팬과 알루미늄 실러를 분석자에게 전달한다. 분석자는 그 알루미늄 팬을 정확하게 잰 후 분석을 수행하여 결과를 의뢰인에게 알린다.

(1) 제출 용기와 시료량

시료는 적합한 채취가 용이한 용기에 넣고 탄수질소 원소 분석을 의뢰할 경우 최소 1 mg을 채취할 수 있는 양을 용기에 넣는다. 유황 및 할로겐 원소 분석을 의뢰할 경우 별도로 상의한다.

1

(2) 의뢰서와 시료 용기 라벨

의뢰하는 시료에 대해 의뢰서 등에 시료의 명칭(시료 용기에 기재한 명칭과 일치시킨다), 성명, 소속, 구조식, 분자식, 분석 의뢰하는 원소명, 물성(흡습성이나 폭발성 등을 알 수 있는 한), 포함되어 있을 가능성이 있는 원소 및 염(과염소산염 등으로 되어 있을 가능성이 있으면 반드시 기재), 재결정 용매의 종류, 정제 및 건조 방법 등을 기재한다. 샘플 용기에 직접 또는 라벨에, 이름, 시료의 명칭을 기재한다.

1.5 분석값의 해석

유기원소 분석에서는 분석값과 이론값의 허용오차는 ±0.3%로 한다는 오랜 관습이 있다. 즉, 이론값과 분석값의 차이가 ±0.3% 이내이면 분자식에 일치한다고 봐도 무방하다. 동일한 시료에서 항상 양호한 분석 결과를 얻기 위해서는 검량선에 이용하는 표준시료가 고품질일 것, 저울이나 분석 장치의 적절한 관리, 적절한 조작 및 적절한 전처리가 필수적이다. 한편, 곤란한 합성으로 얻은 시료 등 귀중한 시료의 원소 분석 결과가 예상한 이론값과 일치하지 않는 원인으로는 아래에 기재한 정제, 건조 부족, 방해 원소가 포함되어 있는 경우 등을 생각할 수 있다.

(1) 정제, 건조 부족

남아 있는 양에 따라 달라지지만, 용매가 남아 있으면 원소 분석값이 이론값과 일치하지 않는다. 예로서 2%의 용매가 잔류하고 있는 경우의 탄수질소 원소 분석값과 이론값에 대해 표 1.3에 나타낸다. 2%의 물이 잔류하고 있을 뿐 탄소의 원소 분석값이 이론값에 비해, 1.39% 음으로 치우친다. 시료량에 여유가 있는 경우에는 잘게 썬 후에 다시 건조한다. 또한, 1공정이나 2공정 전에 사용한 금속 촉매 등이 잔류하고 있는 경우도 원소 분석 결과가 일치하지 않으므로 정제한다.

표 1.3 용매의 영향 (2% 잔류 시)

아세토니트릴(2 mg)	H (%)	C (%)	N (%)
이론값	6.71	71.09	10.36
물	6.80 (+0.09)	68.70 (−1.39)	10.16 (−0.20)
메탄올	6.83 (+0.12)	70.43 (−0.66)	10.16 (−0.20)
클로로포름	6.59 (−0.12)	69.89 (−1.20)	10.16 (−0.20)

(2) 방해 원소 함유

포함되어 있는 원소가 의뢰서에 기재되어 있지 않기 때문에 원소 분석 결과가 예상한 이론값과 일치하지 않을 수 있다. 알칼리 금속이나 알칼리토류 금속이 포함되어 있을 경우 연소 분해로 생긴 이산화탄소와 반응하여 탄산염이 생성되고 탄소의 분석값이 음에 치우친다. 이들 금속에 대해서는 삼산화텅스텐 등을 첨가하면 탄산염은 생성되지 않아 양호한 분석 결과가 된다. 표 1.4는 탄수질소 원소 분석에서 방해 원소가 장치에 미치는

표 1.4 방해 원소와 그 현상

족	원소	현 상	비 고
1	Li, Na, K, Rb, Cs, Fr	알칼리 금속은 연소관, 충전제, 삽입봉 등을 오염시킨다.	탄산염이 완전히 분해되지 않고 C%가 마이너스가 되므로 WO_3 등으로 끼워 분석한다. 충전제, 연소관, 삽입봉을 보호한다
2	Be, Mg, Ca, Sr, Ba, Ra	알칼리 금속과 마찬가지로 연소관, 충전제, 삽입봉 등을 오염시킨다.	알칼리 금속과 마찬가지로 WO_3 등으로 끼워 분석한다. 충진제, 연소관, 삽입봉의 보호가 된다.
3	Sc, Y	연소관 충전제를 오염시킨다.	WO_3로 끼워 분석한다.
4	Ti	TiO_2는 무색에서 흑색까지 다양하다.	
	Zr	회분은 종종 보트 밖으로 튀어나와 삽입봉을 오염시킨다. ZrO_2는 띠황백색 내지 갈색	
	Hf	HfO_2는 흰색이다.	
5	V	V_2O_5는 녹아서 백금 보트에서 기어올라 연소관과 삽입봉을 오염시킨다.	WO_3를 첨가하면 백금 보트 내에 V_2O_5를 가둬 연소관이나 삽입봉의 오염을 방지한다.
	Nb, Ta	할로겐 함유물은 휘발되어 연소관을 오염시킨다.	
6	Cr	녹색 회분(Cr_2O_3)이 보트에 남는다.	
	Mo	연소관의 충전제를 오염시킬 수도 있다.	WO_3로 끼워 분석한다.
	W	회분은 보트 안에서 WO_3로 남아 있다.	
7	Mn, Tc	연소관의 충전제를 오염시킬 수도 있다.	
	Re	Re_2O_7은 승화하여 연소관 내부를 이동하고 충전제에 부착되거나 멀어진다.	첨가제는 필요 없지만, 여러 번의 분석마다 캐리어 가스를 역류시켜 Re_2O_7을 관구로 닦아낸다.
8	Fe	재분이 보트 안에 깨끗하게 남아 있을 수도 있고 보트 밖으로 튀어나와 삽입봉과 연소관을 붉게 오염시킬 수도 있다	
	Ru	산화 루테늄이 휘발되어 연소관 충전제를 오염시킨다.	
	Os	OsO_4는 고온에서 휘산하고 장치의 연결관 등 저온부에 부착하여 물의 탈착으로 수소값을 미치게 한다.	Os를 연속 분석하면 검출기까지 오염될 수 있다. 시료량을 줄이고 분석 후에는 신속하게 장치 내부를 세척한다.
9	Co	Co_3O_4가 보트에 부착되어 오염된다.	
	Rh	연소관을 오염시키기도 한다.	
	Ir	이리듐 할로겐화물은 연소관을 오염시킨다.	
10	Ni	회분은 NiO로서 보트에 남는다.	
	Pd	회분은 보트에 남는 경우와 흩날리는 경우가 있다.	
	Pt	회분은 Pt로서 보트에 남는다.	

족	원소	현 상	비 고
11	Cu	회분은 보트 안에 깨끗하게 남아 있을 수도 있고, 튀어나와서 삽입봉이나 연소관을 오염시킬 수도 있다.	
11	Ag	회분은 보트에 남는다.	백금 보트에 남아있는 은은 질산으로 먼저 씻는다. 갑자기 KHSO로 용융 처리하면 얼룩이 제거된다.
	Au	회분은 Au로서 보트에 남는다.	
12	Zn	회분이 하얗게 남아 있거나 할로겐을 함유한 시료 등은 연소관 충전제를 오염시킨다.	
	Cd	연소관의 충전제를 오염시킨다.	
	Hg	수은은 휘산하여 관내를 이동하고, 충전제를 오염시킨다.	연소관 출구의 저온부에 금선이나 금박을 넣은 수은 함유 시료 분석용 연소관을 사용하여 수은을 금아말감으로 보충한다.
13	B	유리로 된 B_2O_3이 보트 안에 남아 있는 탄화물을 덮어서 C%가 마이너스가 될 수도 있다.	WO_3, CuO, Co_3O_4 중 어느 하나로 끼워 분석한다.
	Al, Ga, In	연소관의 충전제를 오염시킨다.	
	Tl	연소관의 충전제를 오염시킨다.	WO_3로 끼워 분석한다.
14	Si	SiC가 되면 검게 보트에 남는다. 연소하여 SiO_2가 충전제를 오염시킬 수 있다.	특수 분자 구조를 가진 시료는 정상 조건으로는 분석이 불가능하기 때문에 1100℃ 이상으로 가열해야 한다.
	Ge	연소관의 충전제를 오염시킨다.	WO_3를 사이에 두고 분석한다.
	Sn	연소관 충전제를 오염시키는데, 특히 염소가 함유된 시료의 경우 오염이 심하다.	
	Pb	연소관의 충전제를 오염시킨다.	
15	P	P_2O_5가 연소관 내를 이동하고 충전제를 오염시킨다. 물의 탈착으로 수소값이 변동한다.	MgO를 충전한 연소관을 사용한다. C%가 마이너스가 되는 경우가 있으므로 WO_3 등으로 끼워 분석한다.
	As	As_2O_5는 백색. 강열하면 As_2O_3 (아비산)이 되어 무색이 된다.	$MgO \cdot Ag_2WO_4$나 $MgO \cdot WO_3$를 충전한 연소관을 사용한다. 또한 WO_3 등으로 끼워 분석한다.
	Sb	Sb_2O_5는 황색, 가열로 Sb_2O_4가 되고, 900℃ 이상에서 Sb_2O_3(흰색)이 된다.	
	Bi	Bi_2O_3는 황색	
16	Se	셀레늄 산화물이 승화되어 검출기 내부까지 침투하여 분석치를 왜곡시킨다.	연소관 출구 부근의 저온부와 환원관 출구 부근의 저온부에 은립을 채워 넣으면 대부분 보충할 수 있다.
	Te	TeO는 흑색, TeO_2는 백색, TeO는 400℃에서 TeO_2와 O_2로 분해한다.	WO_3로 끼워 분석한다
17	F	연소관과 반응하여 손상되어 SiF가 된다. 수소가 적을 때는 CF가 생긴다.	연소관의 고온 부분에 MgO를 충전해야 한다.

영향과 대책을 정리했다. 또한 표 안의 「삼산화텅스텐을 첨가하는 것」은 보트에 시료를 정밀하게 재고, 삼산화텅스텐을 시료가 숨을 정도로 뿌리는 것이다. 또 삼산화텅스텐을 사이에 두고는 보트 바닥에 삼산화텅스텐을 깔고, 그 보트에 시료를 정밀하게 재고, 그 위에서 삼산화텅스텐을 시료가 숨을 정도로 뿌리는 것이다.

(3) 흡습성, 휘발성 및 승화성

시료에 흡습성이 있을 때는 흡습성이 약할 때는 주석제 시료 용기를 사용하여 빠르고 정확하게 재서 바로 장치에 도입하면 된다. 흡습성이 강하거나 상대습도가 높을 때는 간이 글로브박스 내에서 알루미늄 팬 등의 밀폐용기를 사용하여 정확하게 잰다. 승화성이 약할 때는 주석제 시료 용기를 사용하여 빠르고 정확하게 재어 바로 장치에 도입하면 된다. 승화성이 강할 경우 알루미늄 팬 등의 밀폐용기를 사용하여 재고, 휘발성 시료의 경우 유리 캐필러리나 알루미늄 튜브 등에 봉입하여 잰다.

2 가스 크로마토그래프법

2.1 처음에

가스 크로마토그래프(GC)는 분리분석을 위한 장치로 석유, 식품, 의약품 및 환경분석 등 다양한 분야에서 사용되고 있다. 다른 크로마토그래피 기법에 비해 분리능이 높고 고감도이며 정성, 정량분석이 가능한 범용성이 높은 장치이다.

원리적으로 구조는 단순하며, 중심이 되는 것은 이동상(캐리어 가스)을 흘려 목적 성분을 분리하기 위한 '컬럼'으로, 거기에 시료를 도입하는 '주입구'와 컬럼에서 용출되어 오는 성분을 검출하는 '검출기', 각종 가스를 제어하기 위한 유량 제어부로 이루어진다.

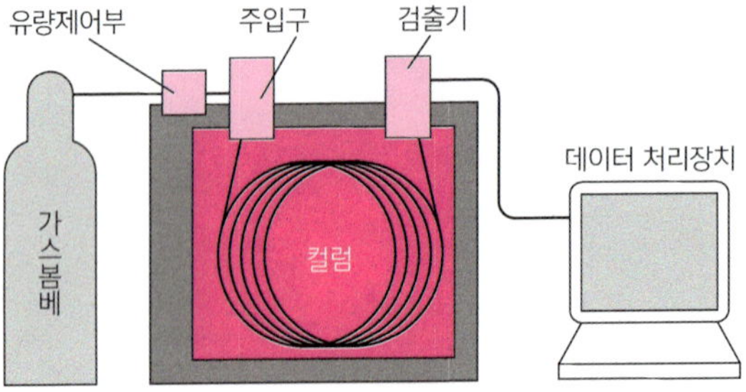

그림 2.1 가스 크로마토그래피 장치 구성

2.2 가스 크로마토그래피의 원리

2.2.1 분석 대상

가스 크로마토그래피는 이동상에 기체(캐리어 가스)를 이용한 분리 기법이며 분석 대상은 분리 컬럼 안을 캐리어 가스에 의해 운반되는 것, 즉 기체에 한정된다.

분석대상물은 사용하는 장치의 설정 상한까지의 온도(통상 400~450℃)에서 기화되어야 하며, 기화 시 열분해되지 않는 것에 한정된다. 또한 기화하는 화합물이라도 반응성이 높은 성분이나 흡착성이 높은 성분의 분석은 곤란하다.

2.2.2 가스 크로마토그래피의 종류

가스 크로마토그래피는 컬럼에 사용하는 고정상의 종류에 따라 고정상에 고체를 이용한 기–고 크로마토그래피(GSC)와 고정상에 액체를 이용한 기-액 크로마토그래피(GLC)로 크게 구분된다. GSC는 고정상에 몰레큘러시브 등의 흡착제를 이용하여 분리를 실시한다. 무기 가스나 상온에서 기체인 저비점 화합물의 분석에 적합하다. GLC

는 고정상에 고비점 액체를 이용하고 시료의 고정상에 용해, 캐리어 가스 중으로의 용출을 반복하는 기-액 분배에 의해 분리를 실시한다. GSC에 비해 비교적 고비점 액체 시료의 분석에 이용된다.

2.2.3 분리

(1) 크로마토그램과 피크

GC분석에 의해 얻어지는 데이터를 크로마토그램이라고 부른다. 그림 2.2에 나타낸 예로서, 안정되고, 컬럼에서 아무것도 용출되지 않은 부분을 기준선, 성분이 용출된 부분을 피크 주입에서 성분 용출까지의 시간을 머무름 시간(리텐션 타임)이라고 부른다.

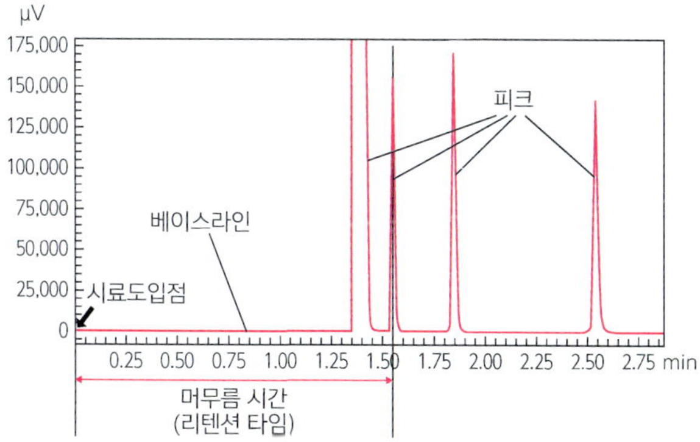

그림 2.2 크로마토그램의 예

(2) 피크 형상

양호한 분석 조건에 의해 얻어지는 피크 형상은 좌우 대칭인 가우스 분포 형상을 나타낸다. 그러나 시료가 컬럼이나 기타 부분에 흡착하는 것 등으로 일어나는 테일링, 컬럼의 부하 용량을 초과하여 성분이 도입되었을 때 일어나는 리딩과 같은 문제가 생길 수 있다(그림 2.3). 불량 형상의 피크에서는 머무름 시간의 차이가 커지기 쉽고, 동정 정밀도가 저하되며, 피크의 파형 처리에 기인하는 재현성 불량이나 검출 감도의 저하를 초래한다. 테일링이 생겼을 경우에는 컬럼 액상의 극성을 목적 성분에 맞게 변경하거나, 유리 인서트, 울 등을 비활성화 처리된 것으로 교환하는 것이 효과적이다.

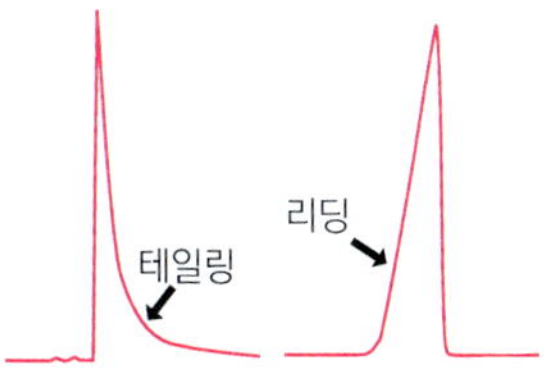

그림 2.3 불량 형상 피크의 예

리딩이 생겼을 경우는 주입량을 줄인다, 시료를 희석한다, 스플릿비를 높이는 등 컬럼으로의 시료 도입량을 적게 함으로써 대응한다. 시료 기화실이나 컬럼의 초기 온도를 올리는 것이 리딩 해소에 효과적인 경우도 있다. 기본적으로 분리가 좋은(이론 단수가 높은) 컬럼을 이용하면 폭이 좁은 샤프한 피크를 얻을 수 있다.

2

(3) 이론단수와 이론단 높이

이론단수(N)는 컬럼의 분리 효율의 지표이다. 컬럼 안에서 화합물은 고정상 액체에 녹아 기상(캐리어 가스 중)으로 용출하는 분배를 반복하면서 진행된다. 이 분배평형이 컬럼 길이 중에서 몇 번이나 이루어지는가를 나타낸 것이 이론단수이고, 이론단수가 크면 분리효율이 좋은 컬럼이라 할 수 있다. 그림 2.4와 같이 반값 폭, 머무름 시간 등을 정한 경우, 이론 단수는 식 (2.1)로 주어진다.

이론단 높이(height equivalent to a theoretical plate, HETP)는 컬럼 길이를 이론단수(N)로 나눈 것으로 이론단 1단을 얻기 위해 필요한 컬럼 길이를 나타내고 HETP가 작으면 분리 효율이 좋다고 할 수 있다. HETP는 캐리어 가스 종류, 선속도에 따라 변화하며, 예를 들어 내경 0.25 mm의 캐필러리 컬럼에서 헬륨, 수소를 캐리어 가스에 이용했을 경우는 선속도 25~30 cm/sec 정도로 HETP가 최소값을 나타낸다. 같은 컬럼에서 캐리어 가스에 질소를 이용했을 경우 최적선 속도는 10 cm/sec 정도가 되므로 주의가 필요하다(그림 2.5).

$$N = \left(\frac{t_R}{\sigma}\right)^2 = \left(\frac{2.355 t_R}{W_{1/2}}\right)^2 \tag{2.1}$$

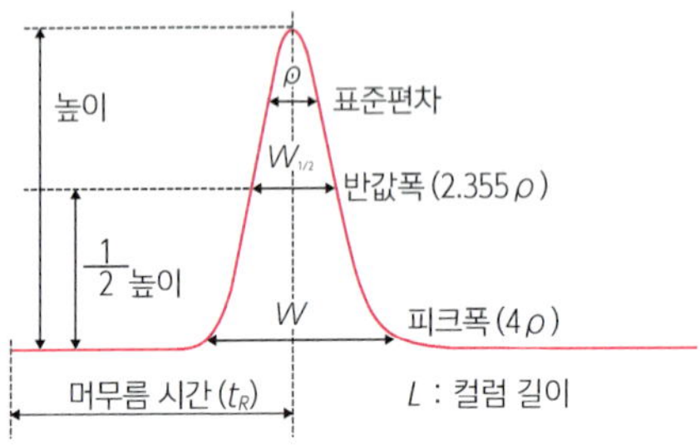

그림 2.4 피크의 반값 폭

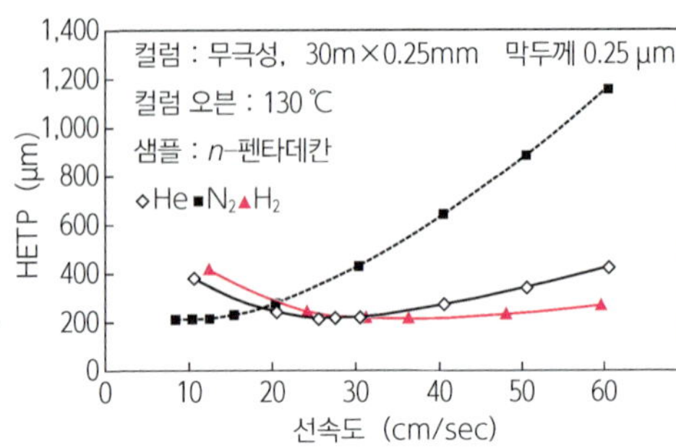

그림 2.5 HETP 곡선의 예

2.3 장치의 개요

2.3.1 시료 주입구

시료 주입구는 캐리어 가스의 흐름 속에 시료를 주입하여 컬럼에 도입하는 역할을 한다. GC분석에서 시료는 기체 상태에서 컬럼 안을 캐리어 가스에 의해 운반되는데, 시료 주입구는 주입뿐만 아니라 액체 시료에 열을 주어 기화시키는 기능도 있어 시료 기화실이라고도 불린다. 시료 주입은 마이크로 주사기의 바늘에 의해 주입구 셉텀을 관통함으로써 이루어진다. 주입을 반복함으로써 관통 구멍이 넓어지고 캐리어 가스의 누출이 발생하므로 정기적인 셉텀 교환이 필요하다.

(1) 마이크로 주사기에 의한 주입

시료기화실 내는 고온이기 때문에 주입 시 마이크로 주사기의 바늘 끝에 남아있는 시료가 가열되어 기화함으로써 계량치보다 많이 도입된다. 또한 바늘 끝에서의 증류현상에 의해 시료 중의 저비점 화합물이 많이 도입됨에 따른 조성변화(디스크리미네이션)가 생긴다. 따라서 수동으로 주입을 실시할 때에는 양호한 재현성을 얻기 위하여 플런저를 눌러 시료를 주입한 후 바늘 끝의 기화량이 일정하도록 동일한 타이밍에 바늘 끝을 뽑아내야 한다. 자동 시료 주입 장치(오토인젝터)를 이용함으로써 주입량이 안정되고 고속도의 주입에 의해 조성 변화를 경감하는 것이 가능하다.

용매 종류마다 기화 부피가 다르므로(수 100~1000배 정도로 팽창한다), 주입 시 기화실(유리 인서트) 부피를 넘지 않도록 시료 주입량에 주의가 필요하다. 가스타이트 주사기를 이용한 기체 시료의 주입에서는 주입 속도가 다르면 피크 폭이 변화하여 분석 정밀도에 영향을 미치기 때문에 주입 시의 플런저 속도를 일정하게 유지하는 것이 중요하다.

(2) 팩트 컬럼용 시료 기화실

액체, 기체 양쪽의 시료에 이용된다. 주입한 시료 전량을 컬럼에 도입하는 주입구이다. 글래스 컬럼의 접속에는 직접 컬럼을 접속하는 온 컬럼법과 글래스 인서트를 이용하는 방법이 있다. 글래스 인서트에는 시료 중의 비휘발 성분이 컬럼에 도입되어 오염되는 것을 막아 컬럼 수명을 늘리는 효과가 있다.

(3) 스플릿/스플릿리스 주입구

가장 일반적인 캐필러리 컬럼용 시료 주입구로 스플릿법과 스플릿리스법 모두 주입법에 대응할 수 있다. 시판되는 GC의 대부분의 캐필러리 컬럼 대응 기종이 유리 인서트 방식을 사용하고 있으며, 주입구 셉텀으로부터의 블리드를 줄이기 위해 셉텀 퍼지 라인을 가진다(그림 2.6).

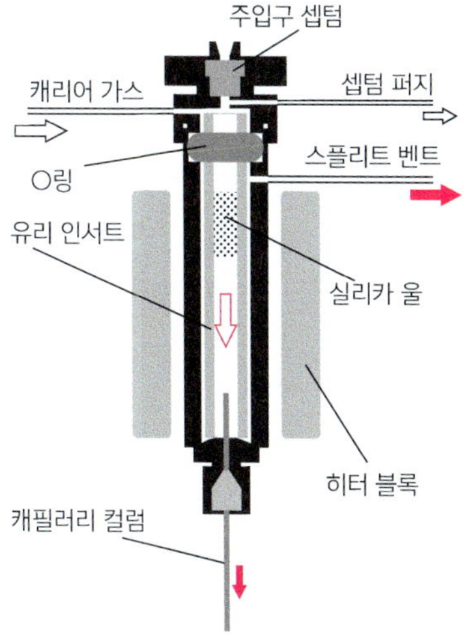

그림 2.6 스플릿/스플릿리스 주입구

① 스플릿법

내경이 가는 캐필러리 컬럼에는 일반적인 액체 시료의 주입량(1 μL 정도)의 전량을 도입할 수 없다. 그러나 마이크로 주사기로 안정적으로 0.1 μL 이하를 주입하기는 어렵기 때문에 주입한 시료의 일부만을 컬럼에 도입하는 스플릿법이 널리 이용되고 있다. 스플릿법은 주입한 시료를 기화 후에 컬럼과 스플릿 벤트로 분기하여 불필요한 시료가스를 계외로 배출함으로써 분석 컬럼에 미량 도입을 실현하고 있다.

컬럼으로의 도입량과 스플릿 벤트로부터의 배출량의 비를 스플릿 비라고 부른다. 스플릿 비를 높이면 컬럼에 대한 시료 도입량이 줄어들고 낮추면 늘어난다. 스플릿비가 너무 낮으면 시료 주입폭이 넓어져 분리가 악화되기 때문에 통상적으로 스플릿 유량과 컬럼 유량의 합이 20 mL/min을 밑돌지 않도록 스플릿비를 설정한다. 스플릿 방식은 기화실 내 시료 머무름 시간이 짧기 때문에 유리 인서트에 실리카울을 채워 기화를 효율적이고 균일하게 할 필요가 있다.

② 스플릿리스법

스플릿 방법은 시료의 일부만을 컬럼에 도입하기 때문에 미량 분석에 적합하지 않다. 따라서 수 ppm 이하의 저농도 시료의 분석에는 스플릿리스 방법을 사용하는 경우가 많다. 스플릿리스법은 주입한 시료의 거의 전량을 컬럼에 도입하는 방법으로 주입 전에 스플릿 벤트를 닫아두고 시료를 주입한 후 일정 시간(샘플링타임, 통상 1~2분) 후에 스플릿 벤트를 개방하여 컬럼에 도입하지 못한 시료를 계외로 배출한다(그림 2.7).

스플릿 벤트를 닫고 있는 동안은 전량이 컬럼에 도입되지만, 주입구(유리 인서트) 안에는 컬럼 유량분의 캐리어 가스(내경 0.25 mm의 컬럼에서 1 mL/min 정도)만이 흐르게 되기 때문에 그냥은 시료 주입 폭이 분리를 저해하게 된다. 투입 시의 피크의 확대를 막기 위해서, 컬럼 초기 온도를 시료 용매의 비등점 이하로 설정한 승온 분석을 거쳐야 한다. 초기 온도를 낮춤으로 시료 증발실에서 이행한 시료 가스가 기둥 끝에서 다시 응축하고, 시료 밴드 폭이 좁아짐에서(클라이오 포커스), 분리를 저해하지 않고 목적 성분의 컬럼 도입량을 늘릴 수 있다. 컬럼 초기 온도를 용매의 비등점보다 10~20℃ 정도 낮춤으로써 용매가 효과적으로 응집하고, 끓는점이 용매에 가까운 성분의 피크의 확대를 억제

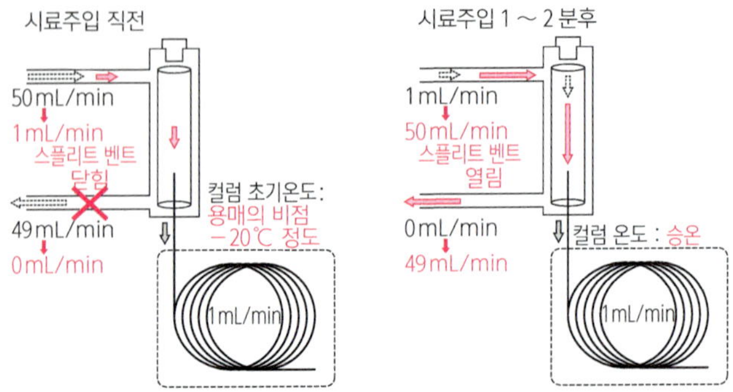

그림 2.7 스플릿리스법

하는 용매 효과를 얻을 수가 있다. 스프릿트레스 방법은 용매가 없는 시료나 목적 성분이 용매보다 빨리 용출하는 시료에는 적용할 수 없다.

(4) 프로그램 승온 기화 주입구

주입구 자체를 프로그램 승온할 수 있는 기능을 가져 저온에서 주입할 수 있기 때문에 열분해성 화합물의 분석이나 끓는점 범위가 넓은 시료의 조성 변화를 막기 위해 이용되는 OCI(on column injector)와 PTV(programmed temperature vaporizer)의 두 종류가 있다. OCI는 컬럼에 직접 시료를 주입하기 때문에 비휘발 성분에 의한 컬럼 오염이 일어나기 쉽지만 PTV는 유리 인서트로 오염을 줄일 수 있는 이점이 있다.

(5) 가스 샘플러

주로 팩트 컬럼으로의 기체 시료의 도입에 이용된다. 시료 계량관을 구비하고, 가스 유로의 전환에 의해 시료를 컬럼에 도입한다. 계량관의 용량을 변경하면 주입량을 조절할 수 있다.

가스타이트 주사기를 이용한 기체 시료 주입에 비해 주입 시 압력변동이 적고 재현성이 높다. 유로 전환에는 로터리 밸브가 이용되며, 각 포트간이나 컬럼과의 접속에 사용하는 배관용량이 커서 소량의 시료에는 적합하지 않으며, 밸브 씰의 열화로 누출이 발생하므로 정기적인 밸브나 씰 교체가 필요하다.

2.3.2 검출기

검출기는 컬럼에서 분리되어 용출하는 성분의 양을 전기 신호로 변환하기 위한 것으로, 30개 이상의 종류가 있으며 용도에 따라 구분할 필요가 있다. 그 중에서 수소불꽃 이온화 검출기(FID)와 열전도도 검출기(TCD)는 대부분의 GC에 어느 하나가 탑재되어 있다고 할 정도로 범용성이 높다. 이 두 범용 검출기 외에는 특정 원소나 관능기에 대한 선택성을 갖고 고감도인 것이 많으며, 목적 성분의 분자 구조나 분리의 대상, 필요한 감도 등에 의해 최적의 검출기를 선택할 필요가 있다. 대표적인 것을 이하에 든다.

(1) 수소불꽃 이온화 검출기(Flame Ionization Detector, FID)

유기화합물 전반에 대해 감도를 갖는 범용 검출기(그림 2.8) 수소불꽃 중에서 화합물이 연소할 때 그 일부(10^{-6} 이하)가 이온화하여 콜렉터에 포집됨으로써 생기는 이온전류를 증폭하여 출력하고 있다. 10^6~10^7으로 동적 범위가 매우 넓어 0.01 ng 정도를 검출할 수 있어 다양한 분석에 응용할 수 있다.

CH구조를 갖는 화합물에 감도를 가지며, 동족간에는 탄소수에 비례하여 감도가 변화하는 특징이 있다. 또한 카르보닐, 카르복시기 등의 C=O의 이중결합에는 감도가 없기 때문에 포름산, 포름알데히드 및 무기화합물은 검출될 수 없다.

선택성이 낮기 때문에 고감도 분석 시에는 사용하는 수소나 헬륨, 질소 중에 포함된 유기계 불순물과 컴프레서에서 공급되는 공기 중의 유분이나 수분의 영향을 받기 쉬우므

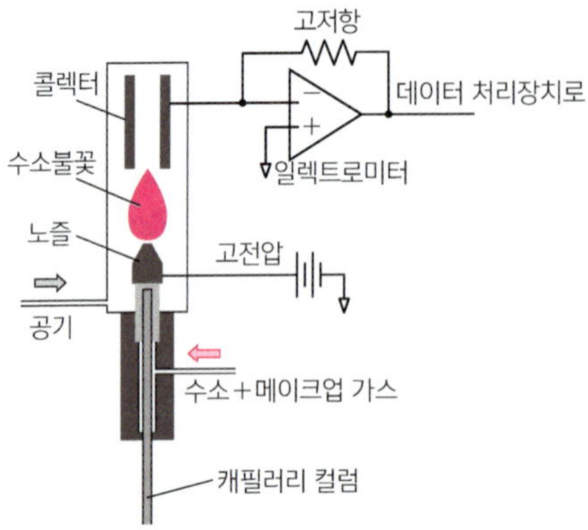

그림 2.8 수소불꽃 이온화 검출기의 개략

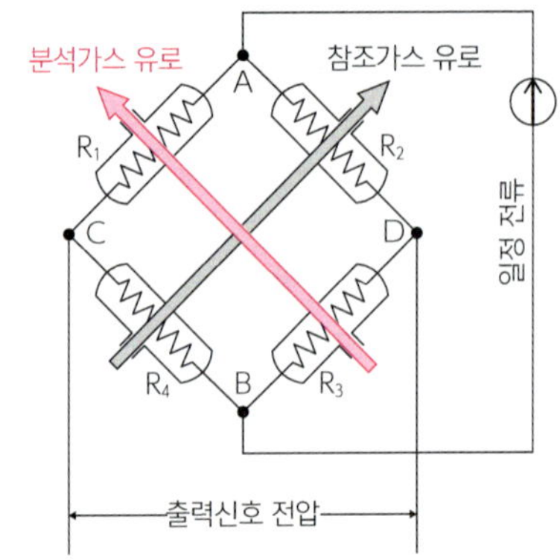

그림 2.9 열전도도 검출기의 개략

로 각종 가스를 필터 등으로 청정화할 필요가 있다. 수소불꽃으로 생성하는 수분의 응축으로 인한 부식 등을 막기 위해 100℃ 이상에서 사용하는 것이 바람직하다.

(2) 열전도도 검출기(Thermal Conductivity Detector, TCD)

캐리어 가스 이외의 모든 화합물에 대한 감도를 가진 가장 범용성 높은 검출기이다. 감도는 비교적 낮아 정밀 분석은 못하지만 높은 농도 시료(~100%)에서도 포화되지 않고 저농도 지역까지 직선성을 가진다.

그림 2.9와 같이, 휘스톤 브리지의 4변에 텅스텐 레늄 필라멘트를 배치, A–B간에 일정 전류를 흘린다. 분석 컬럼과 참조 컬럼에 캐리어 가스를 흘리자, 필라멘트의 발열이 캐리어 가스를 통해서 빼앗기고, 일정 온도에 평형이 된다. 시료를 분석 컬럼 측에 넣자, R_1과 R_3의 필라멘트에 캐리어 가스와 열전도도가 다른 시료 가스가 흘러가 온도가 달라진다. 한편, R_2와 R_4의 필라멘트에 캐리어 가스만이 흐르고 있으며 온도는 변하지 않는다.

신호로, 필라멘트 온도, 즉 저항값의 변화에 끼치는 C–D 사이 전압 변화를 검출한다. 캐리어 가스와 시료 가스 열전도도 차이가 클수록 감도가 높아지기 때문에 통상은 캐리어 가스에는 헬륨이 사용된다. 수소를 분석할 때는 열전도도 차이가 커지도록 캐리어 가스에 아르곤 또는 질소를 쓴다.

(3) 불꽃 광도 검출기(Flame Photometric Detector, FPD)

황(S), 인(P), 주석(Sn)을 선택적으로 검출할 수 있는 고감도 검출기 수소 과잉의 환원 불꽃에서 S, P, Sn을 포함한 화합물을 태우면 들뜨게 된다, 기저 상태로 돌아갈 때 특정 파장의 빛을 발한다. 이 특이적인 파장 광선을 간섭 필터를 사용하여 선택적으로 투과하고, 광전자 배증관(photo multiplier tube, PMT)으로 증폭하고 검출한다.

GC에 이용되는 검출기 중 가장 선택성이 높고, S와 P의 비교에서는 P의 감도가 높다. 화합물에 따라서는 ppb 이하의 농도까지 검출 가능하다. 측정에 사용되는 파장은 S: 394 nm, P: 526 nm, Sn: 610 nm 정도로, 각각에 따른 간섭 필터를 이용하기 때문에 대개 동시에 측정할 수 있는 원소는 1종류이다. 각 원소에 따라 수소, 공기 최적 유량비가 다르다. P및 Sn화합물 분석에서는 신호는 농도와 비례 관계를 나타내는데, S화합물은 환원염 중 S_2 라디칼을 생기므로 신호 강도는 거의 농도의 2제곱에 비례한다. 최근 반사계를 구비하여 발생하는 거의 모든 빛을 PMT에 집광하는 전광 반사형이나 지속성이 없는 수소염을 주기적으로 점화 소화시키는 펄스형(PFPD)과 같은 종래형보다 고감도 방식도 실용화되고 있다.

(4) 열 이온화 검출기(Thermal Ionization Detector, TID)

질소(N), 인(P)을 선택적으로 검출할 수 있는 고감도 검출기 FID와 유사한 구조로 노즐과 컬렉너 사이에 알칼리 금속염을 도포한 필라멘트를 갖는다. 공기와 미량의 수소 공급하에 필라멘트에 전류를 흘려 알칼리 금속염을 적열시킴으로써 염 표면에 생기는 플라즈마 모양의 분위기 속에서 유기 질소 화합물이나 P를 포함한 화합물이 선택적으로 이온화되어 수집기에 포집됨으로써 생기는 이온 전류를 검출하고 있다.

FPD와 다른 NP의 화합물은 동시에 검출된다. 알칼리염 이온화 검출기(Flame Thermionic Detector, FTD), 질소인 검출기(Nitrogen Phosphorous Detector, NPD) 등 여러 가지 별명이 있다. N화합물은 pg정도, P화합물은 그 이하의 높은 감도를 가지지만 사용하는 동안 알칼리 금속염이 소모되기 때문 감도 변동이 커서, 정기적인 감도 조정 및 유지가 필요하다. 분석에 필요한 감도가 얻을 수 있는 최소한의 필라멘트 전류 설정에서 사용할 알칼리 금속 염의 소모와 감도 변동을 억제하기 위해서 효과적이다.

(5) 전자 포획 검출기(Electron Capture Detector, ECD)

할로겐 화합물과 니트로 화합물 등의 전자를 도입하여 마이너스 이온이 되기 쉬운 친전자성 화합물을 선택적으로 검출할 수 있는 고감도 검출기, 검출기 셀 내에 ^{63}Ni 등의 방사성 동위원소를 봉입해 높은 순도 질소를 캐리어 가스 또는 검출기 가스(메이크업 가스)로서 사용하면, Ni선원으로부터 방사되는 β선에 의한 질소 가스가 이온화된 2차 전자를 방출한다. 방출된 전자가 수집가에 포집되는 이온 전류가 베이스라인을 형성한다. 거기에 컬럼에서 친전자성 화합물이 용출하는 전자를 포획하는 마이너스 이온이 된다. 생긴 마이너스 이온은 전자보다 매우 커서 이동에 시간이 걸린다, 검출기 가스에서 유래한 이온과 재결합하는 등, 컬렉터에 도달하는 마이너스 이온의 양이 감소함으로써 이온 전류의 감소량을 검출하고 있다.

GC에 탑재되는 검출기 중 가장 감도가 높고, 할로겐 화합물이 분자 구조와 할로겐 원자의 종류, 수, 결합 위치의 감도가 크게 변하지만, 화합물에 따라서는 수십 fg 이하의 검출이 가능하다. 고감도인 때문에 안정에 시간을 요한다. 검출기 가스를 완전히 정지된 후는 다시 시작 시간이 현저히 증대한다. 장치 정지 중에서도 수 mL/min정도의 검출기 가스(질소)을 틀어 검출기 세포 내를 퍼지하여 다시 시동 시의 안정화 시간을 줄일 수 있다. 방사선원을 이용하는 ECD의 사용에는 문부과학성에 대한 신고와 방사선 취급 선임자의 선임이 필요하다.

2

2.3.3 유량 제어부

매뉴얼의 유량 제어는 압력 조절 밸브를 이용한 정압 제어 방식과 매스 유량 제어계를 이용한 조절 유량 제어 방식이 있다. 정압 제어 방식은 주로 캐필러리 컬럼의 캐리어 가스 제어에 이용되지만, 일정 압력으로 제어를 실시하기 위해 승온 분석 등으로 컬럼 온도가 변화하면 가스의 점성과 컬럼의 저항값이 달라져 유량이 달라진다.

정류량 제어 방식은 주로 팩트 컬럼에서 이용되었고 컬럼 온도가 변화해도 자동으로 압력이 변화 일정 유량을 공급한다. 컬럼 유량의 측정은 팩트 컬럼의 경우, 컬럼 접속부 등으로부터 실측할 수 있지만, 캐필러리 컬럼의 경우는 컬럼 온도가 바뀌면 컬럼 유량이 변화 되기 때문에 컬럼 오븐을 개방하고 컬럼 출구로 실측할 수 없다. 그러므로 컬럼에 머무르지 않는 성분(공기, 메탄 등)을 주입하여 얻은 컬럼 통과 시간으로부터 계산에 의해 구할 필요가 있다. L: 컬럼 길이, P_{in}: 컬럼 입구압(설정압+대기압), P_{out}: 컬럼 출구압(대기압)이라고 했을 때 $P = P_{in} / P_{out}$이 되고 압력 구배 보정 계수가 $J = 3 / 2 \cdot (P^2-1 / P^3-1)$로 주어진다. 메탄 등의 보유하지 않는 성분의 머무름 시간을 to, 컬럼내 반경을 r로 했을 때 컬럼 유량 Fool은 식 (2.2), 평균 선속도는 식 (2.3)으로 주어진다.

최근에는 전자식 유량 제어부가 보급되고 있어 컬럼 유량이나 컬럼 평균 선속도, 스플릿비 등을 간단하게 설정할 수 있게 되었다.

$$F_{col} = \frac{\pi r^2 L}{t_0 J} \tag{2.2}$$

$$\bar{u} = \frac{L}{t_0} \tag{2.3}$$

2.4 컬럼

GC용의 컬럼은 형상에서 충전제를 채운 팩트 컬럼과 중공세관의 캐필러리 컬럼으로, 분리의 기구로부터 분배형과 흡착형으로 크게 나눌 수 있다(그림 2.10).

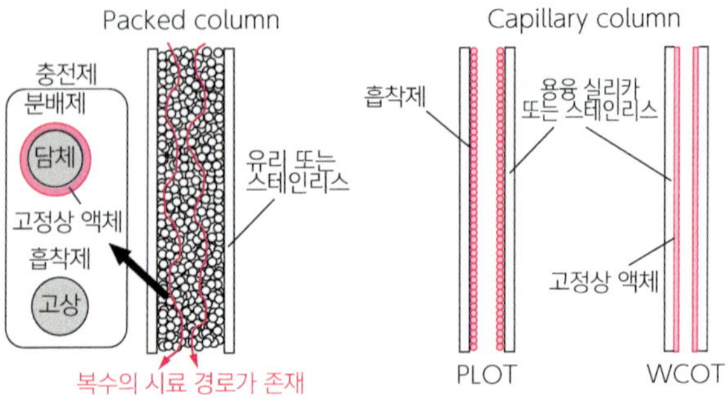

그림 2.10 GC용 컬럼

2.4.1 팩트 컬럼

유리나 스테인리스 파이프에 충전제를 채운 컬럼으로 내경 2~4 mm, 길이 0.5~5 m 정도의 것이 있으며 길이 2 m인 것이 많이 이용되고 있다. 스테인리스제 컬럼은 고온에서 금속 표면의 활성도가 높고 시료의 분해가 발생하기 쉬우므로 안정적인 무기 가스 분석 등에 사용된다. 유리제 컬럼은 비교적 불활성이어서 시료의 분해나 흡착이 생기기 어렵지만 파손되기 쉽다. 시료의 통과 경로가 여러 개 있어 컬럼 내 확산의 영향을 받기 쉽고 캐필러리 컬럼에 비해 분리능이 나쁘다.

(1) 흡착제

주로 무기 가스나 저급 탄화수소의 분석에 이용되는 몰레큘러시브나 실리카겔, 활성탄, 활성알루미나 등이 대표적인 것으로 들 수 있다. 포러스 폴리머와 같이 흡착과 분배 양쪽의 특성을 나타내며, 무기 가스로부터 저급의 탄화수소나 산, 알코올, 아민 등의 넓은 범위에 적용되는 것도 있다.

(2) 분배제

규조토 등 비표면적이 큰 담체에 고정상 액체를 담지시킨 것으로 주로 액체 시료의 분석에 이용된다. 담체의 입자 크기(80/100 메쉬 등으로 표기되며 커질수록 입자가 미세하다)가 작고 고정상 액체의 담지량(담체 중량에 대한 중량%로 나타남)이 많을수록 머무름 능력이 높아진다. 수용액 시료의 분석에서는 연속 주입에 의해 규조토 담체가 파손될 수 있으므로 테레프탈산(TPA) 담체를 이용한다.

2.4.2 캐필러리 컬럼

용융석영(용융실리카)이나 스테인리스 등으로 만들어진 중공세관의 내면에 고정상을 코팅한 컬럼으로 내경 0.1~0.53 mm, 길이 15~100 m 정도의 것이 있으며 내경 0.25 mm, 길이 30 m, 막두께 0.25 μm인 것이 가장 많이 사용되고 있다. 용융 실리카 제품은 파손을 방지하고 유연성을 갖게 하기 위해 폴리이미드 수지로 피복되어 있다. 폴리이미드의 내열성으로 인해 350℃ 이상에서의 사용이 어렵고, 고온에서의 사용에는 스테인리스제 컬럼이 적합하다.

최근에는 불활성화 기술의 향상으로 스테인리스제 컬럼도 용융 실리카제 컬럼과 유사한 불활성도를 가진다.

(1) WCOT(Wall Coated Open Tubular) 컬럼

용융 실리카 등의 중공세관의 내면에 고비점이면서 안정적인 고정상 액체를 코팅한 컬럼으로, 현재 사용되고 있는 캐필러리 컬럼의 대부분을 차지한다. 코팅한 고정상 액체의 폴리머 사이를 가교시키고, 컬럼 내면과 화학 결합시켜 내구성을 향상시킨 chemical bond 타입이 주류이다. 고정상 액체는 팩트 컬럼에 사용하는 분배제를 사용하지만, 캐필러리 컬럼은 구조적으로 잘 분리되어 있기 때문에 종류가 적다.

2

(2) PLOT(Porous Layer Open Tubular) 컬럼

기고 크로마토그래피에서 사용하는 충전제(흡착제)를 중공세관의 내면에 접착 또는 화학결합한 컬럼으로 WCOT 컬럼에서는 머무름이 약해 분석이 어려운 무기 가스나 저비점 화합물의 분석에 이용한다. 급격한 압력변동이나 충격 등으로 충전제가 박리되기 쉽고 박리된 입자가 검출기의 노이즈나 오염의 원인이 되므로 취급에 주의가 필요하다.

2.4.3 컬럼 선정

GC 분석에서 분리 대상에 맞추어 컬럼을 선택하는 것은 가장 중요하다. 분리 대상 화합물의 끓는점, 극성, 고정상 액체와의 친화성으로부터 적합한 컬럼을 선정할 필요가 있다.

(1) 고정상 액체(액상) 선정

분석 시료의 비점이나 극성으로부터, 사용하는 액상의 내열 온도, 극성 등을 설정한다. 목적 화합물에 가까운 극성의 액상을 이용하면, 친화성이 높고 피크 형상이 좋아지는 경향이 있다. 분석 대상간의 비점 차가 큰 경우는 무극성 컬럼을, 이성체 분리처럼 비점 차이가 거의 없는 경우에는 강극성 컬럼을 이용한다.

(2) 컬럼 내경 등의 선정

컬럼은 내경이 가늘고 길면 분리능이 향상된다. 보다 고분리가 필요할 때는 가늘고 긴 컬럼을, 분리가 충분해 분석시간을 단축하고 싶은 경우에는 굵고 짧은 컬럼을 선택한다. 액상의 두께(막두께)는 두꺼우면 머무름능이 높아지지만 용출이 늦어진다. 저비점 화합물을 분석할 때는 막두께가 두껍고 긴 컬럼, 고비점 화합물을 분석할 때는 막두께가 얇고 짧은 컬럼을 선택한다.

서로 다른 내경, 막두께의 캐필러리 컬럼을 비교할 때는 상비 β를 비교하는 것이 좋다. 상비 β는 r: 컬럼 내 반경, df: 액상의 막두께라고 했을 때, 식 (2.4)으로 주어진다. β값이

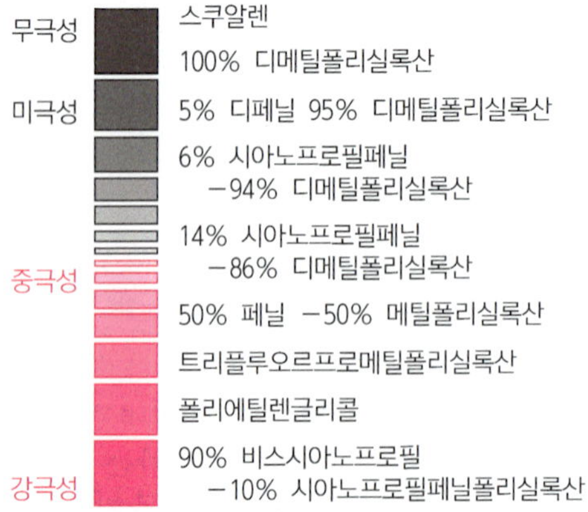

그림 2.11 고정상 액체의 극성

작은 것은 상대적으로 막두께가 두껍다는 것을 나타내고 머무름 시간이 증가한다. β값이 큰 것은 상대적으로 막두께가 얇은 것을 나타내고 머무름 시간이 감소한다.

$$\beta = \frac{r}{2df} \tag{2.4}$$

2.5 조작 방법

2.5.1 시료준비

(1) 시료의 포집, 추출 등

기체 시료의 경우는 펌프 등을 이용하여 수지제 시료백이나 캐니스터에 충전하거나 진공병 등으로 흡인 포집하여 시료를 준비한다. 고체나 액체 속 성분의 경우 가용용매로 용해하는 방법(전용해법), 용매로 추출하는 방법(액-액 추출법), 밀폐용기 안에서 가열하여 휘발해 오는 성분만을 추출하는 방법(헤드스페이스 분석) 등이 있다. 예를 들어 식품이나 농작물 내 잔류 농약 분석은 시료를 분쇄하여 용매 추출, 농축, 정제 등을 한 것을 시료 용액으로 사용한다.

(2) 유도체화

유도체화는 주로 분석 대상화합물의 흡착을 막고 휘발성을 높이기 위해 이루어진다. 분석 대상화합물이 하이드록시기, 카르복시기, 질소, 황 등의 관능기를 갖는 경우 주입구나 컬럼 등에 흡착이 일어나기 쉽다. 흡착성을 경감하기 위해 다양한 시약을 이용한 실릴화, 아실화, 에스테르화 등의 유도체화법에 의한 관능기의 치환이 이루어지고 있다. 지방산 유도체화의 일례에서는 끓는점 360℃의 올레인산을 메틸에스테르화로 올레인산메틸로 함으로써 끓는점이 218℃이고 휘발성이 높아짐과 동시에 카르복시기 말단이 메틸기로 치환됨으로써 흡착성도 경감된다. 분석대상물의 비점이 낮아짐으로써 내열성이 낮은 강극성 컬럼을 분석에 사용할 수 있어 이성질체 분석 등에서 매우 효과적이다.

2.5.2 장치 준비

(1) 캐리어 가스, 검출기용 가스 준비

캐리어 가스에 사용하는 헬륨, 질소, 아르곤 등의 가스봄베에 가압기를 부착하고 배관을 GC의 유량제어부에 접속한다. FID, FPD, TID는 수소, 공기를 사용하기 때문에 마찬가지로 수소, 공기봄베나 수소발생기, 에어 컴프레서와 사용하는 검출기 가스 제어부를 접속한다.

캐필러리 분석의 경우 검출기 가스로서 메이크업 가스가 더 필요하며, 보통 캐리어 가스와 같은 종류의 헬륨이나 질소를 접속한다. 메이크업 가스는 원리상 TID에는 질소 이외, ECD에는 질소를 이용할 필요가 있다.

2

(2) 컬럼 설치

팩트 컬럼은 자루 너트와 O링 또는 전용 어댑터로 GC에 접속한다. 캐필러리 컬럼은 그래파이트 등의 페럴과 너트를 이용하여 접속한다. 컬럼 끝단은 평활하게 컷팅해야 하며 페럴에서 컬럼 끝까지의 삽입 길이는 기종별로 지정되어 있으며 취급 설명서 등을 확인하여 정확하게 조정할 필요가 있다.

(3) 가스 유량 설정

캐리어 가스 유량이나 선속도, 스플릿 비율, 검출기 가스를 설정한다. 캐필러리 분석에서는 캐리어 가스를 압력 제어하기 위해 승온 분석 시의 온도 변화에 따라 컬럼 유량이 변화한다. 최근에는 전자식 유량 제어부를 이용함으로써 승온 시에도 유량이나 선속도를 일정하게 유지하는 제어가 가능하다. 캐리어 가스 압력이나 스플릿비를 프로그램 제어하여 분석 시간 단축과 헬륨 소비를 억제하는 기능도 있다.

(4) 각 부분의 온도 설정

주입구는 시료 성분이 충분히 기화되는 온도로, 컬럼은 목적 성분이 분리되는 온도로 만든다. 검출기는 오염을 막기 위해 컬럼의 최종 온도 이상(보통 +10~20℃)으로 설정한다.

2.5.3 장치 조작 절차

(1) 장치 기동

전원을 투입하고 각종 가스 유량 설정 후 컬럼이 실온 상태에서 캐리어 가스를 흘려보내 컬럼 내의 공기를 (팩트 컬럼에서는 5~10분, 캐필러리 컬럼에서는 3~5분 정도) 치환한다. 각 부의 온도를 설정하고 히터를 ON으로 하여 온도를 높인다. 오염을 막기 위해 검출기의 온도는 항상 컬럼 온도보다 높은 상태를 유지할 필요가 있다. 최근의 장치에서는 상기 절차를 자동으로 수행할 수 있는 기종도 있다.

(2) 분석

각 부분의 온도와 유량, 검출기의 신호가 안정되면 시료를 주입하여 분석을 수행한다.

① 항온 분석: 컬럼 온도 일정에서의 분석. 끓는점 범위가 좁은 시료의 분석에 이용한다. 용출이 빠른 피크는 샤프하게, 느린 피크는 브로드하게 된다(그림 2.12).

② 승온 분석: 컬럼 온도를 프로그램에 의해 상승시켜 분석하는 기법. 끓는점 범위가 넓은 시료 분석에 효과적이며, 승온 중에는 모두 샤프한 피크를 얻을 수 있다. 컬럼의 내열온도 부근까지 승온하면 고정상 액체에서 브리드가 발생하여 베이스라인의 상승이 발생한다(그림 2.12).

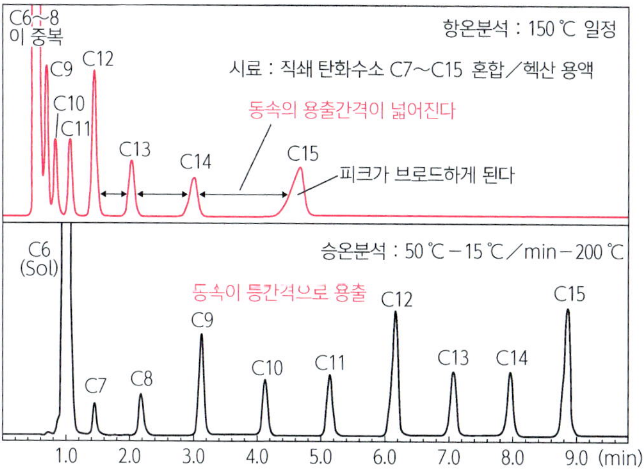

그림 2.12 항온분석과 승온분석

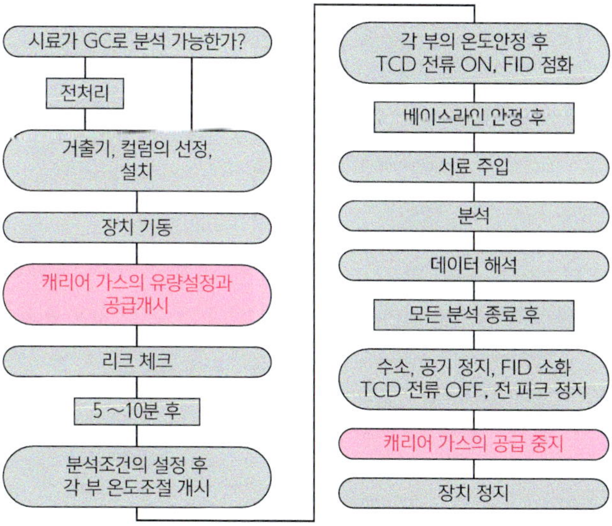

그림 2.13 장치 조작의 흐름

(3) 장치 정지 절차

검출기용 수소, 공기를 정지하고 각 부의 온도, 특히 컬럼 온도를 실온 부근까지 낮춘 후 마지막으로 캐리어 가스를 끄고 장치의 전원을 OFF한다(그림 2.13).

2.6 데이터 해석

2

시료를 주입한 후 성분이 검출기에 도달할 때까지의 머무름 시간으로부터 그 성분이 무엇인지, 얻어진 피크의 면적이나 높이를 통해 그 성분이 얼마나 포함되어 있는지를 알 수 있다. 해석에는 인테그레이터나 PC 데이터 처리기가 이용된다.

2.6.1 피크 파형 처리

피크의 시작·종료점을 설정하고, 피크와 노이즈나 기준선 변동을 구별하기 위해 파형 처리 파라미터를 적절하게 설정할 필요가 있다. 특히 팩트 분석과 캐필러리 분석에서는 얻을 수 있는 피크 형상이 크게 다르기 때문에 설정값도 크게 다르다.

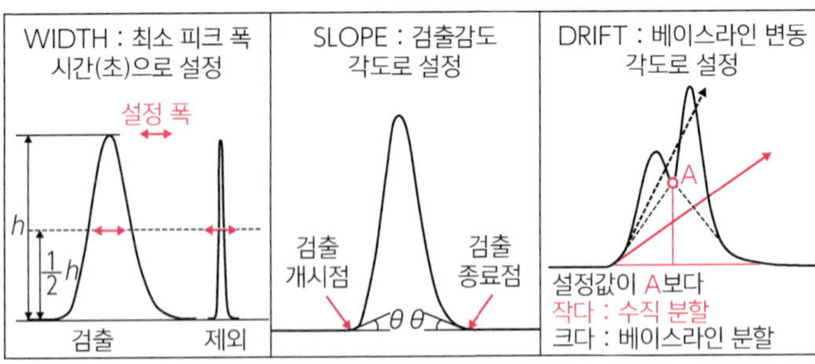

그림 2.14 피크 파형 처리

2.6.2 정성분석

동일한 조건에서 분석을 하면 같은 성분은 동일한 머무름 시간을 나타내기 때문에 표준시료에서 얻은 피크와 미지 시료에서 얻은 피크의 머무름 시간의 비교를 통해 질적일 수 있다. 다른 성분들이 우연히 동일한 머무름 시간을 나타낼 수 있으며, 정성 확실도를 높이기 위해서는 2종 이상의 머무름 특성이 다른 컬럼으로 분석하고 확인해야 한다.

2.6.3 정량분석

얻어진 피크의 면적, 높이를 이용하여 정량할 수 있다. GC에 이용되는 검출기의 대부분이 화합물에 따라 감도가 다르기 때문에 단순히 각 피크의 면적 비율로는 오차가 커진다(면적 백분율법) 그러므로 정량분석에는 목적성분을 기지 농도로 제조한 표준시료를 이용하여 검량선을 작성할 필요가 있다.

대표적인 정량법으로는 외부표준법(절대검량선법)과 내부표준법이 있다. 외부표준법은 가장 많이 사용되는 방법이지만 주입량 오차의 영향을 받기 쉽다(그림 2.15). 내부표준법은 주입량 오차의 영향을 받기 어렵지만, 전 검체에 내부표준물질을 첨가할 필요가 있어 번잡하다.

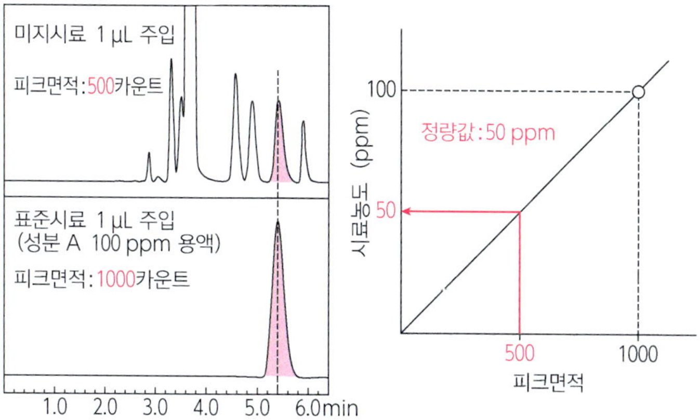

그림 2.15 외부표준법 개요

2.7 끝에

GC는 높은 범용성을 갖는 장치이며, 널리 보급되고 있다. 또, 통상의 GC는 분석할 수 없는 고분자량 폴리머 등을 열분해하고 분석하는 열분해 GC, 고체나 액체 시료를 바이알에 봉입, 가열하고 휘발하고 와서 가스 부분을 분석하는 헤드스페이스 GC처럼 전처리법과 조합한 것도 많고, 적용될 수 있는 시료 형태도 커지고 있다. 게다가 1개의 컬럼에서 분리할 수 없는 성분을 2개의 컬럼을 조합하고 높은 정밀도에서 분리하는 것이 가능한 멀티디멘셔널 GC와 GC × GC 등 다양한 응용 사례도 있고 지금도 GC를 활용하는 범위가 벌어지고 있다. 앞으로도 더 많은 연구, 산업 분야에 이용되기를 원한다.

3 고속 액체 크로마토그래프법

3.1 처음에

고속 액체 크로마토그래피(HPLC)는 "액체의 이동상을 펌프에 의해 가압하여 컬럼을 통과시키고 분석종을 고정상 및 이동상과의 상호작용(흡착, 분배, 이온교환 등)의 차이를 이용하여 고성능으로 분리하여 검출"(JIS K0124: 2011 고속 액체 크로마토그래피 통칙에서 발췌)하는 분석법이다. 시료 혼합물을 분리하여 각각의 성분을 정량하는 것을 목적으로 사용된다. 분석 장치를 크로마토그래프, 분리의 결과로 얻을 수 있는 신호 강도의 시간 변화를 크로마토그램이라고 부른다. 또한 분리된 성분은 피크로 기록된다. 시료 성분이 용출되는 시간은 시료 성분이 고정상·이동상 중 어느 쪽에 친화성이 높느냐에 따라 결정된다. 고정상보다 이동상에 친화성이 높은 성분은 빨리 용출되고 고정상에 친화성이 높으면 강하게 머무르게 되어 용출에 시간이 걸린다. HPLC에서는 이동상의 조성을 자유롭게 선택할 수 있다.

최근에는 분석의 고속화를 실현하기 위해 종래보다 입자지름이 미세한 충전제를 이용하여 분리하는 초고속 액체 크로마토그래피(UHPLC)와 같은 고속화 기술이 확산되고 있다. 고성능 컬럼의 출현에 따라 장치도 고기능화되고 있어, 기존보다 장치의 보수나 배관 부품 등에 더 신경을 쓸 필요가 있다.

3.2 분리 모드

충전제의 종류와 분리 모드의 관계는 다음과 같다.

3.2.1 흡착 모드

고정상 표면에 물질이 흡착되는 것을 이용한 분리 양식을 말한다. 실리카겔이나 그래파이트 카본 등이 이용된다. 분배 모드에 비하면 분리 조건 설정이 어려운 경우가 많다.

3.2.2 분배 모드

고정상 담체에 유지된 용매와 이동상 용매의 분배에 의해 분리된다. 실리카겔에 옥타데실기를 도입한 C_{18}(n-$C_{18}H_{37}$-기, 기름과 같은 성질을 갖는다) 화학결합형 실리카겔 충전 컬럼이 대표적이다. HPLC에서는 극성이라는 용어가 자주 이용된다. 물과 같이 염 등을 잘 녹이는 것을 극성이 높다, 반대로 물에 녹지 않는 유기물을 잘 녹이는 것을 극성이 낮다고 한다. C_{18}이나 페닐과 같이 극성이 낮은 수식기를 갖는 고정상에 극성이 높은 이동상을 이용하여 물질을 분리하는 방법을 역상 모드라고 한다.

알킬 사슬 길이가 긴 C_{30}은 C_{18}에 비해 입체 선택성이 높아지고 분리가 향상될 수 있다. 또한 C_{30}은 물 100%에서도 양호한 분리와 재현성을 얻을 수 있으므로 극성이 높은 화합물에서도 분리될 수 있다. 플루오로카본계 실리카 컬럼에는 방향족계와 지방족계가 있다. 퍼플루오로페닐 타입은 불소가 강한 전기 음성도를 가지기 때문에 벤젠과는 반대로 방향고리상에 강한 정전하를 갖는다는 특징을 보인다.

한편, 지방족 플루오로카본은 기본적으로 역상 모드로서의 특징을 보이며 입체 구조에 대한 인식 능력이 높다. 디올형 등의 극성이 높은 고정상에 극성이 낮은 이동상을 이용하여 분리하는 방법을 HILIC(친수성 상호작용) 모드라고 부른다. 대표적인 HILIC계 충전제의 관능기를 이하에 열거한다.

3

① 아미노형(–NH_2) : 약한 음이온 교환능이 있으므로 주로 산성극성 화합물의 분리에 이용된다.

② 시아노형(–CN): 약하지만 음이온 교환능이 있다. 산성 극성 화합물의 분리에 이용된다.

③ 아미드형(–NH–C=O): 페놀이나 술폰기와 특이적으로 상호작용하는 것으로 알려져 있다. 소수성 및 극성 화합물 전반의 분리에 이용된다. 카르바모일형(-CO-NH_2)이나 우레아형(-NHCONH-)도 있다.

④ 양성 이온형(sulfobetaine 등): 술폰산기와 암모늄기를 모두 갖는, 양성 이온성 컬럼으로서 극성이 높은 화합물의 분리에 이용된다.

이성체의 구조와 분리 모드에 관해서는 1–프로판올과 2–프로판올, 알데히드와 케톤, 에테르와 알코올과 같은 구조 이성체는 분배계가, 또 2치환 벤젠의 o–, p–이성체 등은 흡착 모드로 양호한 분리를 얻을 수 있다고 한다. 페닐 컬럼은 기하 이성질체에 대해 순수한 분배 시스템보다 더 효과적이라고 한다.

3.2.3 이온교환 모드

무기 이온이나 아미노산의 분리에 이용된다. 양이온 교환과 음이온 교환이 있으며, 각각 염기나 산의 분리에 이용된다. 이온 교환기에는 아미노기나 카르복시기 등의 약이온 교환체와, 황산기나 4급 암모늄기와 같은 강이온 교환체가 있다.

이온 배제 모드는 이온 교환과는 반대로 고정상과 동일한 전하를 갖는 시료가 정전적인 반발을 이용함으로써 보이드 볼륨(후술)보다 빨리 용출되는 것을 이용한다. 고정상에 수소이온형 술폰산형 컬럼을 이용하여 유기산을 분리하면 pKa가 작은 산부터 차례로 용출된다.

3.2.4 크기 배제 모드

단백질이나 합성 폴리머와 같은 고분자를 충전제의 관통 구멍(그물망 모양의 구멍)에 들어갈 수 있는지 여부에 따라 분리한다. 작은 분자는 충전제 입자의 대부분을 차지하

3

는 관통 구멍 안을 미로처럼 이동하기 때문에 용출하는 데 시간이 걸린다. 반면 구멍에 들어갈 수 없는 큰 분자는 충전제 사이를 통과하기 때문에 컬럼의 출구에 빨리 도달한다.

세로축에 분자량의 로그, 가로축에 용출시간이나 용출부피를 플롯한 교정곡선은 특정 질량범위 내에서는 직선성을 나타내므로(그림 3.1) 용출시간에서 분자량을 구할 수 있다. 이동상에 수용액을 이용하는 GFC모드와 유기용매를 이용하는 GPC모드에 분류된다.

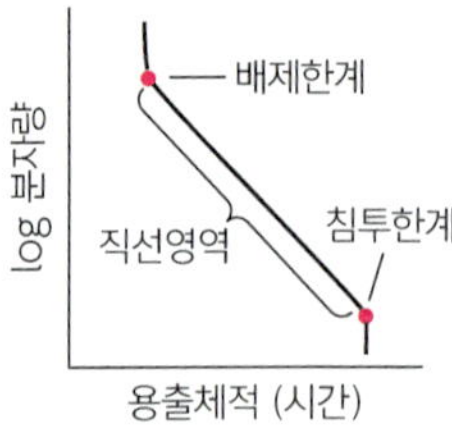

그림 3.1 교정 곡선
시료의 분자량 로그와 용출용량 사이에 직선관계가 성립하는데, 특정 분자량 이상 또는 어떤 분자량 이하에서는 직선성에서 벗어나 차이가 없어진다.

3.2.5 특수한 분리 모드

(1) 이온쌍 크로마토그래피

C_{18}컬럼에서 이온을 분리할 수 있다. 이동상을 도데실황산나트륨(SDS) 등의 이온성 계면활성제를 첨가하면 아세토니트릴 농도가 30%에 못 미치는 극성이 높은 이동상 조건에서는 C_{18}에 SDS가 결합하여 표면이 SDS의 황산기로 뒤덮이고, 아미노기를 가진 화합물이나 무기의 양이온을 머물게 한다(그림 3.2). 아세토니트릴의 농도를 30% 이상으로 하면, SDS가 머무르지 않고 이온 머무름 능력을 잃는다. 양쪽성 계면활성제인[(3-클로르아미드프로필)디메틸암모니오]-1-프로판설폰산 등이 사용하고 있다.

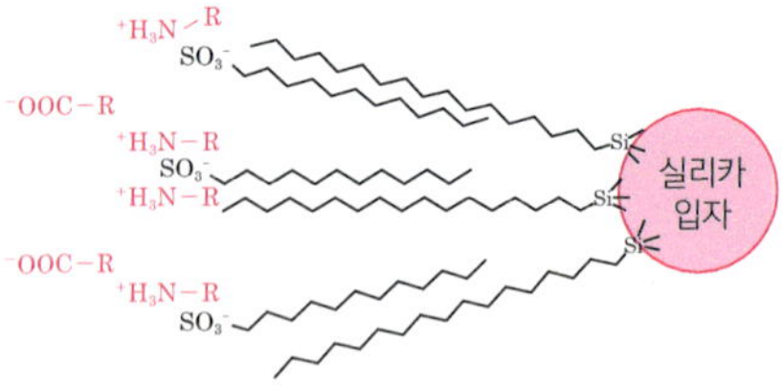

그림 3.2 이온쌍 크로마토그래피의 원리
음이온성 계면활성제를 함유 이동상을 이용하면 ODS가 음으로 하전하고, 양이온과 이온쌍을 형성한다.

(2) 리간드 교환 모드

금속 이온형 양이온 교환 컬럼을 이용하여, 수산화기나 아미노기의 토대 등의 배위성 작용기를 가진 화합물을 분리할 수 있다. 당은 배열의 다른 수산화기를 가진 화합물이므로 Ca^{2+}, Pb^{2+}형의 양이온 교환 컬럼을 이용하여 물에서 분리하면 당의 이성질체를 분리할 수 있다. 컬럼 온도는 60℃ 이상으로 한다. 이동상도 물 이외를 이용할 수 없다. 컬럼에서 금속 이온이 약간만 용출하므로 검출법에 따라서 금속 이온 포착용 컬럼을 접속한다.

(3) 믹스 모드

혈중 약물 농도 분석 등, 복잡한 시료의 분석을 위해서 2종류 이상의 작용기를 가진 믹스 모드계의 컬럼을 사용하고 있다. 내면 역상형 컬럼은 충진제 외부에 친수기 내부에 소수기를 가진다. 혈장 중의 의약품을 분석하는 경우 등에 이용하면, 단백질은 몇 분에서 용출하고 의약품의 분리를 방해하지 않는다(그림 3.3). 이 밖에도 외부에 친수성 중합체 내부에 이온 교환기를 도입한 내면 이온교환 컬럼과, 소수성 작용기와 이온 교환기의 양쪽을 함께 가진 역상-이온교환 믹스모드 컬럼 등이 있다.

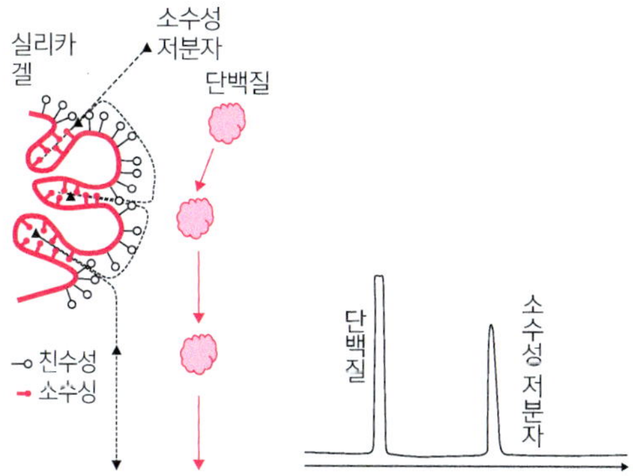

그림 3.3 내면 역상형 컬럼
혈중 약물 분석은 표면과 기공 내의 성질이 다른 컬럼을 사용할 수 있다.

3.3 고속 액체 크로마토그래피 장치

그림 3.4에 고속 액체 크로마토그래피(HPLC)의 기본 구성을 나타낸다. 고압 펌프, 인젝터 혹은 오토샘플러, 컬럼, 검출기로 이루어진다. 게다가 이동상에 포함된 가스를 제거하기 위한 디게서, 이동상의 농도 구배를 가능하게 하기 위한 고압 또는 저압 그레디언트 시스템, 컬럼 항온조도 있으면 좋겠다. 이하에 각각의 주의점을 기술한다.

3.3.1 접속 · 배관

(1) 배관 튜브의 종류

배관 튜브는 펌프, 인젝터, 컬럼, 검출기를 연결하기 위해 사용된다. HPLC용 배관 부품의 재질에는 스테인리스, PEEK, 테플론(PTFE)이 있다. 외경은 1/16인치가 일반적이며, 마이크로LC에서는 1/32인치나 용융 실리카 캐필러리가 이용된다. 내경은 0.13~0.75 mm가 있다. 입자지름 5 μm의 컬럼을 이용할 경우 내경 0.25 mm의 배관이

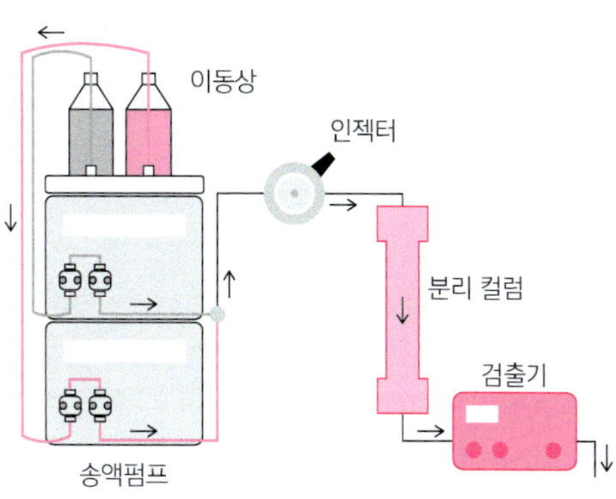

그림 3.4 고속 액체 크로마토그래피 장치

사용하기 쉽다. 스테인리스나 PEK는 내압성이 높으므로 펌프 → 인젝터 → 컬럼 입구까지의 내압이 필요한 부분의 접속에 이용한다. PTFE는 이동상 용매 탱크에서 펌프까지, 또는 컬럼 출구 이후에는 큰 압력이 가해지지 않기 때문에 배관에는 사용할 수 있다.

(2) 배관 튜브 연결

스테인리스 배관의 절단에는 전용 커터를 이용한다(그림 3.5). 회전 치아를 튜브 주위에 회전시켜 서서히 조이면서 절단한다. 절단한 후에 돌출부가 남은 경우에는 전용 마감 공구로 깎거나 양날 줄로 깎아낸다. 절단한 파이프는 초음파 세척기를 이용하여 긁힌 자국을 씻어낸 후 이용한다. PEEK나 PTFE 튜브는 디자인 커터로 수직으로 절단한다. 튜브를 손으로 구부리면 배관 단면이 찌그러진다. 스테인리스의 경우 드라이버 손잡이 등 원통형 밀어넣어 구부린다. 잘라낸 튜브에 오시네와 페럴(싱글링과 더블링의 2종류가 있는데 싱글형이면 된다)을 통과시킨다. 떨어뜨리지 않도록 접속부에 꽂고 손으로 오시네를 끝까지 비틀어 넣는다. 배관에 틈이 생기지 않도록 밀어 넣으면서 다시 스패너로 90° 정도 회전하여 고정한다(그림 3.6).

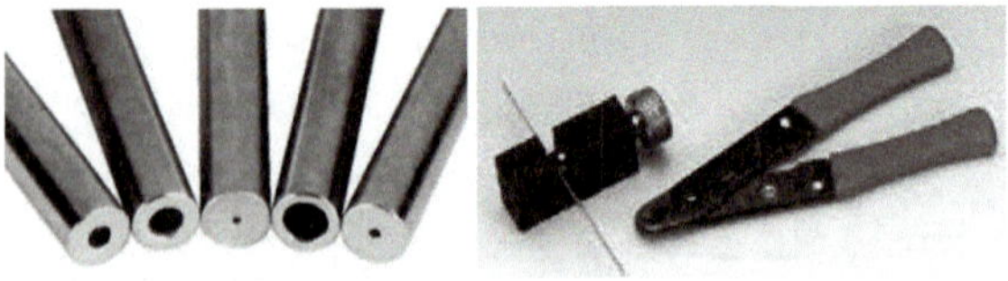

그림 3.5 다양한 내경의 스테인리스 파이프와 커터
출처 : 오사카케미칼(주), 질사이언스(주)

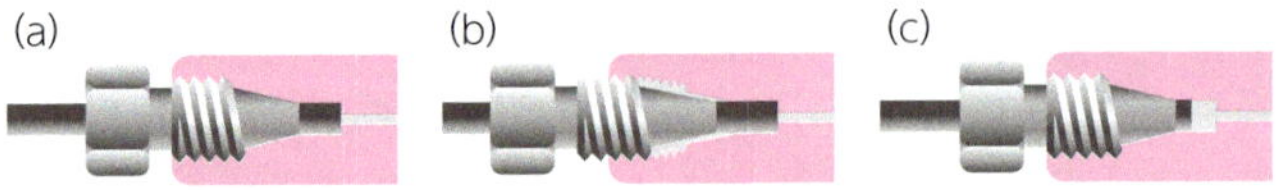

그림 3.6 배관 단면도
(a) 올바르다, (b) 파이프가 오랫동안 누수되는 예, (c) 틈새에서 분리가 나빠진다.

강하게 조이면 페럴 주변이 변형되어 누수의 원인이 될 뿐만 아니라 접속한 끝의 컬럼이나 밸브가 변형될 위험이 있다. 두 번째 이후에는 누수가 발생하지 않을 정도로 마지막으로 스패너로 조금만 조인다. 페럴 일체형의 PEK제 오시네나 특수한 내압성 피팅이 개발되어 있으므로 컬럼을 자주 교체하는 경우에는 이쪽을 이용하는 것이 좋다. 테플론 튜브를 접속할 경우에는 다이프론제(테플론보다 부드럽기 때문에 튜브가 변형되지 않는다) 페럴을 이용하여 손 조임으로 고정한다. 멈춤나사끼리 접속하는 부품인 유니온(그림 3.7)을 준비하면 컬럼을 분리했을 경우의 유로 세척에 사용

그림 3.7 접속용 유니온
출처 : 질사이언스(주).

할 수 있으므로 편리하다. 페럴로부터 끝의 길이는 컬럼(제조업체마다)이나 밸브의 종류에 따라 다르므로 스테인리스 페럴로 고정한 배관을 다른 연결에 유용하는 것은 피한다. PTFE로 접속할 때는 반드시 페럴 끝에서 배관을 약간 꺼내어 조인다.

배관의 길이는 짧지만 펌프의 출구에 내경 0.1 mm, 길이 1~2 m의 튜브를 부착함으로써 펌프에서 발생하는 미약한 맥류를 억제할 수 있다. 또한 검출기 뒤에 1~2 m의 튜브를 달아 압력을 높여 셀 내에서의 기포 발생을 억제하기도 한다.

3.3.2 시료 도입

시료를 도입하기 위해 오토샘플러나 인젝터를 사용한다. 여기서는 후자에 대해 설명한다.

인젝터의 구조를 그림 3.8에 나타낸다. 펌프로부터의 배관을 포트 2, 컬럼으로의 배관을 포트 3, 샘플 루프를 포트 1과 포트 4에 접속한다. 포트 5와 6에 접속하는 드레인 튜브의 선단은 인젝션 포트와 같은 높이로 하여 인젝터 내로 공기가 들어가지 않도록 한다.

또한 컬럼 오븐을 이용하는 경우에는 인젝터도 컬럼 오븐 내에 설치하는 것이 바람직하다. 밸브를 INJECT에서 LOAD로 전환하면 압력으로 밀착된 로터와 스테이터의 접속이 바뀌어 샘플 루프와 니들 포트가 연결된다.

시료의 도입 부피는 샘플 루프에서 결정된다. 세관에서는 벽면의 용매가 치환되기 어렵기 때문에 예를 들어 20 μL 루프의 경우 4 μL 이상 도입하면 시료 용액이 루프의 출구에 도달한다. 따라서 정성분석 목적이라면 큰 루프(200 μL)를 접속하는 것이 좋다.

시료용액은 Rheodyne용 직각 컷 바늘을 가진, 50~100 μL 용량의 마이크로 주사기

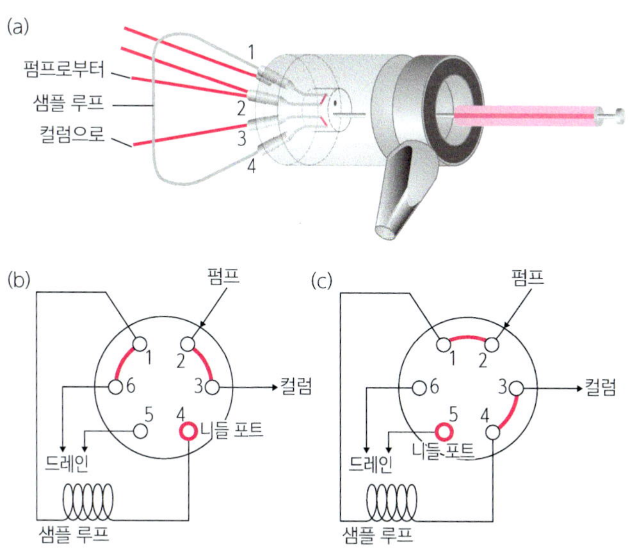

그림 3.8 인젝터와 전환 유로도
(b) 시료 주입, (c) 분석 시
출처 : 질사이언스(주)

를 사용하여 도입한다. 먼저 주사기에 시료용액을 흡인한다. 빠르게 흡인·토출을 반복하고 공기를 몰아낸 후 천천히 흡인한다. 보통은 루프 용량의 5배, 최소 3배 정도 채취한다(20 μL이면 100 μL 내지 60 μL 정도를 채취). 인젝터의 레버를 빠르게 INJECT에서 LOAD로 전환하여 니들 포트에 주사기를 꽂는다. 니들 씰이 있으므로 마지막에는 약간 저항이 있으나 그대로 끝까지 삽입하고 플런저를 눌러 시료를 도입한다. 주사기를 꽂은 채로 빠르게 INJECT로 전환한다(기록장치의 스위치도 넣는다) 주사기를 빼고 포트 클리너를 붙인 주사기를 이용하여 니들 포트를 적절한 용매(시료 성분을 녹이고 컬럼에도 영향을 주지 않는 용매) 5 mL 정도를 주입하여 세척한다. 인젝터는 니들이 부속되는데, 이는 세척용이 아니라 니들 씰의 변형을 막기 위한 것이다. 니들 가이드 전체가 청정한 용매로 항상 채워지도록 한다.

인젝터의 로터 씰은 소모 부품이다. 오래되면 유로가 넓어져 주입량에 오차를 준다. 또한 유로가 넓어지면 오염이 쌓이기 쉬워지고 고스트 피크의 원인이 된다. 더 열화되면 니들 포트에서 이동상의 누수가 일어난다.

3.3.3 송액 펌프

이동상을 일정한 유속으로 송액하기 위한 장치. 종래에는 1 mL/min 내외의 유속을 낼 수 있도록 설계되었으나 UHPLC나 나노LC, 분취용 고유량 펌프도 개발되어 각각 유량범위가 달라 마이크로 펌프(μL/min~)나 분취 펌프(~150 mL/min) 등으로 불린다. 일반적인 펌프의 내부구조를 그림 3.9에 나타낸다. 회전식 펄스모터에 장착된 캠에

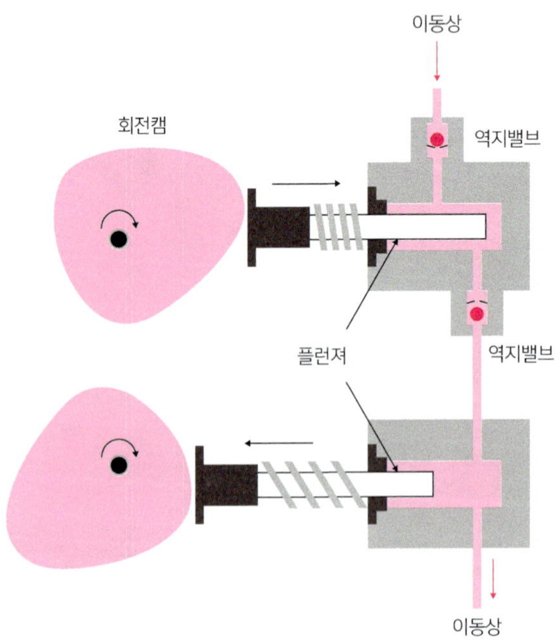

그림 3.9 더블 플런저 펌프의 구동 원리도

의해 플런저가 앞뒤로 움직이고 펌프 헤드의 내용적이 변화하여 액체를 가압한다. 펌프 헤드는 통상 2기가 연동하여 구동한다. 용리액 입구 쪽 펌프 헤드의 상하로 두개의 역지밸브가 장착되어 있으며 액은 한 방향으로만 흐른다. 두 번째 펌프 헤드는 첫 번째와 반대로 움직이고 첫 번째 펌프로부터의 송액이 멈추면 액체를 밀어내어 유량을 일정하게 유지한다.

송액부에는 높은 압력이 가해지므로 일반적으로 스테인리스 스틸이지만, 메탈 프리 이나트 타입이나 폴리머 계통의 펌프 헤드를 채용한 펌프도 있다. 플런저 및 역지 밸브 내부의 볼은 루비로 이루어져 충격이나 부식성이 강한 용매로 손상될 수 있다.

펌프의 표시압은 Pa 외에 kg/cm² 등의 단위로 표시된다. 아래에 단위환산을 나타낸다.

1.0 MPa = 10 bar = 10.2 kgf/cm² = 145 psi

(1) 그레디언트 용출

아미노산 분석과 같이 다른 성분을 분리하는 경우, 1종류의 용리액만(아이소크레틱 용출)으로 전 성분을 분리하는 것은 어렵다. 그래서 이동상 조성을 바꾸면서 분리하는 그레디언트 용출이 이용된다. 농도 구배에는 단계적으로 농도를 바꾸는 스텝 와이즈 용출이나 직선적으로 농도를 바꾸는 직선 농도 구배 용출이 알려져 있다.

그레디언트 펌프 혼합방식에는 저압방식과 고압방식 두 가지가 있다. 저압방식에서는 펌프 앞에 용리액마다 나뉜 전자밸브가 혼합비에 맞추어 개폐하도록 되어 있다. 1대의 펌프로 복수의 용리액을 혼합할 수 있고 3가지 이상의 용매를 혼합할 수 있는 반면 고압 혼합방식은 여러 대의 펌프를 준비하여 펌프에서 도출한 후에 혼합하는 방식이다. 혼합부에서 컬럼까지의 용량이 적으므로 그레디언트의 응답성이 양호한 반면에 사용할 이동상의 수의 펌프를 준비할 필요가 있다.

고압 방식에서는 각 펌프에서 토출된 액체를 스태틱 믹서로 혼합한다. 보통은 컬럼이나 용매 필터와 같은 형상을 하고 있으며, 제조사에 따라서는 믹서의 용적을 선택할 수 있도록 되어 있는 것도 있다. 일반적으로 믹싱 부피를 작게 하면 혼합 불량에 의한 노이즈가 높아지고, 크게 하면 그레디언트의 응답이 나빠진다. 통상적인 시스템에서는 150 μL 내외의 용적인 것이 많다. 고압형 펌프에서는 그레디언트 용출에 있어서의 데드볼륨은 믹서로부터 컬럼 입구까지의 용적으로 결정되므로 가급적 가는 배관과 성능이 높은 믹서를 이용한다. 한편, 저압 그레디언트 시스템에서는 입구측에서 믹싱하는 펌프헤드의 구동시의 1사이클 부피가 100 μL라고 하면, 대략 350 μL 정도의 믹서가 필요하다고 한다.

믹서에서 컬럼까지의 용적분은 그레디언트가 없는 드웰 볼륨이라고 불린다. 드웰 볼륨은 특히 세미 마이크로 LC와 같은 저유속 분석에서는 그 분석 속도에 영향을 미치기 때문에 되도록 적게 할 필요가 있다.

(2) 그레디언트 성능 평가

그레디언트가 올바르게 기능하고 있는지를 조사하는 방법을 말한다. 분석 컬럼 대신 내경 0.1 mm, 길이 2 m의 배관을 접속하고, 이동상 A에 물, 이동상 B에 0.05% 아세톤

수를 이용하여 검출 파장 265 nm로 측정한다. 그레디언트 시 아세톤의 흡수에 의한 베이스라인의 변화로부터 드웰 볼륨이나 그레디언트의 정밀도를 가시화할 수 있다.

아세톤은 탈기 장치로 빠질 수 있으므로 디게서는 멈춰둔다. 멈출 수 없는 장치는 아세톤 대신 카페인을 사용한다.

3

3.3.4 이동상

분배계에서는 다양한 용매를 이동상으로 사용하므로 이를 전제로 설명한다.

(1) 용매의 순도

물은 초순수장치에서 채수한 것이나 시판되고 있는 HPLC용수, 형광분석용수 등을 이용한다. 시판되고 있는 HPLC용 용매는 순도에 더해 흡광도나 형광강도가 보증되어 있다. 개봉 후에는 오염되므로 사용기한 등을 두어 빨리 소진한다. 이동상으로는 완충액과 아세토니트릴의 혼합액이 자주 이용된다. 아세토니트릴 대신 메탄올을 이용하면 컬럼압이 높아지는 점에 주의한다. HPLC용 테트라하이드로퓨란(THF)은 산화방지제를 포함하지 않으므로 빨리 다 쓴다. 또한, THF는 폴리머나 유리를 녹이기 때문에 장시간 사용에 주의를 요한다.

(2) 이동상용 완충액

이동상에 0.1% TFA를 이용하면 산성 관능기를 가진 화합물의 전리가 억제되어 역송계에서 머무름이 증대된다. HPLC용 완충액에는 아세트산(pK_a 4.76), 포름산(pK_a 3.75), 인산(pK_a 2.15, 7.2, 12.3), 붕산(pK_a 9.2), 4-메틸모르포린(pK_a 8.4), 중탄산암모늄, 1-메틸피페리딘(pK_a 10.2), 트리에틸아민(pK_a 10.7), 글리신(pK_a 9.8) 등이 이용된다. LC-MS에서는 아세트산, 아세트산암모늄, TFA를 이용하며 이온쌍 시약 대용으로 0.05% 퍼플루오로브탄산, 5 mM 디부틸아민 아세트산, 5 mM 트리에틸아민-초산 등을 이용한다.

아미노산과 같은 이온성 관능기를 가진 시료의 머무름 조정이나 머무름 시간의 재현성을 높이는데 있어서 완충액을 이용하는 것은 중요하다. 다만 시료의 pKa에 가까운 pH의 이동상을 이용하면 피크가 퍼지거나 머무름 시간이 흩어진다. pKa에서 2이상 떨어진 pH의 완충액을 이용하는 것도 중요하다. 완충능이 높은 완충액을 선택하는 것도 중요하다. 이온강도나 용매 함량은 머무름이나 분리에 영향을 미치므로 장기간에 걸쳐 측정을 계속할 경우 분석법으로서의 견고성을 높이는데 특히 주의를 기울일 필요가 있다.

pH계로 맞추는 것보다 완충액 표에 따라 중량 베이스로 이동상을 작성하는 것이 재현성은 높아진다. 게다가 유기용매를 혼합할 때도 중량비로 혼합하는 것이 재현성은 높다. 완충액 중의 미립자는 이동상 보틀용 나사구 여과 유닛을 통해 제거한다(그림 3.10).

그림 3.10 이동상용 용매 여과 유닛
출처 : 애즈원(주)

(3) 이동상의 치환

컬럼의 보존용매와 전혀 다른 이동상을 흘려 컬럼 내의 용매를 치환하려고 하면 베이스라인이 안정되기까지 오랜 시간이 걸린다. 예를 들어 메탄올로 치환된 컬럼을 아세토니트릴/인산 완충액계 이동상으로 이용할 경우에는 먼저 메탄올에서 아세토니트릴로 치환하고, 이어서 아세토니트릴/물을 경유하여 아세토니트릴/인산완충액으로 치환한다.

보통은 2~3시간 이동상을 통액하여 평형화시키지만, 엔드캡된 C_{18} 컬럼 등 소수성이 높은 컬럼일수록 안정화에 시간이 소요된다. 농도 구배 용출을 할 경우에는 평형화를 겸하여 시료를 넣기 전에 그레디언트 프로그램으로 베이스라인을 확인하는 것이 좋다.

(4) 이동상의 탈기

완충액 등의 수용액에 메탄올 등의 유기용매를 혼합하면 기체의 용해도가 크게 저하되므로 기포가 발생하고 노이즈나 컬럼 열화의 원인이 된다. 온라인 탈기장치(디게서)를 달거나 헬륨에 의한 버블링을 실시하여 용존가스를 쫓아낸다.

사용 후 용매 여과 유닛을 개조하여 용매병에 부착하여 탈기하면 효율이 좋다(그림 3.11).

3.3.5 컬럼

분석용으로는 입자지름 2~5 μm, 분취용으로는 5~30 μm의 충전제가 충전된 컬럼을 이용한다. 컬럼 사이즈로는 분석용으로 내경 2~8 mm, 분취용으로 내경 10~50 mm 정도의 것을 이용한다. UHPLC에서는 입지지름 2 μm 이하의 충선제를 이용한다. 내경이 가느다란 스테인리스 컬럼과, 내측 0.3 mm 이하의 캐필러리 컬럼이 LC-MS와의 접속을 목적으로 개발됐다. 통상의 ESI에서는 내측 1.0~2.0 mm, APCI에서는 4.6 mm의 컬럼을 사용하고 있다.

(1) 충진제 기재

충진제 기재에는 폴리머계와 실리카계가 있다. 실리카 기재를 이용할 수 pH 범위는 일반적으로 pH 3.0~7.5와 산성에서 중성 영역에 한정되는데, 폴리머계는 pH 1~13으로 넓다. 실리카겔의 비표면적은 200~450 m²/g로 커서, 유기 용매를 사용해도 수축하지

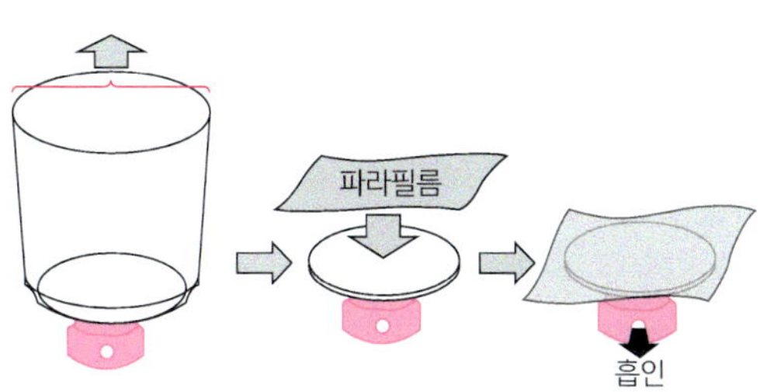

그림 3.11 이동상 탈기
여과 유닛의 막면을 파라필름으로 밀봉하여 이동상 병의 입에 부착하고 초음파 세정기에 담가 약하게 탈기한다.

않는다. 한편, 폴리머계는 유기 용매와 염 농도가 높은 것으로 수축된다. 가교도가 50%이상의 충전제는 이동상에 고염 농도의 것과 유기 용매를 가해도 대부분 수축되지 않는다.

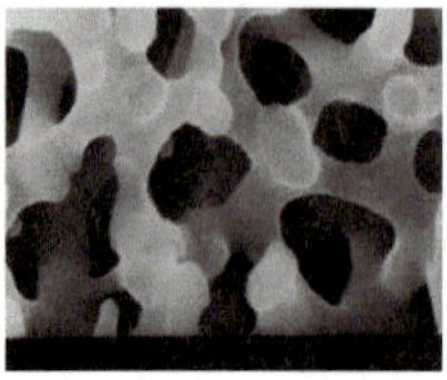

그림 3.12 모노리스 컬럼 단면사진
출처 : (주)교토모노텍

모노리스 컬럼의 전자 현미경 사진을 그림 3.12에 나타낸다. 컬럼 내가 균일한 구조물로 채워져 있다. 실리카계와 폴리머계가 있으며, 실리카질 모노리스는 졸-겔법을 사용하여 합성되어 μm 오더의 골격을 가지고 관통 구멍 크기도 임의로 설계할 수 있다. 구형 실리카보다 배압이 낮고, 실리카겔과 같은 화학 처리가 가능하여, 여러 종류의 고정상을 제작할 수 있다.

그래파이트 카본 컬럼은 다공질의 탄소 컬럼이며, 활성탄 컬럼과 같은 흡착 특성을 가진다. 특징적인 분리를 나타내므로 역상 분배 등으로 분리가 어려운 화합물군을 분리할 수 있다. 다만 이동상 조성이 분리에 예민하게 영향을 미치기 때문에 미지의 시료에 대해 분리 조건을 찾기가 어려울 수 있다.

(2) 충전제의 특성과 머무름 능력

충전제의 평가 시트에는 입자지름, 세공지름, 비표면적, 탄소량, 세공용적이 기재되어 있다. 일반적으로 입자지름이 작으면 이론 단수는 커지고 세공지름이 작아질수록 비표면적은 늘어난다. 세공지름은 시료의 분자 크기에 따라 선택해야 하며, 저분자에는 8~12 nm, 단백질 분리에는 30 nm 이상의 것이 이용된다. 실리카에서는 비표면적과 탄소량이 클수록 머무름이 커진다. C_{18} 컬럼의 탄소 함유량은 15~18%가 일반적이며, 시판품에는 10~25%인 것이 있다.

낮은 수식률의 컬럼은 극성 화합물의 머무름이 높다고 한다.

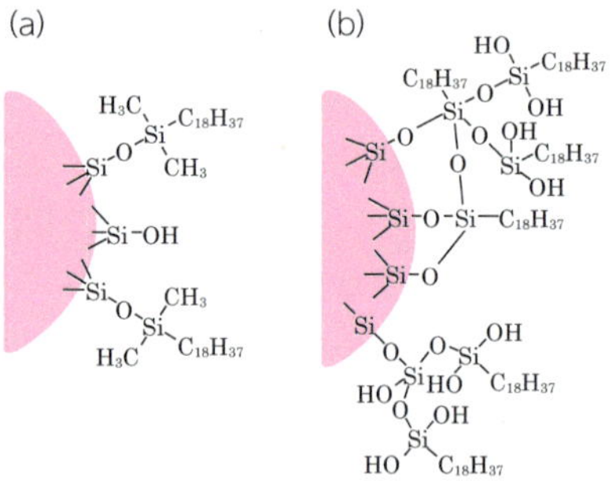

그림 3.13 (a) 모노메릭상과 (b) 폴리메릭상

실리카겔의 화학 수식에는 일반응성 알킬실란으로 수식하는 모노메릭 타입과 2반응성 혹은 3반응성 시릴화제로 수식하는 폴리메릭 타입이 있다*1(그림 3.13). 시릴화제로 수식해도 실리카겔에는 산성의 히드록시(실라놀)기가 남는다. 실라놀에는 고립형, 비시널형, 제미널형이 있으며 고립형은 산성이 강하며, 염기성 화합물을 강하게 머물고 비시널형과 제미널형은 수소 결합성이 강하다(그림 3.14)분리의 방해가 되는 일이 많아서 엔드캡 처리를 하고 잔존율을 줄이는 대책이 이루어지고 있다. 엔드캡의 방법에는 트리메틸클로로실란이나 헥사메틸디실라잔으로 트리메틸시릴화하는 방법이 이용되어 왔지만, 50%정도의 수식이 한계로, 각사에 고유 기

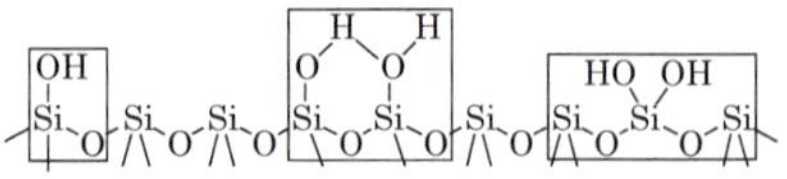

그림 3.14 실라놀기의 구조
왼쪽부터 고립형, 비시날형, 제미날형

술이 있다고 한다. 트리메틸시릴화를 몇 번이나 되풀이 하는 것이 많지만, 고온에서 엔드캡하는 방법, 폴리머로 피복하는 방법, 겔 기재 합성 단계에서 메틸기를 도입한 것 등이 있다. 단, 이러한 정보를 모아도 컬럼의 성질을 충분히 알기 어렵다. 목적 시료와 유사한 시료의 분리 데이터를 비교한 다음 컬럼을 선택하는 것이 좋다.

*1: 모노메릭과 폴리메릭 판정 미국 국립 표준국(NIST)standard reference material 869에서는, 3종류의 방향족 탄화수소(벤조[α]피렌(BaP), 1,2:24:5,6:7,8 테트라벤조나프탈렌(TBN), 페넌트[3,4⁻c]페넌트렌(PhPh)아세토니트릴 용액을 조제하다, 아세토니트릴⁻물(85:15)로 분리했을 때, 분리 계수가 TBN/BaP>1.7이면 모노메릭, TBN/BaP<1이면 폴리메릭으로 정의된다.
*2: 잔존 실라놀 양을 평가하는 방법에 피리딘·페놀 시험이 있다. 물-아세토니트릴 이동상에서 분리하면 염기성의 피리딘이 페놀보다 나중에 용출되고 테일링한다. 엔드캡이 양호한 컬럼에서는 피리딘이 페놀보다 먼저 용출되며 피크는 샤프해진다.

(3) 화학 수식형 실리카겔의 안정성

산성 조건에서는 수식기 근본의 실록산이 가수분해되고, 다음과 같이 가수분해가 진행된다.

$$\equiv \mathrm{Si{-}O{-}Si\ (CH_3)_2{-}R} \rightarrow \equiv \mathrm{Si{-}OH + HO{-}Si\ (CH_3)_2{-}R}$$

C_{18} 등에서는 가수분해된 관능기는 컬럼에 흡착되어 남지만 클로로포름이나 테트라하이드로퓨란과 같은 저극성 용매로 씻어낼 수 있다. 또한 염기성에서는 실리카 자체가 용해된다. 사용 후에는 산이나 염기가 함유되지 않은 이동상으로 치환한다. 컬럼 온도가 높으면 열화가 빨라진다. 일반적으로 10도가 올라가면 열화 속도가 3배가 된다고 한다.

(4) 컬럼 연결 및 분석

컬럼의 송액 방향은 미리 정해져 있다. 컬럼의 방향은 충진 시의 송액 방향으로 결정된다. 오래 사용하면 입구에 먼지가 쌓이므로 펌프를 사용하여 출구에서 세정 용매를 송액하여 오염을 제거하는 것이 좋다. 컬럼에 강하게 머무르는 불순물이 시료에 포함될 것으로 예상되는 경우, 시료를 고상 추출 등으로 정제하거나 가드 컬럼의 사용을 검토한다.

5 μm의 분석 컬럼은 유속 1 mL/min 내외, 압력은 10 MPa 이하이다. 입자지름이 2 μm 이하가 되면 선유속을 높여도 고분리를 얻을 수 있다. 그러나 지름과 압력의 관계는 제곱에 반비례하고 입자지름이 1/3이 되면 압력은 9배가 되므로 장치(펌프나 인젝터)에 높은 내압성이 요구된다.

유속과 컬럼 단면적은 비례관계에 있으므로, 4.6 mm 직경의 컬럼에서 유속 1.0 mL/min 계를 내경 3.0 mm로 변경한 경우는 3.62 = 0.43 mL/min으로 같은 분리를 얻을 수 있다. 컬럼으로의 시료 도입량은 4.6 × 150 mm의 컬럼으로 50~100 μg이 한계이다. 아이소크레틱 조건에서는 시료 용액의 주입량을 500 μL 이하로 한다. 시료 농도나 주입량이 증가하면 분리가 나빠진다.

(5) 컬럼 항온조

컬럼 온도를 일정하게 유지하면 재현성이 향상된다. 또한 컬럼 온도를 높이면 이론 단수나 분리의 향상에 더해 이동상의 점도가 낮아지고 배압이 낮아진다. 전용 컬럼 항온조가 시판되고 있으며, 실온 이하까지 제어할 수 있는 타입도 있다. 용출액의 온도가 높은 상태에서 검출기에 들어가면 베이스라인이 흐트러질 수 있다. 포스트 컬럼 쿨러나 긴 배관으로 접속하면 개선된다.

3.3.6 검출기

컬럼에서 분리된 성분은 순차적으로 컬럼에서 용출되어 검출기에서 검출된다. 검출기로부터의 출력 신호는 데이터 처리 장치로 보내지고 신호 처리가 이루어져 크로마토그램과 피크 면적이나 분리 파라미터가 표시된다. 2종류의 검출기를 직렬로 연결하여 동시에 모니터할 수도 있다. 다만 플로우 셀에는 내압 성능이 낮은 것이 있으므로 다른 검출기 그 앞에 설치하면 셀이 파손될 수 있다. 또한 전환 밸브를 사용하여 피크마다 전환하여 검출하기도 한다.

(1) 자외선(가시) 검출기

널리 사용되는 검출기로 자외·가시 영역에 흡수를 가지는 성분이 측정 대상이 된다. 중수소 방전관(D_2 램프)에 의한 190~350 nm 범위에 더해 텅스텐 램프(W 램프)를 추가한 타입도 있다.

(2) 포토다이오드어레이 검출기(PDA)

포토다이오드어레이(반도체 소자)를 검출부에 사용하여 광원의 파장 영역 전반에 걸쳐 흡광도를 검출한다. 광원의 빛을 그대로 플로우 셀에 대고 투과 광선을 회절격자로 분광하고 포토다이오드어레이에서 각 파장의 광량을 검지하는 것으로써, 넓은 파장 범위의 흡수도를 한꺼번에 캡쳐할 수 있다. 시간 파장 흡광도로 되는 3차원의 크로마토그램을 얻을 수 있다.

(3) 시차 굴절률 검출기(RI)

빛의 굴절률이 용액의 조성과 농도에 따라서 변화하는 것을 이용하고 성분을 검출한다. 컬럼에서 시료 성분이 용출되면 용액 조성이 변화하여 빛의 굴절률이 바뀐다. 이 변화를 피크로 검출한다. 광학적으로 비활성인 물질인 당 등도 검출할 수 있지만, 감도가 낮고 시료 농도로는 100 ppm오더, 절대량 μg 정도이다. 이동상의 약간의 변화로 인해 베이스라인이 변화하므로 기울기 용리에는 이용할 수 없다. 시료도 매번, 이동상에 용해할 필요가 있다.

(4) 형광 검출기

여기와 형광의 두 파장을 바탕으로 검출하고, 같은 형광단을 가진 시료 성분만 검출되어 높은 선택성을 얻을 수 있다. 원래 형광을 가지고 있는(자연 형광) 성분은 그다지 많지 않지만, 아미노산처럼 시약과 반응(유도체화)시키고 형광 물질로서 검출하는 것으로, 여러 성분을 고감도로 측정할 수 있다.

(5) 전기 전도도 검출기

시료 이온을 용출액의 전기 전도도에 의한 검출한다. 이온 크로마토그래피는 무기 이온, 유기산, 아민류 등의 검출에 이용된다. 감도는 높지만 온도 변화의 영향을 받기 쉽다(액온이 1℃ 바뀌면 전기 전도도가 약 2% 변화)이온 분석 전용 시스템에서는 이온 서프렛서를 쓰고 용리액 중의 양이온을 H^+, 음이온을 OH^-로 치환하고 전기 전도도를 낮춘다. 최근, 비접촉형 전기 전도도 검출기가 개발되었다. 컬럼에서 배관에 검출부를 통하는 타입의 검출기는 소형으로 조작성도 좋다.

(6) 전기 화학적 검출기(ECD)

시료 성분의 산화 환원 반응에 따라 흐르는 전기량을 검출한다. 생체 시료 중의 카테콜 아민류의 분석 등에서 널리 이용되어 왔다.

(7) 증기화 광산란 검출기(ELSD)

컬럼으로부터의 용출액을 분무하고, 미립자화된 측정 성분에 빛을 조사하여 산란광을 검출하는 것으로, 원리적으로 비휘발성 성분이라면 무엇이든 검출할 수 있다. 다른 방법으로 검출이 어려운 성분을 고감도로 검출할 수 있다.

이것들 이외에 코로나 하전화 입자 검출기, 화학 발광 검출기, 선광도 검출기가 있다. 게다가, 질량 분석계와 접속하는 LC-MS도 널리 보급되어 있다.

3.3.7 검출법

(1) 포스트 컬럼 유도체화

아미노산이나 당을 효율적으로 검출하기 위해 포스트 컬럼 유도체화법이 개발되었다. 그림 3.15와 같이 컬럼으로부터의 용출액에 믹서를 통해 시약과 혼합하여 고온의 오일배스 등에 담근 10 m 길이 정도의 튜브 안에서 반응시키고 반응한 성분을 형광 검출기 등으로 검출한다. 아미노산 분석에서는 알기닌 등의 형광 시약을 이동상에 직접 첨가하여 검출하는 방법이 개발되었다. 아미노산용 포스트 컬럼 표지에 닌히드린(리만 퍼플 생성에 의한 흡수, 570 nm), 오르토프탈알데히드(형광 340/450 nm) 등 당 분석에는 2-에탄올아민(자외선 흡수 310 nm), 알기닌(형광 320/430 nm) 등이 있다. 시안이온에는 4-피리딘 카르복실산-피라졸론법이 있다.

(2) 직접 검출 및 간접 검출법

시료 성분이 가지는 물성을 이용하여 검출하는 방법을 직접 검출법이라고 한다. 시료 성분에 의한 2차적인 효과를 이용하는 방법이 간접 검출법이다. 예를 들어 무기 음이온을 검출할 경우 이동상에 프탈산 등의 산을 첨가한다. 용리액 내에서 무기 음이온 농도가 높아지면 프탈산이 분자형으로 되어 C_{18} 컬럼에 도입되어 흡광도가 저하되고 마이너

3

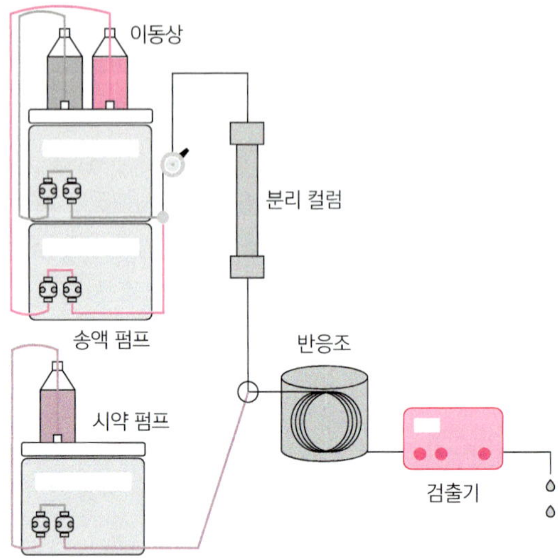

그림 3.15 포스트 컬럼 유도체화 시스템

스 피크가 나타난다. 이 음의 피크로부터 무기이온의 농도를 결정할 수 있다.

(3) 검출기의 감도와 응답 속도

자외선 검출기에서는 흡광도의 단위를 AU(absorbance unit)로 나타내고, 1 AU = 1 V의 전위차로 출력한다. 피크 면적은 초 당 피크 강도의 적산값(단위μV·sec)으로 표시된다.

피크 폭이 1분 정도인 통상적인 분석이라면, 데이터 수집은 5Hz(1초에 5회) 정도면 된다. 그러나 입경 2 μm의 충전제를 이용하여 고속 분석을 실시하면 초 단위의 피크 폭이 되므로 샘플링 레이트를 50 Hz 내지 80 Hz로 할 필요가 있다.

3.3.8 컬럼 스위칭을 사용한 분석

다검체의 신속 분석, 미량 성분의 고감도 검출, 전처리의 간편화나 자동화, 검출 방법의 전환 등을 목적으로 다양한 컬럼 스위칭 방법이 개발되었다. 스위칭에 이용되는 고압 전환 밸브에는 2유로 전환형의 6~10방 밸브, 1인 6아웃 밸브 등이 있다. 컬럼 스위칭을 도입하면 루틴 분석을 대폭 간소화할 수 있고, 고상 추출 등으로 문제가 되는 시료 성분의 회수 효율을 향상시킬 수 있다.

(1) 듀얼 컬럼 분석법

같은 충전제를 채운 짧은 컬럼과 긴 컬럼을 이용하여, 전환하여 분석한다. 예를 들어, 짧은 컬럼에서 머무름이 강한 성분을, 또 긴 컬럼에서 머무름이 약한 성분을 각각 분리·검출한다.

(2) 백플래시법

컬럼에 대하여 정방향으로 분리한 후 용출방향을 바꿔 입구 부근에 트랩된 머무름이 강한 성분을 보다 용출력이 강한 이동상을 대신하여 용출하고 다른 컬럼으로 분리한다.

(3) 하트컷법

분석 컬럼에서 테일링하는 매트릭스 성분이 다량으로 포함되면, 목적 성분의 측정이 어렵다. 쇼트 컬럼에서 목적 성분이 용출되는 분획만을 밸브를 전환하여 분석 컬럼으로 인도함으로써 방해가 적은 분리를 얻을 수 있다.

(4) 프리컬럼 농축법

시료성분이 희박하여 대량의 시료용액을 도입하고자 할 경우 목적성분을 머무르게 할 수 있는 농축컬럼에 다량의 시료용액을 도입하여 성분을 특이적으로 농축한 후 이동상을 대신하여 분석컬럼으로 용출시킨다.

(5) 온라인 제단백질

제단백질 컬럼에 혈장 등의 시료를 도입하면 약물 등을 머무르게 하여 혈장 성분이 용출된다. 그 후 유로를 전환하고 목적 성분을 다른 분석 컬럼으로 분리한다.

3.3.9 데이터 처리

크로마토그램 상의 용출 시간으로부터 성분을 동정하고, 그 피크의 면적 또는 높이로부터 농도를 계산한다. HPLC 시스템의 대부분은 펌프나 검출기의 제어, 정량 해석 외에 이론 단수나 시메트리 계수 등도 자동적으로 계산한다.

(1) 피크 면적의 산출

자동 모드에서 피크 면적을 얻을 수 없을 때, 파라미터의 재검토가 필요하다. 대표적인 파라미터로는 Width, Slope, Drift, Minimum area가 있다. Width(피크 폭)를 크게 취하면, 그 값에 못 미치는 폭이 좁은 시그널은 피크에서 제외된다.

Slope(경사)는 피크 검출 감도의 기준이며, 1000 μV/min으로 설정하면 분당 1 mV를 초과하는 신호만을 피크로 검출한다. 또한 Drift는 기준선 변동의 역치이며, 대부분의 경우 피크가 나오지 않은 장소를 임의의 폭으로 선택함으로써 자동 계산된다. Minimum area를 설정하면 그 값에 미치지 못하는 면적의 피크는 목록에서 삭제된다.

이 외에도 목적 성분의 피크가 나타나지 않는 시간 범위를 계산 대상에서 제외하는 등의 기능을 사용할 수도 있다. 피크의 분리가 나쁜 경우는 적산 프로그램의 설정을 재검토하여 베이스라인을 긋거나, 혹은 화면상에서 개별적으로 피크를 지정하여 계산하게 한다, 피크가 접근하고 있는 경우, 미분리 피크가 나오는 마지막 피크의 종단까지를 베이스라인으로 하여 수직 분할 혹은 테일링 처리에 의해 피크 면적을 산정한다.

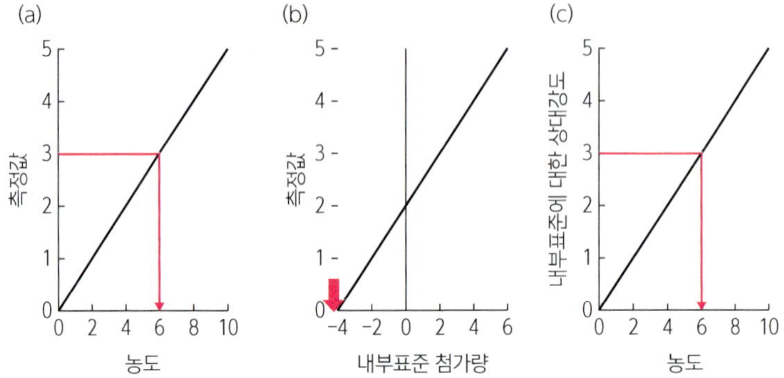

그림 3.16 정량분석용 조작법의 종류
(a) 절대 검량선법, (b) 표준첨가법, (c) 내부표준법

(2) 정량 조작

정량분석에는 다음 세 가지 방법 중 하나를 이용한다(그림 3.16).

① 절대 검량선법 : 분석시료의 표준품 혼합물을 단계적으로 희석하여 분석하고 검량선을 작성(농도와 피크면적의 관계를 플롯)한다. 동시에 시료를 분석하고 피크면적을 앞의 검량선에 맞추면 농도나 양을 산정할 수 있다.

② 표준첨가법 : 시료에 규정량의 표준품을 단계적으로 첨가하여 검량선을 작성하고 첨가농도 0일 때의 농도를 외삽함으로써 시료성분의 농도를 구한다.

③ 내부표준법 : 시료와 물성이 비슷하여(머무름 시간이 시료성분에 가깝고 검출파장이 가깝다), 시료성분과 완전히 분리되는 물질을 내부표준물질로 선택한다. 단계적으로 희석한 피검성분 표준품에 내부표준물질을 첨가하여 얻은 각 성분의 피크면적의 내부표준품의 피크면적에 대한 비를 상대강도로 산출한다. 시료에 내부표준물질을 첨가하여 분석하고 상대강도비에서 시료 내 각 성분의 농도를 구한다.

실제 측정에서는 실온의 변동 등에 따라 검출 감도가 변화한다. 그래서 내부표준법이나 절대 검량선법에서의 피검성분 표준품의 크로마토그램을 시료분석과 조합하여 측정하고, '시료-표준품-시료-표준품-시료'와 같이 측정한다. 적어도 일련의 측정의 처음과 마지막에 표준품 데이터를 채취한다.

3.4 분리 평가

고속 액체 크로마토그래피와 같이 시료의 분리와 정량을 목적으로 한 분석법에서는 분리의 성능을 평가하고 관리하는 것이 요구된다. 그림 3.17을 참고하여 분리 분석에서의 평가 파라미터를 나타낸다.

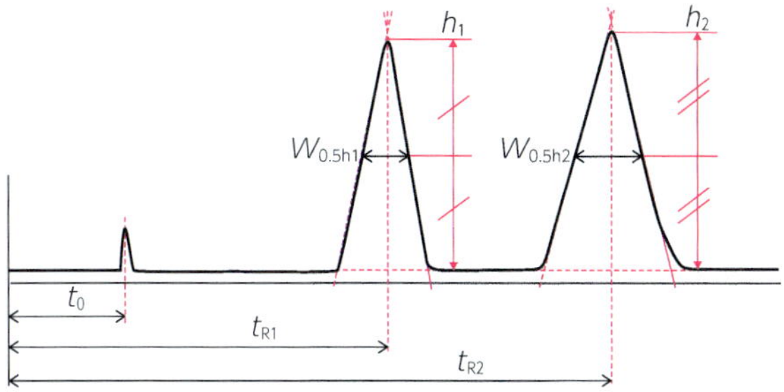

그림 3.17 크로마토그램과 각종 파라미터
t는 머무름 시간, h는 높이, W는 폭, 0.5는 그 1/2임을 나타낸다.

3.4.1 머무름 강도

시료의 성분은 고정상에 대한 머무름 힘의 차이에 따라 각각의 성분으로 분리된다. 머무름 정도는 k로 정의됩니다.

$$k = \frac{\text{고정상에 존재하는 양}}{\text{이동상에 존재하는 양}} \tag{3.1}$$

예를 들어 시료의 용매는 컬럼에 전혀 남아 있지 않고 바로 용출된다. 이 시간을 t_0라고 하자, 시료의 머무름 시간(용출시간)을 t_R라고 하면, t_0가 컬럼 중의 이동상의 양, $t_R - t_0$는 성분이 고정상에 머물러 있던 비율에 상당한다. 그래서, 머무름의 강도를 다음 식으로 정의한다.

$$k' = \frac{t_R - t_0}{t_0} \tag{3.2}$$

k'는 질량 분포 비율이나 분배 계수라고 불리며, 머무름 강도의 척도가 된다.

3.4.2 피크의 확산

분리능은 컬럼을 구성하는 분리의 기본 단위인 단의 수에 의해 결정된다. 즉, 더 짧은 컬럼에서 많은 단을 갖는 고정상을 이용하면, 더 높은 분리능을 얻을 수 있다. 이하의 식에 따라 그 단의 수를 정의한다. 얻을 수 있는 값을 이론 단수(N)라고 한다.

$$N = 5.54 \times \frac{{t_R}^2}{{W_{0.5h}}^2} \tag{3.3}$$

이론 단수는 고정상의 양이나 컬럼의 길이에 의존하므로 충진제의 절대적인 평가가 될 수 없다. 그래서 보다 정밀한 '밴드의 확대를 정의하기 위해 이론단 당 컬럼의 길이인 이론단 높이(H)가 정의된다.

$$H = \frac{L}{N} \tag{3.4}$$

여기서, L은 컬럼의 길이(mm)이다.

3

3.4.3 피크의 분리

시료 성분의 각 피크가 얼마나 분리되었는지를 나타내는 매개 변수로 분리 계수와 분리도를 정의한다. 분리계수 α는 피크 상호의 머무름 시간 관계를 나타낸다. 두 피크가 각각 t_{R1} 및 t_{R2}라는 머무름 시간을 나타냈다면, 다음 식으로 정의된다. 다만, $t_{R1} < t_{R2}$이다.

$$\alpha = \frac{t_{R2}-t_0}{t_{R1}-t_0} \tag{3.5}$$

분리도(Rs)는 피크 상호의 머무름 시간과 피크 폭으로부터 피크가 얼마나 분리되어 있는지를 나타내는 것으로 다음 식으로 나타난다. 다만 피크 1 및 2의 피크 높이의 중간점에서의 피크 폭을 $W_{0.5h}$로 한다.

$$Rs = 1.18 \times \frac{t_{R2}-t_{R1}}{W_{0.5h1}+W_{0.5h2}} \tag{3.6}$$

Rs 값이 1.5 이상일 때 완전히 분리되었다고 한다(그림 3.18).

3.4.4 피크의 대칭성

크로마토그램의 피크 대칭 정도는 시메트리 계수(S)로 정의된다. 대칭성은 피크 높이의 1/20 위치에서 피크 폭과 피크의 전반 폭(f)을 측정하여 구한다(그림 3.19).

$$S = \frac{W_{0.05h}}{2f} \tag{3.7}$$

완전히 좌우 대칭 피크에서는 S=1이 된다. 또, 테일링(tailing)한 피크의 S값은 1 이상, 리딩(leading) 피크에서는 1 이하가 된다.

3.5 장치의 성능과 보수

장비 제조업체로부터 유지 보수에 대한 다양한 정보를 제공받고 있다. 점검과 플런저 씰과 같은 소모성 부품 교체를 정기적으로 실시해야 한다.

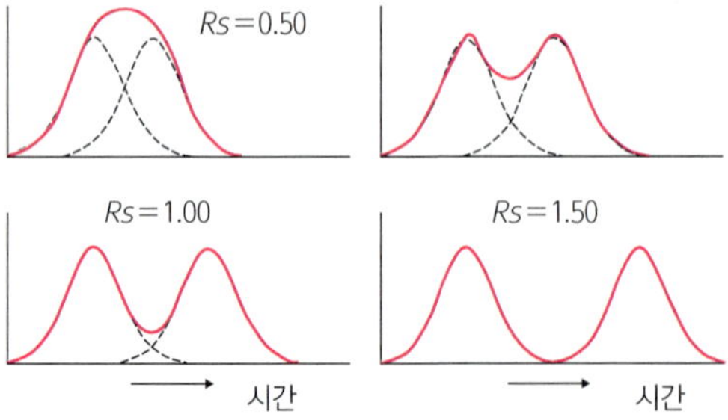

그림 3.18 분리도와 피크의 중첩

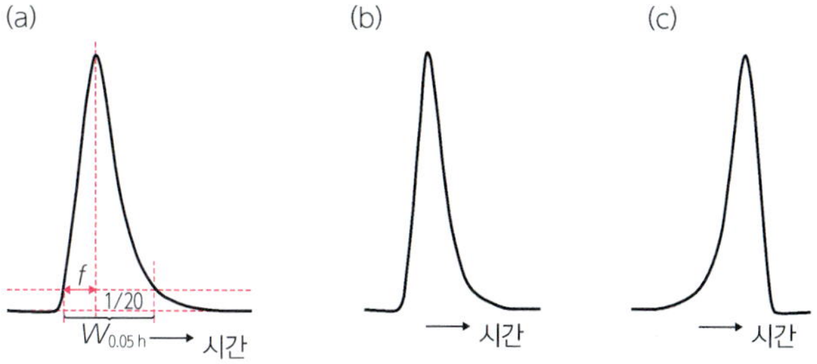

그림 3.19 시메트리 계수

(a) 참조. 정점에서 수직선을 내리고 피크 높이의 1/20 높이에서 피크 전반의 폭을 f로 한다. (b)는 리딩 피크, (c)는 테일링 피크

3.5.1 송액 트러블

입구쪽 펌프헤드의 양단에 장착되어 있는 체크밸브에 기포나 이물질이 쌓이면 유속이 흐트러진다. 체크밸브는 루비제 볼과 사파이어제 받침대로 이루어진 매우 민감한 부품이다. 드레인 밸브 혹은 펌프헤드에 흡인용 주사기를 부착하여 흡인함으로써 오염을 제거한다. 플런저, 인젝터, 배관부로부터의 누출을 확인한다. 플런저의 동작 불량(펌프 헤드에 닿으면 진동으로 알 수 있다)의 가능성도 있다.

3.5.2 펌프에서 누액

펌프에서 액이 누출되면 플런저 씰을 교체해야 하며, 소정의 절차에 따라 지그를 이용하여 교체한다. 플런저 씰을 미리 이소프로판올 등으로 적신 후 장착한다. 이동상에 맞는 재질의 플런저 씰을 이용한다. 플런저 씰은 용매에 의해 팽윤·수축될 수 있으므로 용매계를 크게 변경하였을 때 누액이 발생하기 쉬운 플런저 씰은 소모 부품이므로 정기적으로 교체한다(그림 3.20).

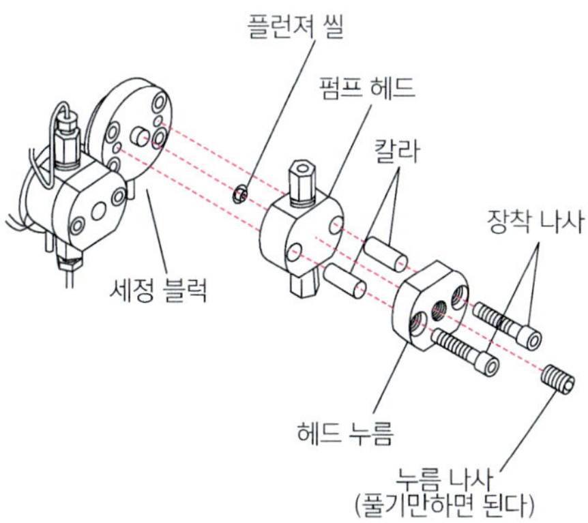

그림 3.20 펌프 헤드의 구조와 플런저 씰
출전: TOSOH BIOSCIENCE.

3.5.3 장치 내부의 오염

이동상으로 완충액을 이용하는 경우는 정지하기 전에 물로 치환한다. 높은 염 농도로 펌프헤드에서 누액이 발생하면 결정이 생겨 플런저를 손상시킬 수 있다. 지용성 물질의 오염은 2-프로판올로 닦아낸다. 금속 이온은 0.1% EDTA2Na를 송액하여 세척한다.

3.5.4 인젝터로부터의 누액

시료 주입구로부터의 누액은 주로 로터 씰의 손상에 의한 것이다. 로터 씰을 교체한다. 로터 씰은 소모성 부품이다. 컬럼압이 높으면 로터 씰측에서 누출될 수 있다. 내압성이 떨어진 경우에는 매뉴얼에 따라 내압 조절을 한다.

3.5.5 컬럼 세척

인젝터를 전환하는 것만으로 피크가 나타나고, 피크가 브로드하게 되고, 컬럼압이 상승하며, 베이스라인이 올라가는 등의 증상이 나타나면 컬럼의 세척을 검토한다. 어떤 성분이 흡착되어 있는지를 고려하여 대응을 결정한다. 역상계라면 아세토니트릴, 메탄올, 이소프로판올 등으로 씻는다. 다만 수용성이 높은 성분을 사용하고 있는 경우는 물-아세토니트릴, 물-메탄올 등을 이용한다. 염기성 화합물의 흡착이 의심되는 경우는 1% 정도의 인산이나 아세트산을 용매에 가한다. 특히 압력이 높아지면 역방향으로 세척한다. 세척에 의해 컬럼의 열화가 진행될 수도 있다. 시료의 오염이 예상될 때는 처음부터 가드 컬럼을 이용하는 등의 대책이 중요하다.

3.5.6 베이스라인이 안정되지 않음

유량이나 압력을 확인한다. 누액이라면 플런저 씰을 교체한다. 압력이 변동될 때는 체크밸브에 공기가 얽혀 있는 경우가 많다. 역지 밸브 드레인 밸브를 열어 유속을 올리고 에어를 제거한다. 주사기로 감압하는 것도 좋다. 검출기 내의 플로우 셀이 더러워지거나 공기가 들어가면 베이스라인이 불안정해진다. 펌프를 멈추고 안정될 것 같으면 아스피레이터나 주사기를 사용하여 출구에서 감압하고 공기를 제거한다. 그래도 안정되지 않으면 셀의 세척이나 램프 교체를 검토한다. 이동상의 탈기 부족 때문일 가능성도 있다.

3.5.7 피크 테일링

염기성 관능기를 갖지 않음에도 불구하고 테일링할 경우 컬럼 중 금속의 영향을 생각할 수 있다. 이동상에 EDTA를 가하면 경감될 수 있다.

【참고 문헌】

1) 中村洋 監, 『誰にも聞けなかったHPLC　Q&A』シリーズ, 筑波出版会.
2) 第17改正日本薬局方, 一般試験法, 2.01　液体クロマトグラフィー.
3) 日本薬局方参考情報, G1 理化学試験関連, システム適合性.
4) 日本薬局方参考情報, G1 理化学試験関連, 分析法バリデーション.
5) 欧州薬局方, 2,2,46 Chromatographic separation techniques.
6) 米国薬局方, 621 Chromatography.
7) 国際標準化機構 (ISO)の定める分析法.
8) "AOAC International"が定める規格中の分析法.

4 박층, 컬럼 크로마토그래피

4.1 처음에

혼합물을 분리하는 수단으로서 증류나 재결정은 저렴하고 공업적으로도 널리 이용되고 있다. 그러나 고비점 화합물이나 결정성을 가지지 않는 화합물 등에는 이러한 방법을 사용할 수 없다. 크로마토그래피는 이러한 방법에 비해 적용 범위가 넓어 여러 화합물의 분리에 이용되고 있다.

4.2 박층 크로마토그래피

박층 크로마토그래피(Thin Layer Chromatography, TLC)는 유기화합물 분석의 가장 간단한 방법으로 폭넓게 이용되고 있다. 최근에는 주로 시판되고 있는 TLC 플레이트가 사용되고 있으며, 자작하는 일은 적어졌다.

4.2.1 TLC 개요

TLC에서는 담체(고정상, 흡착제)를 지지시킨 판 위에 분리하는 혼합물이 시료를 도포하고, 모세관 현상에 의한 용매(이동상)의 전개를 이용하여 시료의 흡착력 차이에 따라 분리 검출하는 방법이다(그림 4.1).

4.2.2 TLC의 종류와 선택

시판되고 있는 TLC용 플레이트는 일반 분석용(TLC), 고성능 분리용(HPTLC), 분취용(PTLC, PLC)으로 나뉘며 분리성분의 종류에 따라 실리카겔, 알루미나, 셀룰로오스, 화학수식 실리카겔이 담체(흡착제)로 이용된다(표 4.1). 이들 담체가 도포된 지지판으로는 유리판·플라스틱판·알루미늄판의 3종류가 판매되고 있다(표 4.2).

시판되는 TLC판용 실리카겔은 10 μm 정도의 입자지름을 가진 것이 이용되고 있으

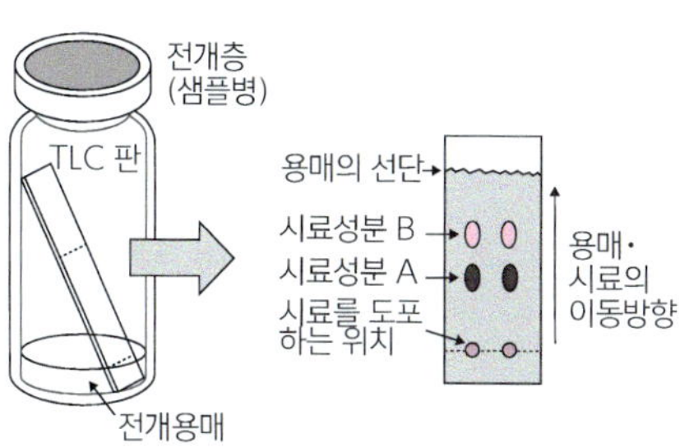

그림 4.1 TLC 개요

표 4.1 주요 담체(흡착제)와 그 특징

담체(흡착제)	적응하는 시료	특 징
실리카겔	산성, 중성, 약염기성 시료	실리카겔 자체가 산성을 나타내기 때문에 염기성 시료가 흡착되기 쉽고 분석이 어려울 수 있다. 산성 조건 하에서 쉽게 분해되는 시료의 분석에는 사용할 수 없다.
알루미나	중성 · 염기성 시료	알루미나에는 중성 알루미나와 염기성 알루미나가 있어 실리카겔에 강하게 흡착해 버리는 염기성 시료나 산성 조건에서 분해해 버리는 시료의 분석에 사용 가능하다. 일반적으로 실리카겔에 비해 고가이기 때문에 실리카겔로 분석이 불가능한 경우에 이용하는 경우가 많다.
셀룰로오스	고극성 시료	아미노산, 카르복실산, 핵산 등의 분리에 사용될 수 있다.
화학수식 실리카겔	실리카겔에 강하게 결합하는 시료	실리카겔 표면의 하이드록시기에 화학적 수식을 가한 실리카겔. 시료의 극성이 높고 전개 용매에 물을 혼합할 필요가 있는 경우 등에 이용한다. HPLC의 역상 컬럼에 대응하며 HPLC 분석 전 예비 분석 등에도 이용된다.

표 4.2 지지판 및 그 특징

지지판	특 징
유리판	시료 분리 능력은 가장 좋고 결과 재현성도 높다. 유리 커터로 절단해야 하며 익숙하지 않으면 절단이 많이 생긴다. 유리를 사용하여 발색제 사용 시 가열할 수 있다.
플라스틱판	커터칼로 절단 가능하다. 발색제 사용시 가열할 수 없다. 유리에 비해 담체(흡착제)가 벗겨지기 쉽다.
알루미늄판	커터칼로 절단 가능하다. 발색제 사용 시 가열할 수 있다. 유리에 비해 담체(흡착제)가 벗겨지기 쉽다.

며, 실리카겔의 평균 세공지름은 60 Å이다. 예를 들어, MERCK사에서 판매되고 있는 실리카겔 60의 '60'이라는 수치는 평균 세공지름을 나타낸다. 또한 자외선을 흡수하는 화합물을 분석할 때에는 형광제가 들어간 TLC판을 이용한다.

실리카겔 60 F_{254}라는 표기는 254 nm의 자외선으로 형광을 발하는 형광제(망간 활성화 규산아연)가 포함되어 있음을 나타낸다(4.2.11항 참조).

4.2.3 시료의 흡착력과 용매의 선택

유기화합물의 실리카겔 흡착력은 대략 다음과 같다.

흡착력 작음
알칸 < 알켄 < 디엔 < 방향족 탄화수소 < 에테르 < 에스테르 < 케톤 < 알코올 < 산(카르본산)
흡착력 큼

관능기별로는 대개 다음 순이다.

흡착력 작음

$Cl < H < OCH < NO_2 < N(CH_3)_2 < COOCH < OCH < C{=}O$
$< NH < NHCOCH < OHCONH_2 < COOH$

흡착력 큼

시료를 분리하기 위해서는 분리할 시료의 실리카겔에 대한 흡착력과 전개용매(이동상)의 용출력을 고려하여 용매를 선택한다. 실리카겔에의 흡착력이 작은 시료를 분리할 경우에는 용출력이 작은 용매를 사용하고 실리카겔에의 흡착력이 큰 시료를 분리할 경우에는 용출력이 큰 용매를 선택한다. 용매의 용출력은 대체로 다음의 순이며, 용매의 극성이 높아질수록 용출력이 커진다.

용출력 작음(극성 작음)

헥산 < 톨루엔클로로포름~디클로로메탄 < 디에틸에테르 < 초산에틸 < 아세톤 < 알코올 < 물

용출력 큼(극성 큼)

단일 용매로 잘 분리되지 않으면 두 가지 또는 세 가지 용매의 혼합 용매를 사용한다.

용매의 선택 시에는 용매의 극성뿐만 아니라 시료의 용해성에 대해서도 고려할 필요가 있다. 시료가 용해되지 않는 용매로 전개되더라도 시료는 원점에 남아 버린다.

4.2.4 시료의 제조 및 도포 방법

TLC에서 분석하기 위한 시료는 극히 소량이면 충분하다. 캐필러리(모세관)로 용액을 흡입하고 TLC판에 단시간 접촉시켜 시료를 도포한다. 시료가 충분히 분리되기 위해서는 스폿을 그림 4.2 ①과 같이 되도록 작게 한다(1 mm 이하) 캐필러리를 TLC판에 접촉시키는 시간이 길면 그림 4.2 ②와 같이 스폿이 너무 커지고 전개 후에 시료의 분리가 나빠진다. 스폿이 작아도 샘플이 TLC의 분리능력 이상의 고농도가 되면 그림 4.2 ③과 같이 전개 후에 시료가 테일링해 버린다. 테일링해 버렸을 경우에는 시료의 농도를 낮출 필요가 있다.

희박용액을 도포할 때 스폿이 커지지 않도록 하고, 여러 번 도포한다. 자외선을 흡수

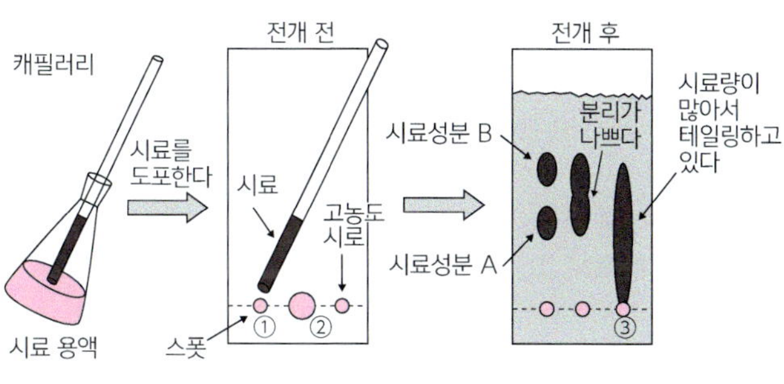

그림 4.2 TLC 시료 도포방법과 분리

4

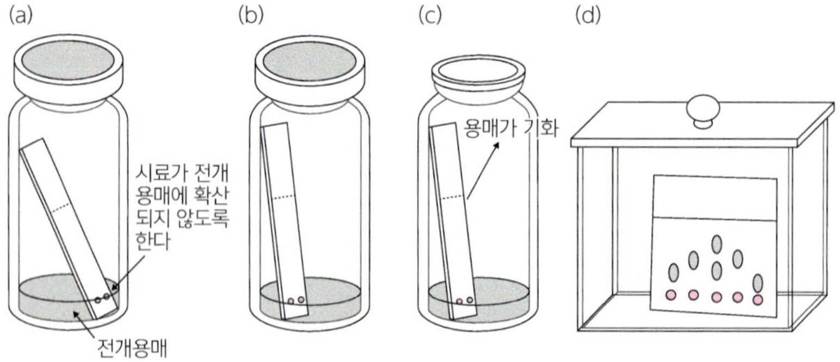

그림 4.3 전개조의 종류와 사용방법

하는 시료를 분리하는 경우에는 전개 전에 자외선을 조사하여(4.1.11항 참조) 충분한 시료가 도포되어 있는지 확인할 수 있다.

4.2.5 전개조의 사용법

TLC판의 크기에 따라 샘플병이나 각형의 전개조(그림 4.3(d))를 사용한다. 전개조에 넣는 용매량은 TLC판에 도포한 시료의 위치보다 아래가 되도록 한다(그림 4.3(a)). 용매량이 너무 많으면 시료가 용매 속으로 확산되어 버리므로 주의가 필요하다.

덧붙여 TLC판을 전개조의 어느 위치에 기대어 놓느냐에 따라(그림 4.3(a), (b)) 용매를 같은 위치까지 전개했을 때에도 시료의 위치가 약간 다를 수 있다. 스스로 어느 방법을 사용할 지를 결정해 둔다. 전개조에 뚜껑이 있지 않으면, TLC판을 상승한 용매가 상부에서 기화해 버려, TLC판의 상단까지 용매가 상승하는 데 오랜 시간이 소요된다. 시료도 본래 위치보다 상부에 나타나 재현성 있는 결과를 얻을 수 없다(그림 4.3(c)). 재현성 있는 결과를 얻기 위해서는 전개조에 단단히 뚜껑을 닫아야 한다.

4.2.6 시료를 도포하는 위치

전개용매는 TLC판 위를 만곡된 형태로 상승하기 때문에 TLC판의 좌우 양단에 가까운 부분에 시료를 도포하면 같은 시료라도 중앙부분의 스폿보다 높은 위치에 나타날 수 있다(그림 4.4(a)) 재현성이 높은 결과를 얻을 수 없으므로 주의가 필요하다. 또한 유리커터로 절단 시 구부러진 TLC판을 이용하여 이 경우에도 스폿의 위치가 어긋나기 때문에 주의가 필요하다(그림 4.4(b)).

4.2.7 혼재하는 극성 화합물의 영향

합성반응의 진행을 추적하기 위해 TLC에 의한 분석이 종종 이용된다. 합성반응에 극성이 높은 용매나 시약을 사용하고 있는 경우에는 반응용액을 그대로 도포하여 전개하면 원래의 위치보다 높은 위치에 스폿이 나타날 수 있다(그림 4.5(a)).

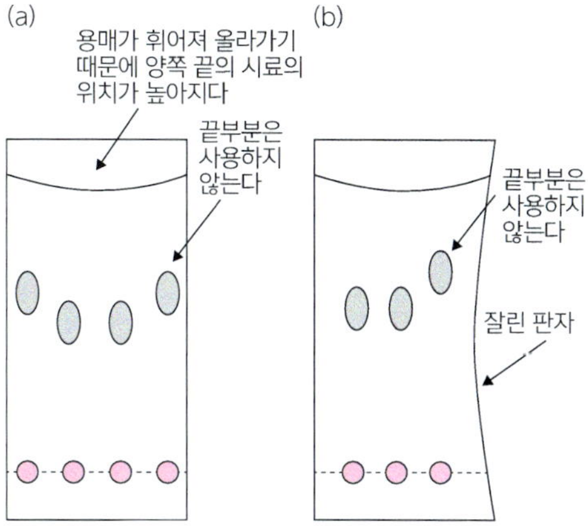

그림 4.4 TLC 판 상에서의 시료 전개

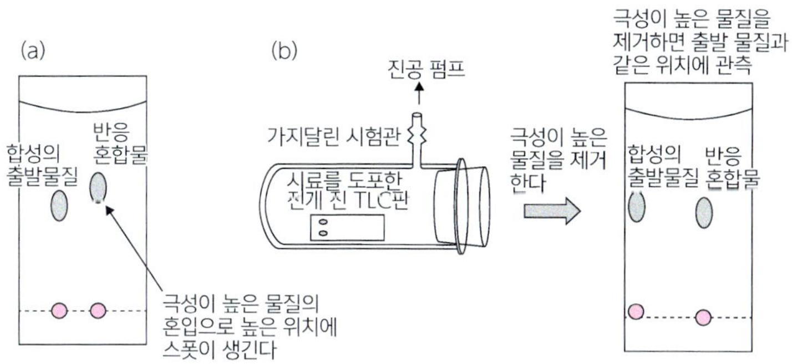

그림 4.5 고극성 화합물의 영향에 대하여

합성 반응의 출발 물질이 소실된 것으로 착각하여 반응을 정지시키고, NMR 측정에서 출발 물질의 회수가 확인되는 경우가 많다. TLC 결과는 여러 조건에 따라 변화하므로 초보자는 충분히 주의할 필요가 있다. 고극성 용매나 시약이 시료에 포함되는 경우에는 시료를 도포한 TLC판을 가지달린 시험관에 넣고 수십 분 정도 진공펌프로 건조시킴으로써 재현성이 높은 결과를 얻을 수 있다(그림 4.5(b)) 합성반응 추적 시에는 신중하게 결과를 관찰할 필요가 있다.

4.2.8 스폿이 근접할 경우 확인 방법

박층 크로마토그래피에서 서로 다른 시료들이 근접하게 관측되는 경우가 많다. 예를 들어, 합성반응의 경우에 출발원료가 남아 있다고 판단하여 가열반응을 계속하였으나, 다른 분석방법에 의해 분석한 결과 출발원료는 이미 소실되었으며, 관측되고 있던 것은

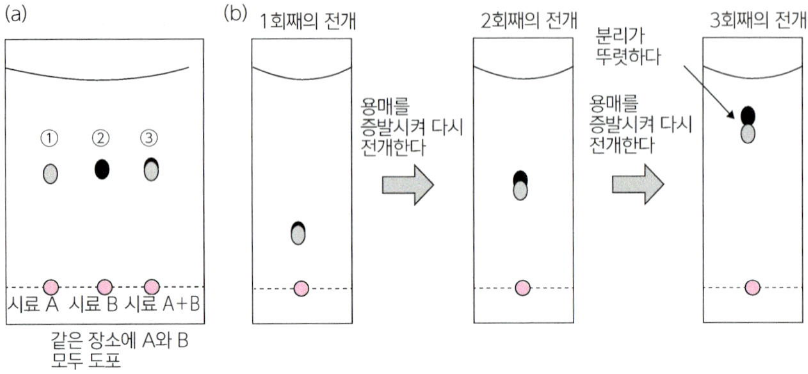

그림 4.6 스폿이 근접하고 있는 경우의 확인 방법

생성물의 스폿이었음이 나중에 판명될 수 있다. 스폿의 위치가 근접한 다른 시료의 판별 방법으로서 중첩(그림 4.6(a))이 알려져 있다.

그림 4.6(a)에서 ① (시료A)과 ② (시료B)의 스폿이 근접해 있다. 오른쪽 끝 부분에는 '시료 A를 도포한 후 그 위에서 시료 B도 도포한다. 이것을 전개하면 ③ 부분에 시료 A와 시료 B의 스폿이 약간 다른 위치에 나온다는 것을 알 수 있다. 판단이 망설이는 경우에는 이 중첩을 시험해 보면 된다. 또, 그림 4.6 (b)와 같이 근접한 스폿이 관측되는 경우는 1차 전개의 종료 후, TLC판을 전개조에서 꺼내 풍건한다. 용매가 증발한 후, 다시 전개조에 넣어 전개한다. 이것을 반복함으로써 근접했던 스폿이 분리될 수 있다. 또한 후자의 방법은 스폿이 TLC판의 절반 이하의 높이로 관측되는 경우에만 가능하다.

4.2.9 TLC 분석에서 사용하는 스폿 위치

TLC 분석에서는 중앙 부근 높이로 스폿이 올라가도록 전개용매의 극성을 조절하는 것이 좋다. 스폿의 위치가 너무 높거나 낮으면 잘못된 분석결과를 얻을 수 있으므로 주의가 필요하다. 그림 4.7(a)에서는 합성반응의 출발물질 ①과 목적생성물의 표품 ②를 이용하여 반응혼합물의 TLC 분석을 실시한 결과 목적생성물과 같은 위치에 스폿이 관측되었다. 그러나 같은 반응혼합물의 TLC 분석을 전개용매의 극성을 낮추어 실시한 결과 목적생성물이 포함되지 않은 것으로 판명되었다(그림 4.7(b), ③).

4.2.10 R_f값

TLC에서는 시료성분의 동정에 Ri값(이동률, rate of flow)을 이용한다. R_f값은 시료성분의 이동거리(A, B cm)와 용매의 이동거리(C cm)를 측정하고, 양자의 비(1이하의 수치)로 나타낸다(그림 4.8). R_f값은 흡착제나 용매의 종류와 혼합비율에 따라 변화하므로 R_f값을 실험노트나 논문에 기재할 경우에는 이러한 조건을 기재할 필요가 있다.

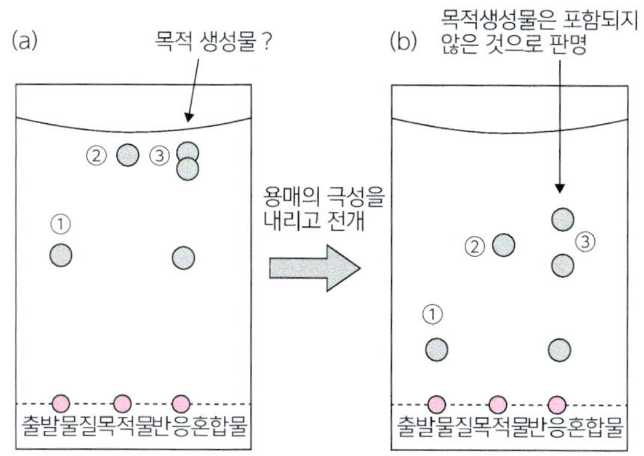

그림 4.7 TLC 분석에 사용할 스폿의 위치

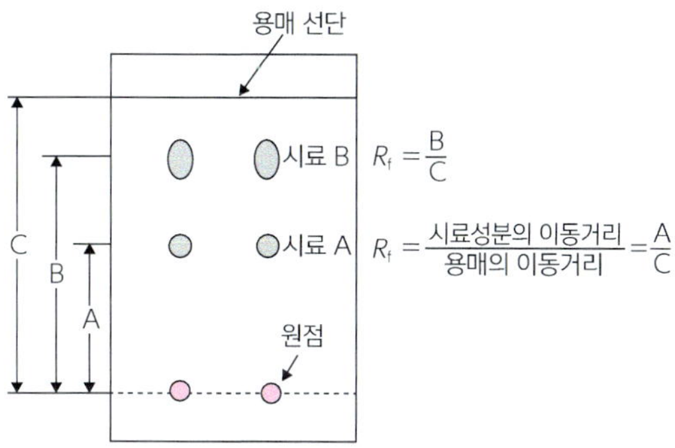

그림 4.8 R_f 값

4.2.11 TLC 판상의 시료 검출 방법

TLC 판에서 분리된 시료를 검출하는 방법에는 자외선(UV) 램프를 사용하는 방법과 발색제를 사용하는 방법이 있다.

(1) 자외선에 의한 검출

F_{254}로 표기된 형광제(망간활성화 규산아연)를 포함한 TLC판에서는 254 nm의 자외선을 쬐면 TLC판 전체가 녹색으로 발광한다(그림 4.9). 이 TLC판상에 방향족 화합물 등의 254 nm의 자외선을 흡수하는 시료의 스폿이 있으면 형광제에까지 자외선이 닿지 않아 스폿 부분이 어두워진다. 이를 이용하면 시료성분의 수나 분리되는 모습을 관측할 수 있다. 또한 TLC판을 전개용매로 전개한 후에는 용매의 상단 위치와 스폿의 윤곽을 연필로 TLC판 위에 덧대어 놓는다. 용매의 전개는 상단까지 진행될 수 있지만 용매가 상단에 도달하면 바로 전개조에서 꺼내야 한다. 전개조에서 꺼내는 것을 잊으면 신뢰

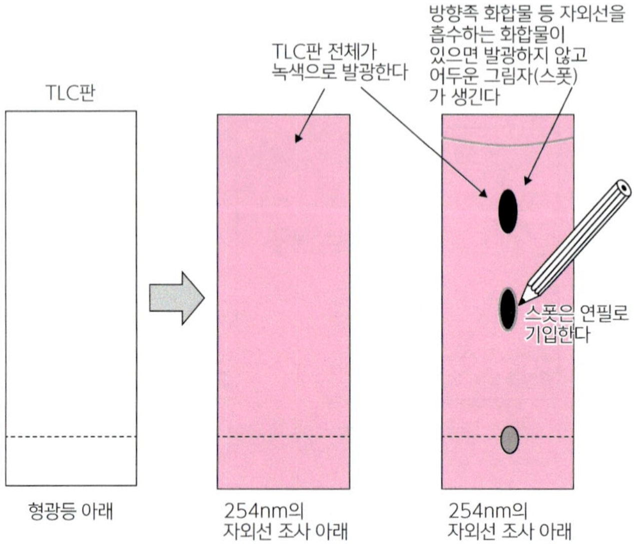

그림 4.9 시료 검출

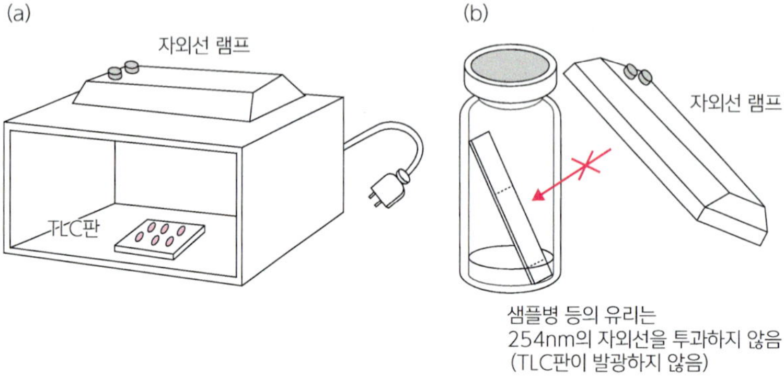

그림 4.10 자외선 램프를 통한 스폿의 검출

할 수 없는 결과를 초래할 수 있으므로 주의할 필요가 있다. TLC판에 자외선을 조사하는 경우에는 암소에서 실시하는 것이 결과를 관찰하기 쉽다. 상자 안이 검은색으로 칠해진 자외선 조사함이 시판되고 있지만 고가이므로 자작해도 좋다(그림 4.10). 샘플병 등의 유리는 254 nm의 자외선을 투과하지 않기 때문에 전개조 밖에서 자외선을 조사해도 TLC판상의 스폿 분리 상황을 관측할 수 없다(그림 4.10(b)). 또한 자외선이 직접 눈에 들어오지 않도록 주의한다.

(2) 요오드에 의한 검출

요오드는 유기 화합물과 착색을 형성하여 착색하는 것으로 알려져 있으며, TLC에서 시료 스폿 검출에 응용되고 있다. 자외선 램프로 검출할 수 없는 시료에 응용될 수 있다. 요오드에 의한 스폿 검출에는 TLC판과 요오드(여러 개)만 또는 요오드와 소량의 컬럼 크로마토그래피용 실리카겔을 샘플병에 넣는다. 후자의 경우에는 샘플병을 회전시키고, 요오드가 흡착된 실리카겔을 TLC판 상에 펼친다(그림 4.11). 스폿이 관측되지 않을 경우에는 1시간 정도 방치해 본다. 요오드가 흡착된 스폿은 요오드의 승화로 인해 바로 소실되어 버리므로 샘플병에서 꺼내자마자 연필로 스폿의 위치를 기입한다.

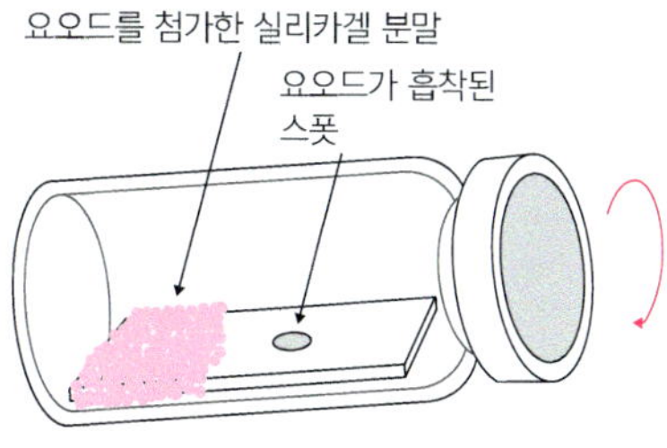

그림 4.11 요오드에 의한 스폿 검출

4

(3) 발색제에 의한 검출

발색제의 선택에 대해서는 MERCK사가 발행한 'Dyeing Reagents for Thin Layer and Paper Chromatography'가 참고가 되지만, 입수하기 어렵다(어르신 선생님께, 가지고 계신 것이 아닌지 물어보면 좋다). MERCK사가 이 서적의 복각판을 작성하고 있으며, 무료로 배포된 것도 있다. 이 서적에는 300여 가지의 발색제 조제 레시피가 게재되어 있으며, 관능기별 색인을 이용할 수 있다. 아래에 발색제의 예를 소개한다.

• 인몰리브덴산 에탄올 용액(만능형)

12 몰리브드(VI) 인산 n 수화물을 에탄올에 용해하여 5~10% 용액을 제조한다.

전개가 종료된 TLC판을 풍건시킨 후 조제액에 담그고 여분의 액을 킴와이프 등으로 닦아내고 핫플레이트로 가열한다(120℃ 정도). TLC판의 후면은 노랗게 변하며 파란 스폿이 관측된다. 또한 TLC용 스프레이가 시판되고 있다.

• 인몰리브덴산(개량형)

증류수 50 mL에 85% 인산 0.75 mL와 진한 황산 2.5 mL를 첨가한다. 그 후 1.2 g의 12몰리브드(VI) 인산 n수화물을 용해한다.

전개가 종료된 TLC판을 풍건시킨 후 조제액에 담근다 여분의 액을 킴와이프 등으로 닦아내고 핫플레이트로 가열한다(120℃ 정도) TLC판의 후면은 하얗게 변하며 푸른 스폿이 관측된다. 스폿의 농도는 온도에 따라 변화하므로 가열 후 잠시 냉각하여 관찰한다. TLC판의 후면이 하얗기 때문에 상기 인몰리브덴산에탄올 용액보다 결과를 더 쉽게 관측할 수 있다.

발색제를 이용한 스폿 검출방법을 그림 4.12에 나타낸다. 발색제는 넓은 입구의 갈색병에 보존하고 TLC판은 핀셋을 사용하여 발색제 용액에 담근다(그림 4.12(a)). 여분의 발색제는 킴와이프 등으로 닦아내고(그림 4.12(b)) 핫플레이트로 가열한다(그림 4.12(c)).

발색제에서는 지문도 발색해 버리는 경우가 있으므로 TLC의 전개 시에도 TLC판의 표면에는 손으로 닿지 않도록 주의한다. 또한 발색제에는 독성을 나타내는 것이 있으므

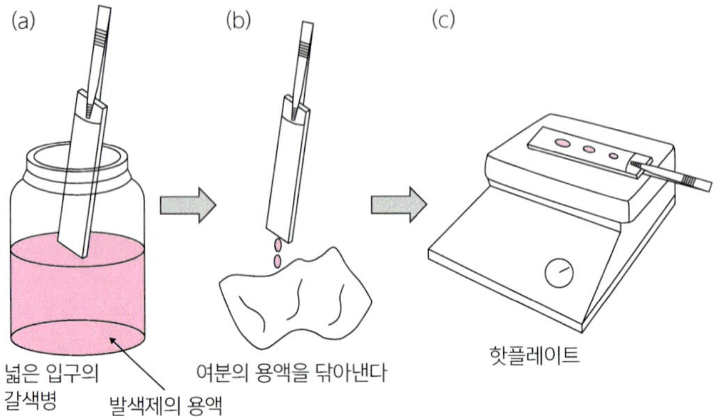

그림 4.12 발색제에 의한 스폿 검출

로 핫플레이트에서의 가열은 드래프트 내에서 실시하는 것이 좋다. 유리 TLC판의 경우에는 뒷면(유리면)에서 관찰하는 것이 결과를 알기 쉬운 경우가 있다.

4.2.12 2차원 전개법

TLC의 2차원 전개법은 분리가 곤란한 시료에 대해 행해질 수 있다. 여기서는 TLC에서의 분석에 재현성을 얻을 수 없는 등 TLC의 전개 중에 시료가 분해되었을 가능성이 있는 경우의 확인 방법에 대해 설명한다. 우선, TLC판의 좌측단에 시료를 도포하여 1차 전개를 실시한다(그림 4.13(a)). 전개 후의 판을 풍건시키고, 왼쪽으로 90° 회전시켜 2차 전개를 실시한다(그림 4.13(b)) 시료가 TLC 판상에서 분해되지 않을 경우에는 2차 전개의 출발점에는 스폿이 관측되지 않을 것이지만, 출발점에 스폿이 관측되거나 1차 전개 시와는 다른 위치(Rf값)에 스폿이 관측될 경우에는 TLC 판상에서 시료가 분해되었을 가능성이 높다.

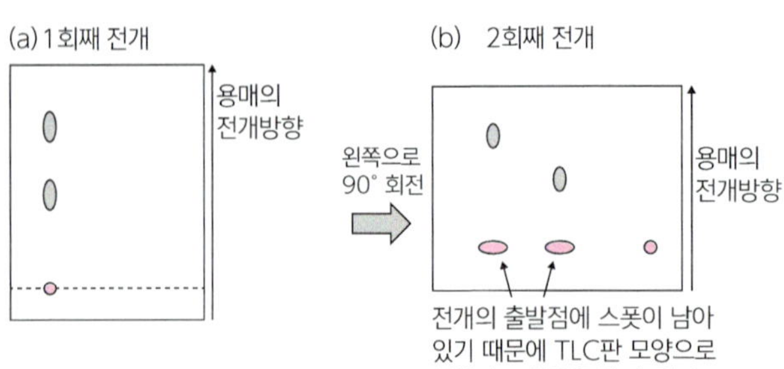

그림 4.13 2차원 전개법

4.3 분취 TLC

분취 TLC(Preparative TLC, PTLC, PLC)는 분리된 샘플을 NMR이나 질량분석 등의 다른 분석법으로 분석하거나 반응생성물의 수량·수율을 구하기 위해 이용한다. 분리하는 성분수가 많을 경우에는 컬럼 크로마토그래피(4.4절 참조)로 분리하면 원하는 생성물을 잃어버릴 수 있으므로 모든 성분을 시험관에 분취할 필요가 있다. 한편, PTLC의 경우에는 여러 성분이 있더라도 유리판 상의 실리카겔을 필요에 따라 순차적으로 긁어내어 시료를 용출할 수 있어 편리하다. 원점 부근에 머무르는 극성이 높은 시료는 실리카겔째 긁어낸 후 극성이 높은 용매로 용출될 수 있다.

PTLC(PLC)용 판은 MERCK사 등에서 유리판에 담지한 것(층 두께 0.5~2 mm, 20 cm × 20 cm)이 판매되고 있다. PTLC(PLC)용 판 1장(층 두께 0.5~2 mm, 20 cm × 20 cm)으로 분리할 수 있는 시료는 10~100 mg 정도이다.

PTLC에 의한 시료의 분리 절차는 그림 4.14와 같다.

① 우선 파스퇴르 피펫 끝을 버너로 가늘게 만든 피펫을 만든다(굵은 캐필러리여도 좋다).이 피펫을 사용하여 PTLC 판상에 시료를 도포한다. 좌우 가장자리에서의 용매 상승 속도가 다르기 때문에 시료를 도포할 때 좌우는 2 cm 정도 벌린다. 또한 분리를 잘하기 위해서는 시료를 바를 때 폭이 넓어지지 않도록 주의한다. 또한, 100 mL 이상의 전개용매가 필요하므로 시료를 도포하는 위치는 PTLC판 아래에서 2 cm 정도 뚫어야 한다. 시료의 점도가 높아 도포가 어려운 경우에는 용매로 희석한 용액을 도

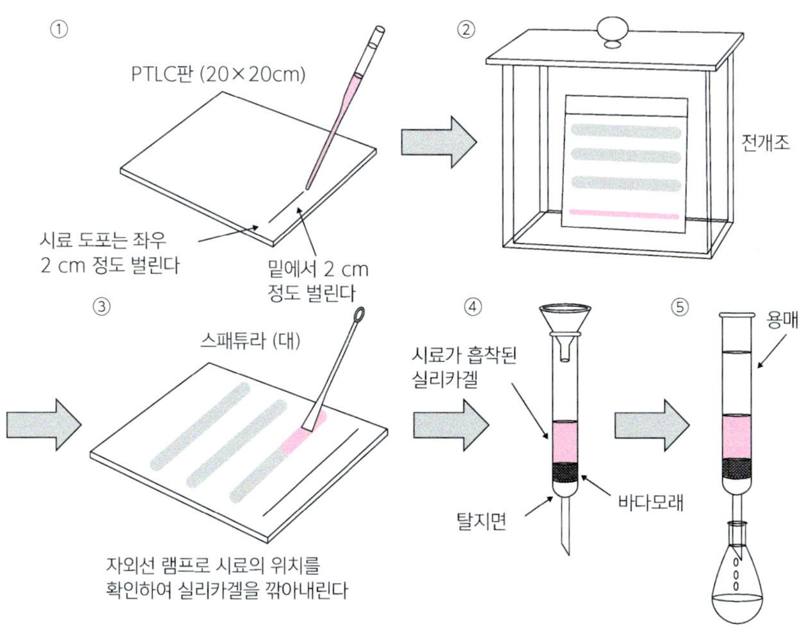

그림 4.14 PTLC에 의한 시료 분리

포한다. 이때 한 번에 도포할 수 없는 경우에는 위에서 한 번 더 도포해도 좋으나 상하방향 밴드폭이 너무 넓어지지 않도록 주의한다.

② 시료의 도포가 끝나면 전개조에 넣어 전개한다. 용매나 전개조의 크기에 따라 다르지만 전개에는 1~2시간이 소요된다. 전개용매를 추가할 필요가 생겼을 경우 용매는 전개조의 벽을 전달하여 천천히 가할 것.

③ 전개가 종료되면 용매를 기화(풍건)시킨다. 사전에 관측한 TLC의 분석결과와 비교하여 UV램프로 시료의 분리상황을 확인한다. 분리가 충분하면 PTLC판상의 시료의 위치(외주)에 큰 스패츄러 등으로 표시를 하고 시료가 흡착된 실리카겔을 유리에서 긁어낸다. 실리카겔은 4번 접은 종이 등에 모은다. 시판되는 PTLC판의 실리카겔은 단단하기 때문에 덩어리가 되지만 모은 실리카겔은 가능한 한 분말 상태로 만든다.

④ 컬럼관(콕은 없어도 된다)에 탈지면(또는 글라스울)을 채워 시료가 흡착된 실리카겔을 넣는다. PTLC용 실리카겔은 컬럼 크로마토그래피용보다 미분말이기 때문에 솜을 통과하게 되므로 주의가 필요하다. 특히 용출 시 가압하면 실리카겔이 솜을 통과하기 쉽다. 솜의 무게로 바다 모래를 넣는 것도 좋다.

⑤ 시료가 흡착된 실리카겔을 컬럼에 담으면 용매를 첨가하여 추출한다. 한번에 많은 양의 용매를 가하면 시료가 용매 속으로 확산되어 버리므로 처음에는 적은 양의 용매를 첨가하여 용출하고 시료가 컬럼 아래 방향으로 이동하면 컬럼관의 상부까지 용매를 가해도 된다. 용출에 사용하는 용매는 전개 용매와 같을 필요는 없으므로 시료의 실리카겔에 대한 흡착력의 세기(어느 위치에서 긁어낸 실리카겔인가)를 고려하여 선택하는 것이 좋다.

4.4 컬럼 크로마토그래피

4.4.1 컬럼 크로마토그래피를 통한 화합물 분리

컬럼 크로마토그래피에 의한 유기 화합물의 분리 방법은 다음과 같다(그림 4.15).

① 클램프 2개를 이용하여 컬럼관을 스탠드나 실험대에 수직으로 고정한다(클램프를 너무 세게 닫아서 컬럼관을 깨지 않도록 주의한다). 조금 떨어진 위치에서 정면, 좌우에서도 수직으로 되어 있는지 확인한다(이후 그림 속에서 클램프는 생략).

② 유리막대를 이용하여 컬럼관에 탈지면(또는 글라스울)을 채운다. 바다모래를 넣을 때까지 유리막대를 무게로 컬럼관에 넣은 채로 둔다(주: 면을 너무 꽉 채우면 전개용매의 유출이 느려지고 분리에 오랜 시간이 소요된다).

③ 분말 깔대기를 이용하여 바다 모래를 높이 1 cm 정도 넣고 유리막대를 뽑는다.

④ 콕을 닫고 컬럼 전체 길이의 1/3 정도까지 분리에 사용하는 전개 용매를 가한다. 콕을 열어 용매를 흘리거나 컬럼관을 가볍게 두드려 탈지면과 바다 모래 부분에 남아 있는 기포를 뺀다(예를 들어 기포를 빼기 위해 내압고무관으로 컬럼관을 가볍게 두드린다. 컬럼관에 금이 가지 않도록 주의할 것). 최종적으로 바다 모래의 윗면이 평평함을 확인한다.

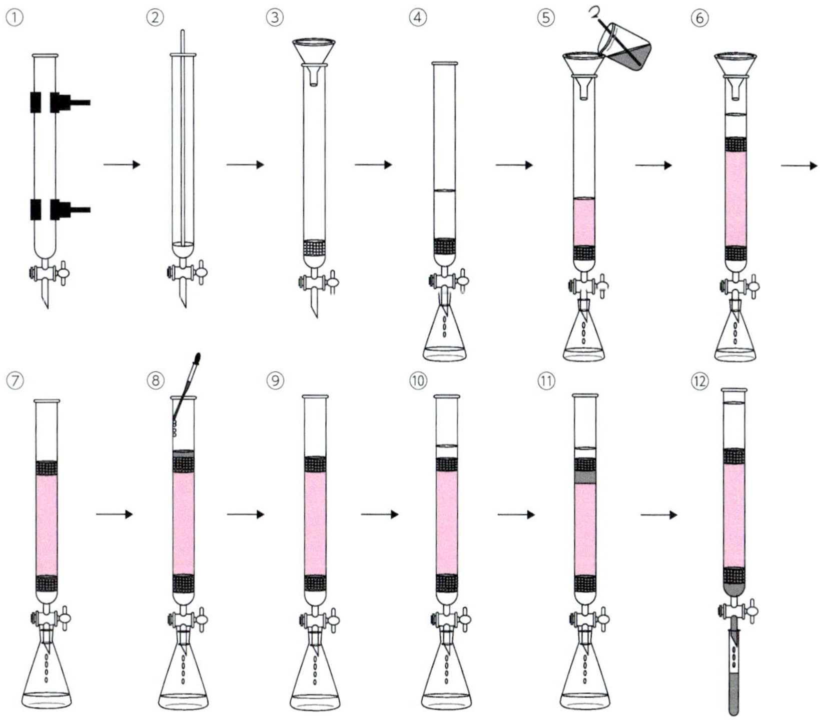

그림 4.15 컬럼 크로마토그래피 준비와 유기화합물 분리

⑤ 비커 또는 삼각 플라스크에 흡착제(실리카겔 등)를 재어 전개용매를 가하여 슬러리 상태로 만든다. 이때 기포가 발생하거나 용매의 종류에 따라 발열하기도 한다. 이 슬러리를 유리막대 등으로 잘 교반하여 기포를 빼고 10분 정도 정치한다. 사용하는 흡착제와 전개용매는 1 : 3(부피비) 정도의 비율로 혼합한다. 슬러리가 너무 단단하면 흡착제가 막혀서 균일하게 충전할 수 없다. 또한 용매가 너무 많으면 흡착제를 채우는 데 오랜 시간이 소요된다(주: 실리카겔의 무게를 재고 무게와 사용한 컬럼의 크기를 실험노트에 기록해 두면 같은 실험을 반복할 때 편리하다. 흡착제의 칭량에는 주방용 저울을 이용한다). 정지해 둔 슬러리(충진제)를 유리막대 등으로 저어주면서 컬럼에 채운다. 이때 미리 컬럼 내에 전체 길이의 1/3 정도의 용매가 들어 있지 않으면(쿠션으로 작용한다), 바다 모래가 날아오르면서 흡착제와 바다 모래가 혼합된 부분이 생기게 된다. 다음에 테프론콕을 열어 용매를 유출시키고 흡착제를 컬럼에 채운다. 다시 이 유출된 용매를 이용하여 나머지 흡착제를 컬럼에 채운다. 줄에 용매가 충전제보다 윗자리에 있도록 하고 컬럼을 말리지 않도록 주의한다.

⑥ 흡착제를 컬럼에 채우고 나면 흡착제 윗부분에 바다모래를 높이 1 cm 정도 첨가하여 바다모래 윗부분이 평평한지 확인한다.

⑦ 분리되는 시료가 전개용매로 확산되지 않도록 콕을 열고 바다 모래 윗부분이 조금

보일 때까지 전개용매를 유출시킨다(용매를 너무 많이 흘려 흡착제 부분에 금이 가지 않도록 주의한다).

⑧ 분리할 시료의 용액을 파스퇴르 피펫 등을 이용하여 컬럼의 벽면을 전달시켜 바다 모래의 상부에 가한다(시료는 전개용매에 용해시키는 것이 일반적이지만 용해시키는데 사용하는 용매의 양에 따라 분리효율이 변화한다. 시료를 대량의 용매에 용해시킨 경우에는 박층 크로마토그래피에서 예비적으로 관측한 것과 같은 분리를 바랄 수 없다. 분리에 사용한 충전제의 양, 사용한 컬럼의 크기, 시료의 무게, 용해하는데 사용한 용매의 양을 실험노트에 기록해 두면 같은 실험을 반복할 때 편리하다).

⑨ 콕을 열고 바다 모래 윗부분이 약간 보일 때까지 전개 용매를 유출한다.

⑩ 컬럼관 상부의 벽면에 부착된 시료를 전개용매로 세척하면서 바다 모래 상부에 1 cm 정도의 용매를 가한다(1차 조작에서는 시료가 들어 있던 용기를 소량의 전개용매로 세척하고 이 세정액을 가한다). 다시 콕을 열어 바다 모래 상부가 조금 보일 때까지 전개용매를 유출시킨다(분리하는 시료를 가한 후에는 콕을 완전히 닫지 않고 항상 전개용매를 흘려 가한 용매로의 시료의 확산을 피하는 것이 바람직하다. 이 작업 중에는 용매의 유출 속도를 낮추는 등의 연구가 필요하다. 콕을 완전히 닫으면 단시간으로 할 것).

⑪ 시료가 실리카겔 상부에 완전히 흡착될 때까지 ⑩의 조작을 3회 정도 반복한다(바다 모래는 시료를 흡착하지 않으므로 바다 모래 부분의 시료가 실리카겔에 흡착될 때까지 이 작업을 반복한다, 착색된 시료를 다루면 이 작업이 이해하기 쉽다).

⑫ 분리하는 시료가 실리카겔에 흡착되면 전개용매를 컬럼 상부까지 가한다(처음에는 바다 모래의 윗면이 흐트러지지 않도록 파스퇴르 피펫으로 용매를 벽면을 전달시켜 가하고 용매량이 늘어나면 깔대기로 용매를 가해도 좋다). 분리되어 나온 시료를 포함한 용액은 시험관 등의 수기로 받는다.

통상의 컬럼 크로마토그래피에서는, 복수의 수용기에 용출액을 수집한다(그림 4.16(a)). 시험관 등의 수용기(프랙션, Fr.)에는 번호를 매기고, 각각의 수용기 중의 용액을 TLC로 분석한다(그림 4.16(b)). 컬럼 크로마토그래피에서는 흡착제에의 흡착력이

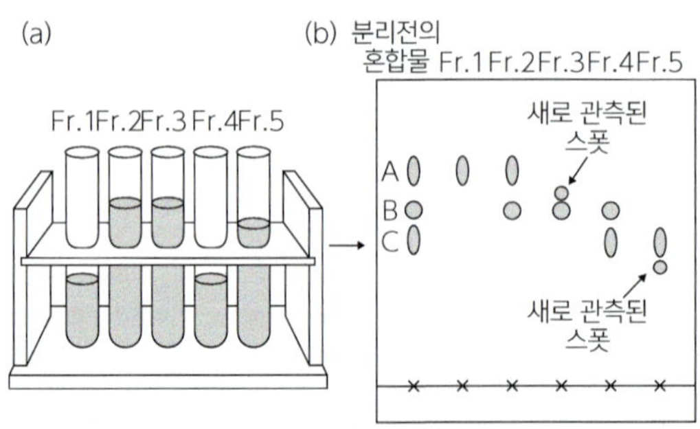

그림 4.16 시험관에 받은 분리 후 용액 (a)와 TLC의 분석결과(b)

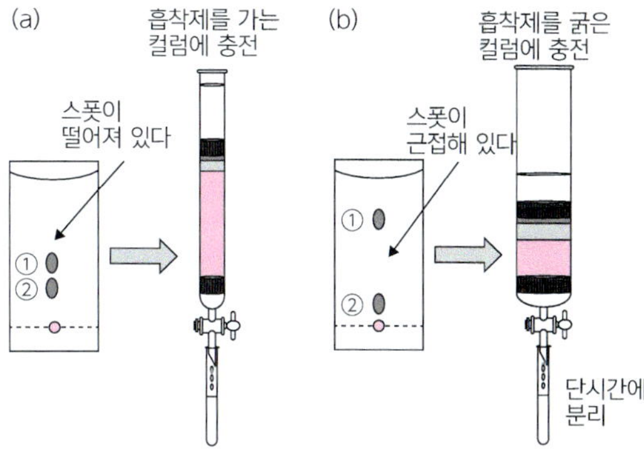

그림 4.17 분리에 사용하는 컬럼 선택

작은 성분부터 먼저 용출한다. 즉, 그림 4.16(b)에 나타낸 바와 같이 TLC의 상부부분부터 성분 A, B, C순으로 용출한다(TLC와 컬럼 크로마토그래피에서는 상하반대임에 주의). 컬럼 크로마토그래피에서는 취급하는 시료량이 TLC에 비해 많기 때문에 분리 전의 TLC에서는 관측할 수 없었던 성분이 관측되는 경우가 많다. 분리 전의 혼합물을 소량 보존해 두었다가 분리 후의 TLC 분석 시에 동시에 전개하면 컬럼에 의한 분리 결과를 분석할 때 편리하다(그림 4.16(b)).

4.4.2 흡착제의 사용량과 컬럼의 크기

컬럼 크로마토그래피를 할 때의 흡착제의 사용량의 결정에는 경험이 필요하므로, 경험자에게 상담하는 것이 바람직하다. 예비적인 TLC 분석으로 분리할 시료의 스폿이 충분히 분리되어 있으며, 시료의 전개용매에 대한 용해성이 높은 경우에는 시료 중량의 약 30~50배의 중량의 흡착제를 이용하는 것을 하나의 기준으로 하면 좋다. 단, 시료의 전개 용매에 대한 용해성이 낮아 시료를 충전할 때 용매량이 많아지는 경우에는 더 많은 흡착제가 필요하다.

흡착제의 양과 컬럼관의 크기를 선택하기 전에 시료를 전개 용매에 용해시키는 것이 바람직하다. 컬럼관에 흡착제를 충전한 후 시료의 용해성이 낮다는 것을 알게 되어도 흡착제나 용매가 낭비되므로 주의가 필요하다. 또한 사전 TLC 분석에서 시료의 스폿이 근접해 있는 경우에는 더 많은 흡착제가 필요하다. 일반적으로 예비분석의 TLC에서 분리할 성분의 스폿이 근접해 있는 경우에는 긴(전개거리가 긴) 컬럼을 선택한다(그림 4.17(a)) 한편 분리할 성분의 스폿이 충분히 떨어져 있는 경우에는 시간과 용매량을 절약하기 위해 굵은 컬럼을 이용하여 전개거리(흡착제의 높이)를 짧게 한다.

4.4.3 전개 용매의 선택

전개 용매의 선택은 컬럼 크로마토그래피의 결과에 크게 영향을 미치기 때문에 신중하게 실시해야 한다, 그림 4.18(a)에 나타낸 바와 같이 TLC판의 상부($R_f > 0.5$)에서 성

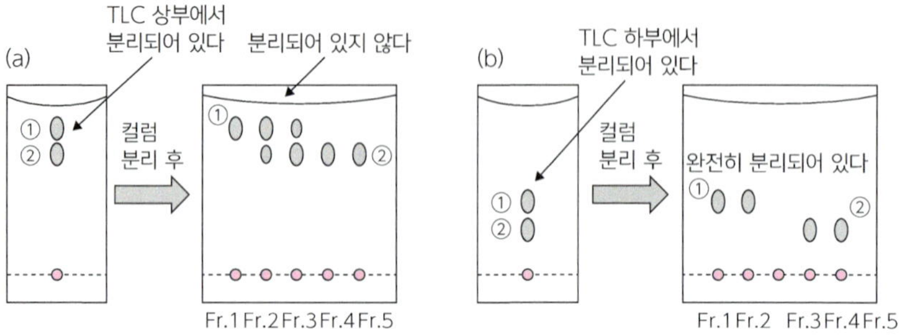

그림 4.18 분리 전 TLC 결과와 분리 후 TLC 결과

분 ①과 ②가 분리되는 전개용매를 선택한 경우에는 컬럼 크로마토그래피에 의한 분리 후에 성분 ①과 ②가 분리되지 않은 프랙션(Fr.2, Fr.3)이 발생할 수 있다.

한편, 그림 4.17(b)과 같이 TLC판의 하부($R_f < 0.5$)에서 성분 ①과 ②가 분리되는 전개용매를 선택한 경우에는 완전히 분리될 가능성이 높다. 컬럼 크로마토그래피에서 사용하는 전개용매의 선택에 대해서는 시료 성분의 흡착력(머무름시간)도 고려할 필요가 있다. 일례로, 클로로포름 및 메탄올에의 용해성이 현저히 낮은 화합물이 클로로포름과 메탄올의 혼합용매에 용이하게 용해되는 경우가 있다. 고체 상태에서 수소결합을 형성하는 화합물은 메탄올 등의 양성자성 용매를 소량 혼합함으로써 극성이 낮은 용매로의 용해성을 올릴 수 있다. 또한 클로로포름과 디클로로메탄은 동일한 할로겐 용매이나, 양쪽에서 분리의 효율이 현저하게 다를 수 있으므로 양쪽 용매 모두 시도해 보는 것이 좋다.

4.4.4 컬럼관의 가압

컬럼 크로마토그래피를 실시할 때 목적성분의 흡착력이 강하고 용출에 시간이 걸리는 경우나 가늘고 긴 컬럼관(외형 15 mm 정도)을 사용하고 있기 때문에 전개용매가 흐르기 어려운 경우에는 컬럼관의 상부에서 가압하는 경우가 종종 있다(그림 4.19).

컬럼관을 너무 가압하여 파손시키지 않도록 주의할 것. 또한 상시 가압하면서 분리하는 플래시 크로마토그래피에서는 전용 두꺼운 컬럼관이 사용된다. 가압 방법으로는 금붕어용 에어펌프나 이연구 등이 사용된다.

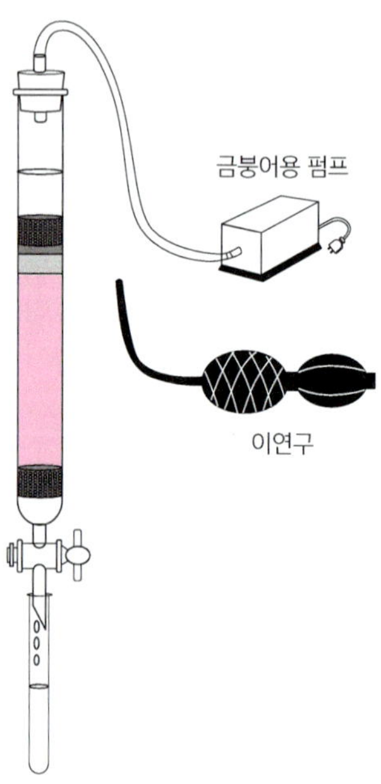

그림 4.19 컬럼의 가압방법

【참고 문헌】

1) 泉　美治, 小川雅彌, 加藤俊二, 塩川二郎, 芝　哲夫 監修,「機器分析のてびき 第2版　第２集」, 化学同人(1996).

2) 後藤俊夫, 芝　哲夫, 松浦輝男 監修,「有機化学実験のてびき (1)」, 化学同人 (1988).

3) 渡辺　正 編著,「化学ラボガイド」, 朝倉書店 (2001).

4) J. W. ズブリック著, 上村明男 訳,「研究室で役立つ有機実験のナビゲーター」, 丸善 (2006).

5) 飯田　隆, 澁川雅美, 菅原雅雄, 鈴鹿　敢, 宮入伸一 編,「イラストで見る化学実験の基礎知識　第３版」, 丸善(2009).

5 캐필러리 전기영동

5.1 처음에

전기영동이란 용액 중에서 대전하고 있는 분자·물질이 용액에 인가된 전압에 의해 형성되는 전기장 구배 중에 이동(영동)하는 물리 현상이다. 전기영동을 이용한 분석법의 하나로 알려진 캐필러리 전기영동(capillary electrophoresis, CE)은 완충액이 충전된 모세관(캐필러리) 내에서 전기영동에 기초한 분리를 수행하는 분석법이다.

CE의 특징으로는 높은 분리 성능, 짧은 분석 시간, 적은 필요 시료량·시약량에 더해 액체 크로마토그래피(liquid chromatography, LC)를 싫어하는 단백질류나 핵산 등의 분리 분석에서도 높은 분리 성능을 보이는 등의 점을 들 수 있다. 그래서 최근 CE는 높은 주목을 받고 있다. 본 장에서는 CE 및 그 장치에 대한 기초적인 이해를 높이기 위해 가장 일반적인 분리 모드인 캐필러리 존 전기영동(capillary zone electrophoresis, CZE)에 기초한 이온성 시료의 분리에 대해 주로 해설한다.

5.2 CE의 개요

CE 장치의 기본적인 구성 요소로서 ① 캐필러리 ② 영동액 ③ 용액 리저버 ④ 고압 전원 및 전극 ⑤ 검출기의 5가지가 필수적이다(그림 5.1). 이하에서 CE의 원리를 배우기 위해 필요한 기본적인 장치 구성과 기초지식에 대해 먼저 해설한다.

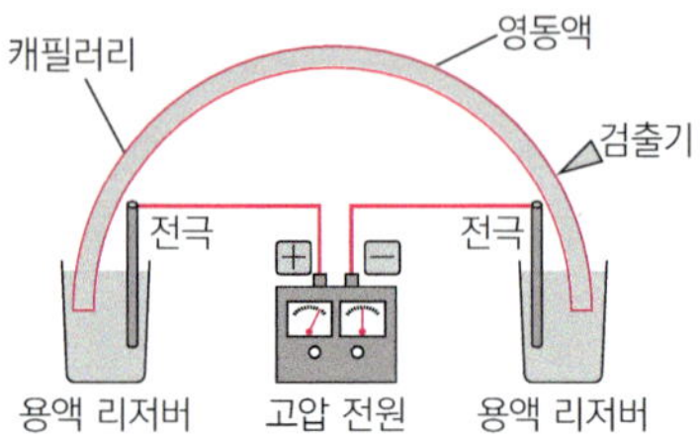

그림 5.1 CE 장치의 기본 구성

- 캐필러리(세관)

일반적으로 외경 350~400 μm 정도, 내경 50~100 μm 정도의 용융 실리카 캐필러리(용융석영제 세관)가 이용되고 있다. 다만, 용융 실리카 캐필러리는 매우 약하고 부러지기 쉽기 때문에 외표면이 폴리이미드 피복된 상태로 시판되고 있다. 폴리이미드 피복된 캐필러리는 왜곡에도 강하고 취급도 용이하다.

- 영동액

전기영동은 전기장을 구동력으로 한 용액 중 물질 수송에 관한 물리 현상이다. 따라서 실제로 분자가 영동하는 장이 되는 용액은 CE에서 가장 중요한 구성 요소가 된다. 일반적으로는 이 용액을 「영동액」이라고 부른다.

CE분석 시 수용액에 전압을 인가하면 물의 전기분해가 생긴다 전기분해로 인한 영동액의 pH변화는 영동액 중을 전기영동하고 있는 시료분자의 상태도 변화시키기 때문에

CE분석 결과나 재현성에 큰 영향을 주게 된다. 이를 방지하기 위해 CE분석을 위한 영동액으로 일반적으로는 각종 pH완충액이 선택된다.

- 용액 리저버

내경 100 μm 이하의 캐필러리에 대한 용액의 직접 도입이나 전압의 직접 인가는 기술적으로 매우 곤란하다. 따라서 용액이 채워진 리저버(바이알)에 캐필러리 양단을 침지하고, 양 리저버를 통해 용액 도입 조작이나 전압 인가를 실시한다.

- 고압전원 및 전극

CE분석에서는 수 백 V cm^{-1} 정도의 전기장을 캐필러리 내에 형성시켜 전기영동에 기초한 분리를 실시한다. 일반적으로는 길이 수십 cm 정도의 캐필러리를 이용하는 경우가 많으며, 상기 전기장 강도를 얻기 위해서는 10~20 kV 정도의 고전압 인가가 가능한 직류 고압 전원이 필요하다. CE 분석 시 캐필러리 양단이 침지된 각 리저버에 대해 전극을 삽입하고 리저버 내의 용액을 통해 캐필러리에 전압을 인가한다. 전극 소재로는 화학 변화나 내약품성이 우수한 백금이 이용되는 경우가 많다.

- 검출기

상업용 CE 장치에 탑재된 검출기로는 자외 및 가시 흡광 검출기가 주를 이룬다. 옵션으로서 레이저 여기 형광 검출기나 질량 분석 장치와의 접속이 가능한 기종도 있다. 또한 비접촉형 전기 전도도 검출기가 병용되는 경우도 있다. 자체제작 CE 장치의 경우는 상기 외에 전기화학 검출기나 화학 발광 검출기 등, 연구에 따라 다양한 검출기와 접속할 수 있다. 측정 시료의 특성에 맞춘 최적의 검출기의 선택은 CE 분석에서의 감도의 관점에서도 매우 중요하다.

CE장치에서 광학검출을 행하는 경우 분리장이 되는 캐필러리를 그대로 검출장으로도 이용하는「온 캐필러리 검출」이 된다. 이는 분리장과 검출장이 별도의 장치로 구성되어 있는「오프 컬럼 검출」의 LC와 비교하여 컬럼외 효과에 의한 분리능 저하를 받지 않는다는 점에서 분리분석으로서 유리하다. 그러나 시판 캐필러리의 대부분은 전술한 바와 같이 폴리이미드로 피복되어 있어 그대로는 광학검출을 적용할 수 없다. 따라서 검출부의 폴리이미드 피복을 제거하고 검출창을 형성할 필요가 있다(형성 절차에 대해서는 5.3절에서 기술한다).

5.3 캐필러리 존 전기영동(CZE)

5.3.1 분리 원리의 개략

CE분석에서는 다양한 원리에 기초한 분리(분리모드)를 선택할 수 있다. 본 절에서는 CE분석에서 가장 기본적인 분리모드인 캐필러리 존 전기영동(CZE)에 대해 지금까지 소개한 CE의 구성요소를 기본으로 하여 그 개략을 소개한다(그림 5.2).

CZE에서는 영동액이 충전된 캐필러리 내에 시료용액을 짧은 존(플러그)으로 주입한

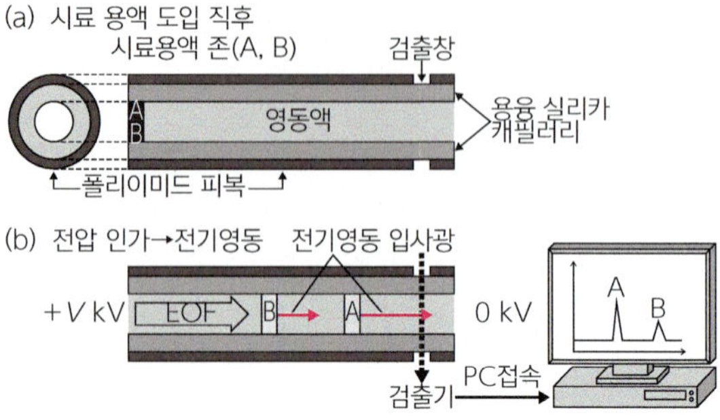

그림 5.2 CZE의 개략도

후 용액 리저버를 통해 캐필러리 양단에 전압을 인가한다. 이때 시료분자 자체의 '전기영동'과 관내 용액 전체의 흐름인 '전기 침투류(electroosmotic flow, EOF)', 시료의 분리·검출에 각각 중요한 역할을 한다. 또한 분리된 각 시료 구역은 하류 검출창에서 검출되어 데이터 처리된다. CZE에 기반한 고효율 분리를 실현하기 위해서는 전기영동과 EOF에 대해 올바르게 이해할 필요가 있다. 이하 전기영동과 EOF에 대해 각각 소개한다.

5.3.2 시료분자의 전기영동과 그 속도

영동액이 충전된 캐필러리 양단에 전압이 인가되면 캐필러리 내에 전기장이 형성된다. 이 때 캐필러리 내에 존재하는 양이온성 분자는 음극 쪽을 향해, 음이온성 분자는 양극 쪽을 향해 각각 전기영동한다(중성 분자는 전기영동하지 않는다). 이때, 각 시료분자의 전기영동 속도(v_{ep})는 다음과 같은 식으로 표현된다.

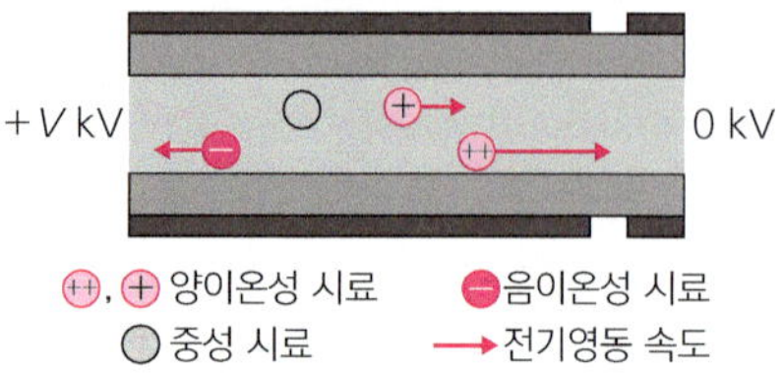

그림 5.3 전기영동의 개략도

$$v_{ep} = \mu_{ep} \times E \tag{5.1}$$

단, 양극에서 음극으로 향하는 방향을 정으로 정의한다. 여기서 E는 캐필러리 내에 형성된 전기장 강도(단위 V cm^{-1} 또는 V m^{-1})이며, 인가 전압 V와 캐필러리 전장 L_{total}을 이용하여 $E = V / L_{total}$로 표현된다. 또한 μ_{ep}는 시료 분자의 전기영동도(단위 $cm^2\ V^{-1}s^{-1}$ 또는 $m^2\ V^{-1}s^{-1}$)이다. 언뜻 보면 알기 어려운 단위 전장강도 당 전기영동 속도(cm s^{-1} / V cm^{-1})를 생각하면 알기 쉽다.

전기영동 이동도는 일반적으로 다음과 같은 식으로 표현된다.

$$\mu_{ep} = \frac{q}{6\pi\eta r} \tag{5.2}$$

여기서, q는 시료분자의 전하, η은 용액의 점성률, r은 분자반지름이다. 따라서, 큰 전하를 가진 분자나, 분자량이 작은 분자는 전기영동 이동도가 크고, 영동속도가 빨라지는 것을 알 수 있다. 이와 같이, 전기영동 이동도는 시료 분자 고유의 파라미터이다. 그러므로 캐필러리 내에서 같은 전장에 놓인다 하더라도, 시료 분자에 따라 다른 전기영동 속도를 나타내게 된다. 예를 들어, 양이온성 시료의 전하로서 양의 값을 음이온성 시료의 전하로서 음의 값을 각각 대입하면, 전기 영동 이동도의 값은 각각 정 및 음이 된다. 이것을 식 (5.1)에 대입하면, 전기장 중에서 양이온성 시료는 음극측을 향하여(정의 방향), 음이온성 시료는 양극측을 향하여(부의 방향), 각각 전기영동하는 점과 합치한다. 또한 중성 분자는 전하 제로 = 전기 영동 이동도 0이 되기 때문에 전기 영동하지 않는 점과도 일치힌다.

이상과 같이, 모세관 내에 전기장이 형성되면, 혼합 시료 용액 존 내의 각 이온성 분자는 각 전기영동 이동도에 따라서 전기영동하고, 각 시료 존에 분리된다. 이것이 CZE의 기본적인 원리이다.

5

5.3.3 EOF와 그 속도

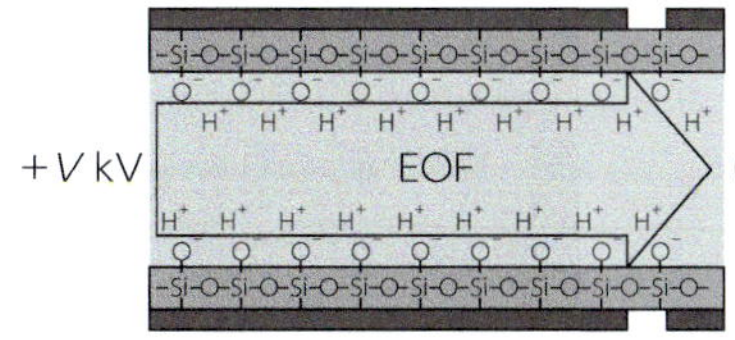

그림 5.4 EOF의 개략도

CE분석에서 시료의 전기 이동과 함께 중요한 것이, 모세관 내의 용액 전체의 흐름인 EOF이다. 이하, EOF에 대해서 해설한다. 용융 실리카 캐필러리 내 표면에는 많은 실라놀기(–SiOH)가 있다. 캐필러리 안이 실라놀기 산해리정수(pKa 5~6 정도)보다 높은 pH의 이동 액체로 채워진 경우, 그 해리에 의해서 내 표면에 음전하($-SiO^-$)가 고정된다.

한편, 내표면 근방의 용매 중에 과잉의 양전하(H^+)이 방출되어 전기 이중층을 형성한다. 이 상태에서 모세관에 전압이 인가되면 전기 이중층 근방에 존재하는 과잉의 양전하가, 용매를 거느리고 전기영동한다. 그 결과, 용액 전체의 흐름으로 EOF가 생긴다.

EOF속도(v_{eo})은 다음 식으로 나타난다.

$$v_{eo} = \mu_{eo} \times E \tag{5.3}$$

단, μ_{eo}를 전기 침투 이동도(단위 $cm^2\,V^{-1}\,s^{-1}$ 또는 $m^2\,V^{-1}\,s^{-1}$)로 하고, 전기영동과 마찬가지로 양극에서 음극으로 향하는 방향을 양으로 정의한다. 또한 μ_{eo}는 다음과 같은 식으로 정의된다.

$$\mu_{eo} = -\frac{\varepsilon\zeta}{\eta} \times E \tag{5.4}$$

여기서, ε는 용매의 유전율, ζ 캐필러리 내 표면의 제타 전위, η은 용매의 점성률이다. 이와 같이, EOF는 내표면의 제타 전위에 의존하여 증감하고, 내표면이 음으로 대전되어 있을 때는 양극측에서 음극측을 향하여(정방향으로) 흐른다.

EOF의 특징으로 LC에서의 압력류와 같은 층류(파라볼라형)의 유속분포를 취하지 않고 마개류(플러그형)의 거의 균일한 유속분포를 갖는 점을 들 수 있다. 그 특징 때문에

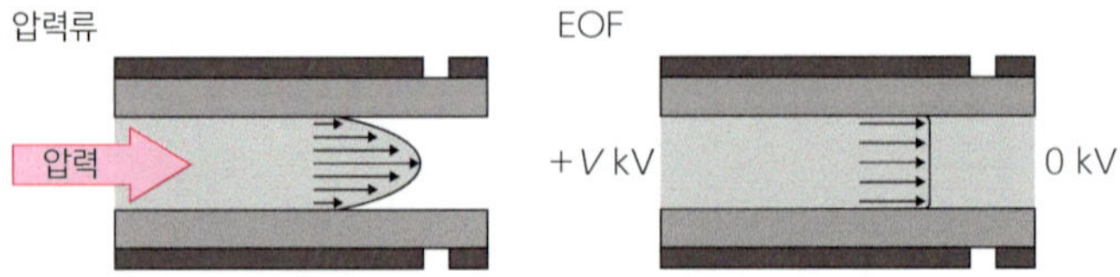

그림 5.5 압력류(층류) EOF(마개류)의 유속 분포의 차이

5

시료존의 왜곡에 의한 피크확대가 LC와 비교해 생기기 어렵고 날카로운 피크를 얻기 쉽다. 이는 CE의 높은 분리성능의 한 요인이 되고 있다.

5.3.4 EOF 속도와 전기영동 속도 측정

CE에서 일반적으로 이용되고 있는 용융 실리카 캐필러리에서는 중성~염기성 영동액을 이용했을 때 양극측에서 음극측으로 향하는 빠른 EOF가 생긴다. 이 빠른 EOF를 이용하면 원래는 양극측으로 영동해야 할 음이온성 시료도 음극측에 설치된 검출기를 이용하여 측정이 가능하다. 결과적으로 LC에서 얻을 수 있는 크로마토그램과 유사한 피크 형상을 나타내는 그래프(일렉트로페로그램)를 얻을 수 있다(그림 5.6) 이때 중성시료(EOF 마커)의 CZE에서 얻은 검출시간(t_0)에서 아래의 계산에 의해 μ_{eo}을 산출할 수 있다.

$$v_{eo} = L_{eff} / t_0 \tag{5.5}$$
$$v_{eo} = \mu_{eo} \times E = \mu_{eo} \times (V / L_{total})$$

따라서 $$\mu_{eo} = \frac{L_{eff}}{t_0} \cdot \frac{L_{total}}{V} \tag{5.6}$$

여기서, L_{eff}는 캐필러리의 시료 도입부 측 말단에서 검출부까지의 유효 분리 길이를 나타낸다. 이와 같이 비교적 간단한 실험 및 계산으로 어떤 전기영동 조건에서 EOF를 측정하고 평가할 수 있다.

또한 CZE 분석에서는, EOF에 의해서 캐필러리 내의 용액 전체가 정방향으로 흐르고 있는 가운데, 시료 분자가 전기영동한다. 따라서, 외부에서 관찰했을 경우, 시료의 보이는 속도 v_{app}은 EOF 속도와 전기영동 속도의 합이 된다.

$$v_{app} = v_{eo} += v_{ep} = (\mu_{eo} + \mu_{ep}) \times E \tag{5.7}$$

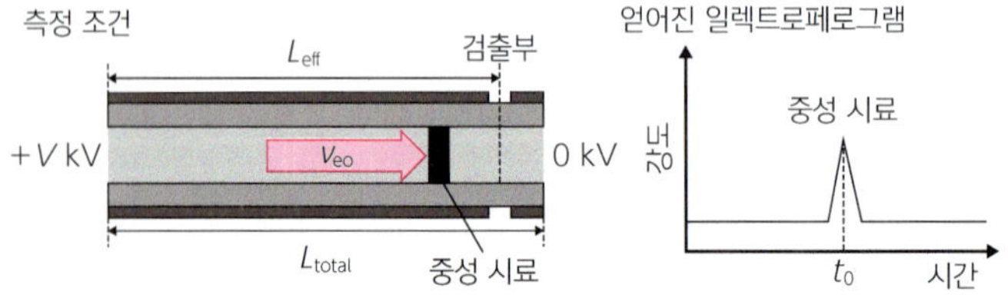

그림 5.6 전기침투 이동도 측정의 개략

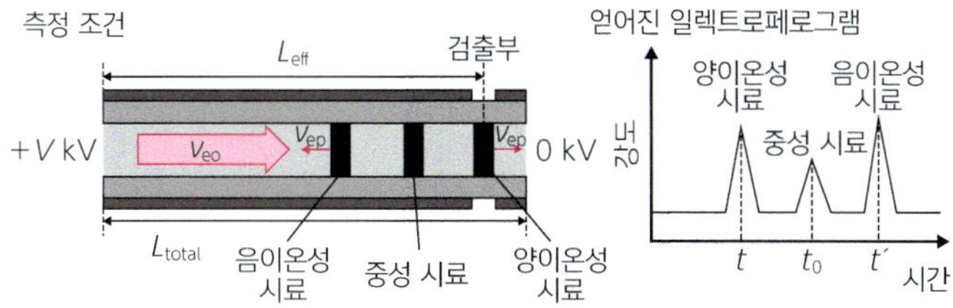

그림 5.7 전기영동 이동도 측정의 개략

측정 시 시료용액에 EOF 마커를 첨가해 두면 식 (5.6)과 아울러 이온성 시료의 검출시간 t(또는 t')에서 전기영동 이동도를 산출할 수 있다(그림 5.7).

$$v_{app} = L_{eff} / t \tag{5.8}$$

따라서

$$\mu_{ep} = \frac{L_{eff}}{t}\frac{L_{total}}{V} - \frac{L_{eff}}{t_0}\frac{L_{total}}{V} = \frac{L_{eff}\,L_{total}}{V}\left(\frac{1}{t}-\frac{1}{t_0}\right) \tag{5.9}$$

식 (5.9)에서, 양이온성 시료에서는 $t < t_0$가 되기 때문에 전기영동 이동도는 올바르게, 또 음이온성 시료에서는 $t < t_0$가 되기 때문에 전기영동 이동도는 음이 된다. 이상과 같이, 전기영동 이동도의 차이에 근거한 분리를 하고, EOF에 의한 송액에 의해 검출하는 것이 CZE의 기본이 된다.

5.3.5 측정 대상

CE의 가장 기본적인 분리모드 중 하나인 CZE는 시료의 전기영동 이동도 차이에 기초한 분리분석법이며, 그 측정대상은 이온성 시료에 한정된다. 한편 중성시료나 광학이성체 등 전기영동도가 0인 시료나 이동도 차이가 없는 시료도 많이 존재하는데, 이들 시료에 대해서는 애초에 CZE에 기초한 분리가 불가능하다. 그러나 그러한 '전기영동 분석의 한계'를 넘어서기 때문에 미셀동전 크로마토그래피나 캐필러리 전기크로마토그래피, 어피니티 CE 등 존 전기영동과는 분리원리를 달리하는 응용기술(분리모드)이 개발되어 왔다. 이 장에서는 다른 분리모드에 대한 설명은 생략하되 장 말미에 언급한 참고서[1,2]에 자세히 설명되어 있으므로 관심있는 분들은 그것들을 참고하기 바란다.

5.4 CE측정 절차

지금까지 소개한 기본적인 구성 및 원리를 바탕으로 본 장에서는 CE 장치를 이용한 측정의 준비 및 절차에 대해 구체적인 예를 섞어가며 소개한다.

5.4.1 용액 조제

(1) 영동액 조제

영동액 조성과 pH는 시료의 대전 상태나 캐필러리 내 표면의 실러놀기 해리 상태에 큰 영향을 준다. 환언하면 영동액 조성 pH조정으로, 시료 분자의 전기 이동 속도와 캐필러리 내를 흐르는 EOF속도가 통제할 수, 그래서, 어떤 시료 용액의 CZE에 근거한 분리 분석을 행하는 경우, 원하는 분리 성능을 얻기 위해서는 영동액 조성과 pH를 조정하면 된다. 이하, 용액 조제의 핵심을 해설한다.

- 영동액 조성(종류와 염 농도)

CE분석 시, 캐필러리 양끝이 숙성된 용액 리저버를 통해서, 캐필러리에 고전압을 인가한다. 전술한 대로, 두 리저버 내 전기분해에 의한 pH변화를 막기 위해서, 영동액에는 각종 완충용액을 이용하는 것이 일반적이다. 대표적인 완충용액으로 인산염, 붕산염 등을 이용한 무기염 완충용액, Tris 염기 및 HEPES 등을 이용한 유기염 완충용액을 들 수 있다. 완충용액의 종류와 제작법에 대해서는 참고서에 자세히 설명되어 있다. 이하, CE의 각 완충용액의 특징에 대해서 간단히 소개한다.

무기염 완충용액의 특징, 측정 파장(특히 자외선 영역)에서의 흡광도가 작은 것이 많고 측정 시료의 검출을 방해하기 어려운 점이 꼽힌다. 반면, 전기 전도도가 큰 전류가 흐르기 쉽기 때문에, 주울열 발생으로 시료 밴드 확산이 일어나며 분리 성능이 떨어지는 경우가 있는 점에 유의할 필요가 있다. 일반적으로는 염 농도 10~50 mM의 완충용액을 이용하여, 100 μA 이하의 전류값이 되도록 인가전압을 설정하고 CE분석을 하는 경우가 많다.

유기염 완충용액의 특징은 전기 전도도가 작은 것이 많기 때문에 주울열의 발생을 억제되는 점이 꼽힌다. 또, HEPES, MES 등의 good buffer로 불리는 유기염류는 pK_a가 다른 여러 종류의 시약이 시판되고 있어 설정하고 싶은 완충 pH에 맞추어 다양한 완충용액을 만들 수 있다. 반면, 측정 파장(자외선 영역)에 흡수를 갖는 것도 많고, 측정 시료에 의해서는 검출의 방해가 될 가능성이 있으므로, 그 종류를 신중히 선택할 필요가 있다.

- 영동액 pH

영동액 pH는 시료의 전기영동속도와 EOF속도 모두에 큰 영향을 준다. 우선 시료의 전기영동속도에 대하여 유기산과 같이 산해리상수(pK_a)를 갖는 시료의 경우 pK_a 보다 낮은 pH측에서는 양성자가 부가된 중성상태인데 반해 높은 pH측에서는 양성자가 탈리하여 음으로 대전한다. 또한 아미노산이나 펩타이드, 단백질과 같이 등전점(pI)을 갖는 시료는 pI의 전후에서 정, 중성, 음으로 대전상태가 변화한다. 따라서, 어떤 pH에서 분리되지 못한 시료가 영동액의 pH 변경에 의해 분리될 수 있는 경우가 있다.

> [예] 어떤 유기 화합물 A(pK_a 6.1)와 B(pK_a 6.5) CZE분석을 실시했을 때, pH 7.0 완충용액을 영동액으로 이용한 경우에는 전기영동 이동도 값이 같은 정도로 분리하지 않았다. 그래서 pH 6.3의 완충용액으로 변경한 결과, B의 해리가 억제되고 전기영동 이동도가 크게 저하해 A와 B의 분리가 달성되었다.

또, 캐필러리 내 표면에 존재하는 실라놀기 pK_a값은 5~6정도여서 pH 4 이하의 산성 조건에서는 실라놀기는 거의 해리하지 않고, EOF가 중성, 염기성 조건 ($\sim 10^{-4}$ cm^2 V^{-1} s^{-1}오더)과 비교하고 1/5~1/10정도($\sim 10^{-5}$ cm^2 V^{-1} s^{-1}오더)까지 억제된다. 양이온성 시료의 CE분석 시 EOF속도가 빨라서 분리 전에 검출될 경우에는 EOF억제 조건으로 분리가 개선되는 경우가 있다.

● 유기 용매의 첨가

수용성이 낮은(소수성이 높은)시료의 CZE분석 시, 분석 중에 석출된 시료 분자가 내표면에 붙어서 EOF의 불안과 캐필러리 폐색에 의한 재현성 저하를 초래하는 경우가 있다. 이러한 문제가 생길 경우 메탄올이나 아세토니트릴 등의 유기용매를 영동액에 첨가함으로써 시료의 용해성이 향상되고 분리성능 및 재현성이 개선될 수 있다.그러나 유기용매의 첨가는 전기 침투 이동도와 시료의 전기영동 이동도에도 영향을 준다는 점에 유의해야 한다.

이와 같이 캐필러리 내에 충전되는 용액의 최적화만으로 분리성능을 조정할 수 있다는 점은 CE의 큰 이점이다. 또한 캐필러리 내 공간의 부피는 수백 nL~수 μL 정도이며, 사용하는 시약량이나 사용 후 폐액량이 매우 적고(수 mL/day), 저비용인 점도, 실제분석에 유용하다.

(2) 시료 용액 조제

● EOF 마커 및 내부표준물질 첨가

원리에서도 설명한 바와 같이 외부에서 관찰할 수 있는 겉보기 속도는 EOF 속도와 시료의 전기영동 속도의 합이 된다. 캐필러리 내 표면과의 상호작용이 없는 중성 분자를 EOF 마커로서 시료 용액에 첨가하면 분석 결과로부터 EOF 속도 및 시료의 전기영동 속도를 각각 산출할 수 있다. EOF 마커로는 티오요소나 메탄올 등이 자주 이용되고 있다.

LC에서의 압력류와 달리 EOF 속도는 캐필러리 내 표면 상태에 좌우되기 때문에 측정 결과로 얻을 수 있는 피크에 대해 검출 시간으로 몇 %의 오차가 발생할 수 있다. 반면 시료의 전기영동 속도는 용액에 의존하므로 일정 조건에서의 측정이면 그 오차는 매우 작다. 따라서 EOF 마커와는 별도로 이온성 분자를 내부표준물질로 미리 첨가하고 EOF 마커와 내부표준물질 검출 시간을 이용하여 측정 시료의 피크 검출 시간을 보정하면 측정 오차를 최소화할 수 있다.

고체 시료로부터 시료 용액을 조제하는 경우에는 영동액을 이용하여 용해시키는 것이 일반적이다. 만일 시료 용액과 영동액의 조성이나 전기 전도도가 크게 다른 경우, 캐필러리 내의 시료 용액 존과 영동액 존 사이에 불균일한 전기장이 형성된다. 이때 시료 존의 왜곡이나 시료 확산이 발생하여 분리에 악영향을 미칠 수 있다(불균일 전기장을 이용한다. 전기영동 기술도 존재한다[1,2)]. 분리성능의 저하를 막기 위해서도 영동액과 시료용액의 조성이나 전기전도도는 가능한 한 동일하게 하는 것이 좋다.

용액시료의 CE분석 시 측정대상이 검출에 충분한 농도이면 영동액으로 10배 정도 희석한 후 분석하면 상기 용액의 미스매치로 인한 분리성능 저하를 최소화할 수 있다. 또한 혈액 등의 고형성분을 포함하는 시료의 경우 미리 필터링 등의 전처리를 하여 캐필러리 폐색의 원인이 될 수 있는 고형성분의 도입을 막는 것이 좋다. 또한, 유기용매가 미리 첨가된 영동액을 이용하여 소수성 시료를 용해시킬 경우, 잘 용해되지 못하는 경우가 종종 있다. 이럴 때에는 최종 농도를 계산한 후 유기용매에 용해시킨 소수성 시료를 영동액에 첨가하여 시료용액을 조제하는 것이 좋다.

필요한 시료용액량에 대하여 용액 리저버를 통해 캐필러리 내에 용액을 도입하는 CE 장치의 사양상 미량분석용 바이알을 이용하더라도 50~100 μL 정도는 필요하다.

5 단, CE분석 1회에 있어서 캐필러리 내에 도입되는 시료량은 수십 nL 정도로 극미량이기 때문에 측정마다 시료용액을 조제할 필요는 거의 없다.

5.4.2 캐필러리

(1) 캐필러리의 선택

많은 CE 분석에서는 시판되고 있는 내표면 미처리 용융 실리카 캐필러리를 이용하면 문제가 없다. 그러나 일부 시료에서는 분석시 문제가 생길 수 있다. 예를 들어 단백질 분석 시 미처리 용융 실리카 캐필러리를 이용하면 내표면에 단백질의 비특이적 흡착이 생겨 분리 성능 및 재현성이 저하되는 경우가 있다. 이러한 시료를 분석할 때는 친수성·중성 폴리머로 내표면 수식된 캐필러리를 이용하면, 비특이적 흡착 억제에 의한 분석 결과가 개선되는 경우가 있다. 수식 캐필러리는 미처리 캐필러리와 비교해서 비싼 것이고, 측정 시료에 맞춰서 구분하여 사용하는 것이 좋다.

(2) 캐필러리의 길이 조정

CE분석에 이용하기 위해서는 실험 조건과 측정 장치에 맞추어 캐필러리의 길이 및 검출창의 위치를 설정할 필요가 있다. 긴 캐필러리를 끊고 길이를 조정할 때는 전용 캐필러리 컷터를 이용하는 것이 바람직하다. 전용 칼이 없다면, 범용 유리 커터와 날카로운 세라믹스 단면을 이용하여 모세관을 가볍게 손상시키고, 거기서 접듯이 절단해도 좋다. 절단면이 크게 왜곡되면 분산에 악영향을 미치는 경우가 있으므로, 되도록 깨끗이 절단하는 것이 중요하다. 또, 회사에서 시판되고 있는 CE분석용 캐필러리 킷트에는 길이 조정 없이, 그냥 CE분석에 이용할 수 있는 것도 있다.

(3) 검출창의 제작(광학 검출 시)

캐필러리 길이가 정해지면, 다음에 검출창을 연다. 앞에서도 보았듯이, 시판의 용융 실리카 캐릴러리는 폴리이미드 피복된 상태에서 시판되고 있어 그대로는 온 캐필러리에서 광학 검출에 이용할 수 없다. 그래서, 일부의 피복을 박리하고, 검출창을 열어야 한다. 커터칼 등 흉기로 물리적으로 분리시키는 방법이나, 버너·라이터 등을 이용하여 연소·분리시키는 방법, 뜨거운 진한 황산을 이용하여 화학적으로 박리하는 방법 등이 있는데, 각각 일장일단이 있고 필요 최소한의 검출창을 열려면 다소의 숙달이 필요하다.

한편, 다소 고가이기는 하지만, 검출창이 미리 열린 캐필러리도 시판되고 있다. 어느 경우든 피복이 벗겨진 부위는 매우 취약하기 때문에 검출창 제작 후의 캐필러리의 취급에는 주의가 필요하다. 또한 오프 캐필러리에서 검출되는 질량 분석 장치를 이용하는 경우나 온 캐필러리에서도 피복을 벗기지 않고 측정 가능한 비접촉형 전기 전도도 검출기를 이용하는 경우에는 검출창 제작이 불필요하다.

[예] 검출기에 맞추어 잘라낸 캐필러리(전체길이 40 cm)의 한쪽 말단측으로부터 10 cm의 위치를 검출부위(유효 분리 길이 30 cm)로서 마커로 1~2 mm의 표시를 했다(검출기에 맞추어 조정). 검출부위의 전후를 알루미늄박으로 보호하고 버너(또는 라이터)의 불꽃신단부에서 캐필러리가 적열할 때까지 가열했다. 방냉 후 알루미늄박을 제거한 후 탄화된 폴리이미드 피복을 알코올 세척에 의해 제거하자 투명한 용융 실리카 캐필러리 본체가 노출되었다.

5

캐필러리 내 공간은 그 내경(=광로길이)이 50~100 μm로 매우 짧다. 따라서 검출창을 통해 내공간에 정확하게 입사광을 조사하고 투과광을 검출하기 위해서는 정밀한 광축조정이 필요하다. 그래서 대부분의 시판장치에는 검출창의 위치를 고정하기 위한 카트리지가 부속되어 있다. 이들 장치에서는 분리용 캐필러리를 카트리지에 세팅한 후 카트리지를 본체의 광학검출 유닛에 삽입하는 것만으로 어려운 광축조정이 생략 가능해진다. 또, 짧은 광로의 길이에 기인하는 낮은 농도 감도가 종종 문제가 될 수 있다. 본 장에서는 소개하지 않지만, CE에서는 온라인 시료 농축을 통한 농도 감도의 개선이 가능하다. 이들 응용 기법의 원리와 방법에 대해서는 참고 문헌 1에 있다.

5.4.3 모세관의 세정 · 컨디셔닝

(1) 모세관의 세척

구입 직후의 모세관 내 표면 상태는 미지이며, 그냥 CE분석에 이용하면, 불안정한 EOF, 내표면 오염에 의한 계의 혼란이 일어나며 CE분석의 재현성 큰 영향을 미칠 수 있다. 그러므로 모세관의 세정 및 조절은 CE분석 전 준비로 매우 중요하다. 세정 순서·방법도 시료, 실험 조건에 의해서 조정할 필요가 있는데, 여기에서는 일반적으로 행해지고 있는 세정 조작을 소개한다.

- 유기 용매(메탄올, 아세톤 등)을 이용한 유기물 오염 세정
  소수성 상호 작용에 의해서 비특이적 흡착하는 분자를 제거한다.
- 산성 용액(0.1 M 염산 수용액 등)을 이용한 세정
  산성 조건으로 용해하기 쉬운 분자를 제거한다. 또, 캐필러리 내표면에 존재하는 실라놀기 증발을 억제함으로써, 정전기 상호 작용에 의해서 흡착한 분자를 제거한다.
- 염기성 용액(0.1 M 수산화나트륨 수용액 등)을 이용한 세정·내표면 활성화
  염기성 조건에서 용해가 쉬운 분자를 제거한다. 또, 실라놀기의 해리를 촉진하고, 그 후의 CE 분석 조건에서의 EOF의 안정화를 도모한다.

상기 세정 조작은 탈착 후 분자의 재흡착을 막기 위해, 그리고 항상 세정용액을 신선

하게 유지하기 위해 통액 상태로 하는 것이 바람직하다. 단, 통액 시간이나 조건은 실제 측정에 맞춰 조정되어야 한다.

또한, 캐필러리 내의 세정 용액의 혼합을 피하기 위해 각 조작 사이에 탈이온수 세척을 하는 것이 바람직하다. 통액·세정을 수조작으로 할 경우 시판되는 시린지 및 시린지 펌프를 이용하면 좋다. 이때 캐필러리와 주사기를 접속하는 수단으로서 폴리테트라플루오로에틸렌(PTFE) 튜브(내경 300~350 μm) 등을 이용하면 편리하다. CE 장치를 이용하여 세척할 경우 송액 프로그램을 이용한 자동 세정이 가능하다. CE 장치를 이용한 세정 조작의 일례를 나타낸다.

5

> [예] 검출창 제작 후의 캐필러리를 카트리지에 고정 후, CE 장치에 설치하여 아래의 세정 조작을 실시했다.
> (1) 메탄올 통액(50 mbar, 10 min) 후 탈이온수 세척 900 mbar, 1 min)
> (2) 0.1 M 염산수용액 통액(50 mbar, 10 min)후 탈이온수 세정(이상)
> (3) 0.1 M 수산화나트륨 수용액 통액(50 mbar, 10 min) 후 탈이온수 세정(상동)

덧붙여 상기는 어디까지나 일례이다. 예를 들어 산성 조건에서 CZE 분석을 실시할 경우, 상기 절차의 (2), (3)번째를 교체하는 등 실제 실험 조건에 맞추어 적절히 변경하는 것이 좋다. 또한 시판되는 수식 캐필러리를 이용하면 내부 표면 수식이 벗겨지지 않도록 사양서에 기재된 절차를 따르는 것이 좋다.

(2) 캐필러리의 컨디셔닝

이러한 세정 조작 후, 실제로 측정에 사용되는 영동액으로 캐필러리의 컨디셔닝이 이루어진다. 영동액의 통액 상태를 15~30분 정도 유지하고 캐필러리 내표면을 분석 조건에 미리 순응시킴으로써 이후의 CE 분석의 재현성이 향상된다.

5.4.4 실험 조건 설정

본 항에서는 일반적인 구성의 CE 장치(검출: 자외 가시 흡광)를 이용한 분석을 실시할 때의 실험 순서나 주의점에 대해 간단히 소개한다.

(1) 측정 준비

세척된 캐필러리를 장치에 설치한 후 매회 측정조건을 갖추기 위해 측정마다 영동액을 이용하여 세척 컨디셔닝한다. 검출시간이 안정되지 않거나 서서히 느려지는 등의 문제가 생겼을 경우에는 염기성 용액 세정이나 유기 용매 세정 등의 조작을 간략화하여 매 측정 전에 하면 된다.

> [예] 캐필러리 세척 및 컨디셔닝
> (1) 영동액 컨디셔닝(50 mbar,min)

[예] 캐필러리 세정 및 컨디셔닝(세정 있음)
(1) 메탄올 통액(50 mbar, 5 min) 후 탈이온 물세척(> 900 mbar, 1 min)
(2) 0.1 M 염산수용액 통액(50 mbar, 5 min) 후 탈이온수 세척(상동)
(3) 0.1 M 수산화나트륨 수용액 통액(50 mbar, 5 min) 후 탈이온수 세척(상동)
(4) 영동액 컨디셔닝(50 mbar, min)

(2) 시료 용액 도입

시료용액을 캐필러리 내에 도입하는 방법은 크게 3종류가 있다.

① 압력 주입법

시료 용액 리저버에 일정 압력을 일정 시간 가하고 시료 용액을 짧은 플러그로서 캐필러리에 도입한다. 시판 CE 장치의 대부분에 압력 펌프가 장착되어 있어 간단한 프로그램으로 정확한 부피의 시료를 도입할 수 있다.

② 전기적 주입법

캐필러리의 시료 도입부측 말단을 시료용액 리저버에, 검출부측 말단을 폐액(영동액) 리저버에, 각각 침지하여 전압을 일정시간 인가하고, EOF 또는 시료의 전기영동에 의해 캐필러리 내에 도입한다. 압력 주입의 경우와 달리 시료 용액 구성이 전기영동에 의해 변화한다는 점에 유의할 필요가 있다.

③ 낙차법

압력펌프를 이용할 수 없는 자체 제작 CE장치나 일부 시판 CE장치에서는 낙차법이 이용되고 있다. 캐필러리의 시료 도입부측 말단을 시료용액 리저버에, 검출부측 말단을 폐액(영동액) 리저버에 각각 침지한 후 시료 도입부측의 리저버를 일정 높이·일정시간 들어올렸을 때 두 리저버간의 액면 높이 차이에 의해 발생하는 압력을 이용하여 시료용액을 주입한다.

[예] 압력주입(50 mbar, 5 s), 전기적 주입(5 kV, 5 s), 낙차법(10 cm, 30 s) 등

(3) 분리 시의 인가 전압

전기영동 분리의 구동력이 되는 전기장을 캐필러리 내에 형성하기 위해 캐필러리 양단에 영동액 바이얼을 통해 전압을 인가한다. 일반적인 CE 장치에서는 플러스 마이너스 20~30 kV까지의 고전압을 인가할 수 있다. 다만 전류값이 100 μA를 넘을 경우 발생하는 주울열에 의한 피크의 브로드화가 발생할 수 있으므로, 이 경우에는 영동액의 염 농도를 낮추거나 유기염계 완충액을 이용하는 등의 연구가 필요하다.

(4) 측정 시간

CE에서의 측정시간(영동시간)은 전압인가 개시를 0으로 계측하는 것이 일반적이다. 프로그램에 의한 전자동 측정 시에는 설정한 측정시간 종료 후에 다음 측정준비에 들어가기 때문에 측정대상이 검출되는 데 충분하고 군더더기 없는 측정시간을 설정할 필요가 있다. 예비실험을 실시하고 측정대상의 영동시간을 미리 확인해 두면 자동 연속측정 시 효율적인 CE분석 프로그램을 설정할 수 있다.

(5) 검출 조건

5

자외 가시 흡광 검출의 경우 측정 대상의 흡수 스펙트럼에 맞추어 측정 파장을 선택·설정할 필요가 있다. 또한 포토다이오드어레이형 검출기가 장착되어 있는 장치라면 흡수 스펙트럼의 경시 변화도 측정할 수 있다. 따라서 미리 측정 대상의 흡수 스펙트럼을 측정했다면 분리된 피크의 스펙트럼 형상으로부터 물질 동정이 어느 정도 가능해진다.

5.4.5 실험결과와 해석법

전술한 바와 같이 CZE에 의해 얻어지는 일렉트로페로그램은 LC에서의 분석결과인 크로마토그램과 비슷해진다. 따라서 일반적으로 LC와 같은 해석법에 의해 분리성능에 관한 영동시간, 분리도·단수 등의 파라미터, 그리고 정량분석에 관한 피크강도·피크면적 등의 파라미터가 산출된다. 이하 그림 5.8을 참고로 각 파라미터의 해석법에 대해 간략히 소개한다.

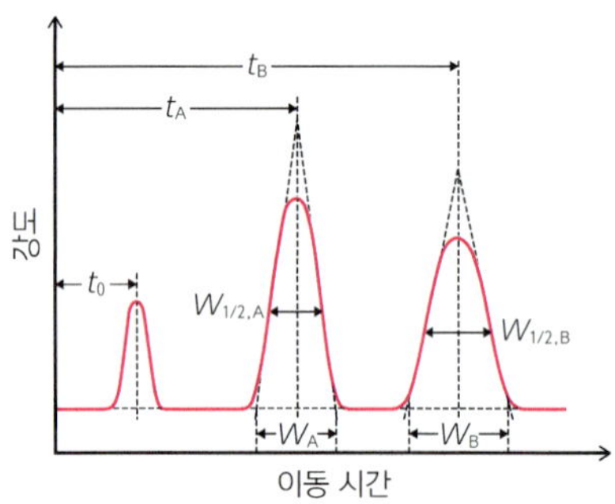

그림 5.8 혼합시료의 CE 분리 모식도
t_0 : EOF 마커의 영동시간
t : 측정 시료의 영동 시간
W : 베이스라인에서의 피크 폭
$W_{1/2}$: 피크 반값에서의 전폭

- 단수 N과 단 높이 H

단수와 단 높이는 원래 크로마토그래피에서 단 이론에 기초한 분리 성능을 나타내는 파라미터인데, CE에서도 동일하게 적용할 수 있다. 이때 각각의 파라미터는 아래와 같은 식으로 나타난다.

$$N = 16\left(\frac{t}{W}\right)^2 \tag{5.10}$$

여기서, t는 영동시간, W는 베이스라인에서의 피크 폭이다. 또한 CE분석 결과로부터 얻을 수 있는 피크는 매우 좁아 W 산출이 어려운 경우도 있다. 이러한 경우 피크 반값 전폭($W_{1/2,\,A}$, $W_{1/2,\,B}$)을 이용하여 계산하면 된다.

$$N = 5.54\left(\frac{t}{W_{1/2}}\right)^2 \tag{5.11}$$

일반적으로 '단수가 크다=피크 폭이 상대적으로 좁다'는 것을 나타내므로, 그 분리계에서의 분리성능은 높게 된다. CE는 그 단수가 수 만~수 십만 단으로 매우 높은 분리성능을 나타내는 분리분석법이다. 또한, 단 높이는 다음과 같은 식으로 계산된다.

$$H = L_{\mathrm{eff}} / N \tag{5.12}$$

단수와는 반대로 단 높이는 작을수록 그 계의 분리 성능이 높다는 것을 나타낸다.

● 분리도 Rs

분리도란 검출된 두 피크가 얼마나 분리되어 있는지를 나타내는 척도이다. 일반적인 LC와 마찬가지로 분리노는 다음과 같은 식으로 산출된다.

$$R_{\mathrm{S}} = \frac{2(t_{\mathrm{B}} - t_{\mathrm{A}})}{W_{\mathrm{A}} + W_{\mathrm{B}}} \tag{5.13}$$

또, 단수와 마찬가지로, $W_{1/2}$를 이용하여 아래와 같이 산출할 수 있다.

$$R_{\mathrm{S}} = \frac{1.18(t_{\mathrm{B}} - t_{\mathrm{A}})}{W_{1/2,\ \mathrm{A}} + W_{1/2,\ \mathrm{B}}} \tag{5.14}$$

분리도의 값에 대해서, R_{S} 1.0에서는 두 피크의 중첩은 약 4%, $R_{\mathrm{S}} = 1.5$에서는 0.3%가 된다. 일반적으로는 $R_{\mathrm{S}} > 1.5$가 완전 분리의 기준으로 이용된다. 이들 파라미터를 바탕으로 실험조건을 최적화하면 복잡한 혼합시료에 대해서도 단시간·고분리 가능한 분리분석이 실현 가능하다. 다만, 모든 시료가 일정한 유속으로 검출장치를 통과하는 LC와는 달리 검출시간이 다른(=영동 속도가 다른) 피크의 폭이나 면적을 CZE에서는 직접 비교할 수 없다는 점에 유의할 필요가 있다.

5.5 끝에

본장에서는 최근 크게 발전해 온 CE에 대해 이온성 시료의 CZE로 좁혀 해설해 왔다. 한편, 본장에서는 자세히 언급하지 않은 '동전 크로마토그래피', '어피니티 CE', '전기 크로마토그래피' 등 다른 분리 모드를 적용하면 중성 시료나 복잡한 생체유래 분자, 광학 이성체 등의 분리도 가능해진다. 또한 최근에는 평판 내에 제작된 미소유로를 이용하여 전기영동 분석을 실시하는 마이크로칩 전기영동에 대해서도 많은 장치가 시판되고 있으며, 종래의 분리 분석법으로는 매우 어려운 수 μL 오더로의 신속 분리 분석도 가능하게 되었다. 향후 CE는 극미량의 생체 시료에 대한 분리 분석법으로서 중요한 역할을 담당할 것으로 기대된다.

【참고 문헌】

1) 本田進, 寺部茂編, 『キャピラリー電気泳動 基礎と実際』, 講談社サイエンティフィク (1995).
2) 北川文彦, 大塚浩二著, 『分析化学実技シリーズ 機器分析編・11 電気泳動分析』, 共立出版 (2010).
3) D. D. Perrin, B. Dempsey著, 辻啓一訳, 「緩衝液の選択と応用 水素イオン・金属イオン」, 講談社サイエンティフィク (1981).
4) 北森武彦, 馬場嘉信, 藤田博之, 庄子習一編, 『マイクロ化学チップの技術と応用』, 丸善出版 (2004).

6 겔 전기영동

6.1 처음에

아가로스나 폴리아크릴아미드 등의 고분자 폴리머를 이용하여 수용성 고분자를 분리하는 방법은 겔 전기영동이라 불리며, 특정 단백질의 분리 및 농도나 분자량 추정, DNA 단편 분리, PCR 산물의 체크 등에 이용되고 있다. 겔 전기영동에서는 영동조와 전원장치가 있으면 수 μL의 시료를 분석할 수 있고, 그 안에 포함되어 있는 성분이 pg~ng의 미량으로도 검출될 수 있다. 단백질 검출은 원하는 검출 민감도에 따라 색소 염색법과 은 염색법을 선택할 수 있다. 핵산(DNA, RNA)은 변이원성이 있어 취급에는 주의가 필요하지만 에티듐브로마이드(EtBr)와 같은 형광성 시약을 이용하여 용이하게 검출할 수 있다. 다만 형광 검출에는 자외선이나 청색 LED와 같은 형광물질에 적합한 여기광원과 암상자 차광할 수 있는 상자) 또는 암실, 그리고 카메라가 필요하다(그림 6.1).

또한 전기영동 후의 겔 중의 분리성분을 PVDF막(Poly Vinylidene Di-Fluoride)이나 니트로셀룰로오스막 등에 베끼는 블로팅이라는 방법이 있다. 이 수법에 의해 핵산의 경우는 막상에 찍힌 특정 배열을 그 상보쇄를 이용하여 검출할 수 있고, 단백질의 경우는 어떤 특정 단백질의 발현을 항체를 이용하여 특이적으로 검출할 수 있다. 이와 같이 미량이라도 해석할 수 있는 겔 전기영동은 블로팅과의 병용으로 생체 고분자의 해석에 필수적인 방법이 되고 있다.

6.2 겔 전기영동의 역사와 분리원리

6.2.1 겔 전기영동법 개요

용액 중의 하전물질이 직류의 전기장 아래에서 그들이 가진 전하에 따라 양극 또

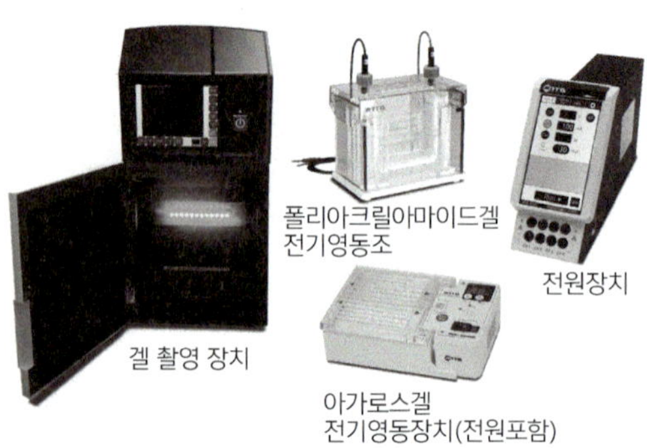

그림 6.1 겔 촬영 장치(왼쪽)와 일반적인 겔 전기영동 장치(오른쪽)
겔 촬영 장치에는 백색 광원과 형광 촬영용 여기 광원 및 장시간 노광을 할 수 있는 카메라가 내장되어 있다.

는 음극을 향해 이동하는 현상을 전기영동이라고 부른다. 이때의 이동속도가 전기영동 이동도(이동도)이며, 특정 조건하에서는 물질에 의해 고유한 값을 가진다. 핵산(DNA, RNA)은 인산기에 의해 균질적인 전하밀도를 가지며, 용액 중에서는 크기(분자량)에 관계없이 거의 동일한 이동도를 나타내기 때문에 전기영동에 의한 분리가 불가능하다. 그러나 겔을 이용하면 작은 DNA 단편은 빠르게 이동하고, 큰 단편일수록 겔의 분자체 효과로 인해 이동하기 어려워지기 때문에 분자량의 차이로 인해 분리될 수 있게 된다.

DNA 조각의 분자량의 로그와 상대적인 이동도 사이에는 특정한 범위에서 직선 관계를 얻을 수 있다. 따라서 전기영동을 한다면 분리하려는 DNA 분자량에 적합한 농도의 아가로스겔이나 폴리아크릴아미드겔을 제조하면 된다. DNA의 겔 전기영동은 제한효소의 발견 이후 급속히 보급되어 왔지만, 단백질인 겔 전기영동이 그 기반이 되었다.

6

6.2.2 겔 전기영동법의 역사

단백질의 전기영동은 스웨덴 웁살라 대학의 Tiselius의 1930년대 연구로 거슬러 올라간다. 1937년에 Tiselius는 겔을 이용하지 않는 자유 경계 전기영동법으로 혈청 속의 알부민과 α, β, γ글로불린의 분리에 성공하였다. 또한 한천 겔 전기영동을 하고 있었다는 Tiselius의 1929년 노트는 발견되었으나, 겔 전기영동이 자주 등장하게 되는 것은 1960년대에 이르러서이다.

오늘날 자주 이용되는 단백질의 분리 분석법에는 단백질이 가진 고유의 전하를 이용하여 분리하는 것과 단백질의 크기로 분리하는 것이 있다. 전자의 대표적인 방법으로는 분자체 효과가 적은 겔을 이용하는 등전점 전기영동이 있으며(자세한 것은 6.7절 참조), 후자는 겔의 분사제 효과를 이용하는 SDS-폴리아크릴아미드겔 전기영동(Sodium) Dodecyl Sulfate-Poly Acrylamide Gel Electrophoresis, SDS-PAGE)가 있다(6.3절 참조). SDS는 도데실황산나트륨 또는 라우릴황산나트륨이라 불리는 친숙한 음이온성 세제(계면활성제)이다. SDS의 계면활성제로서의 기능을 이용하면 물에 잘 녹지 않는 소수성 막단백질이나 리포단백질이라도 SDS가 결합된 콤플렉스(미셀)를 형성하기 때문에 용이하게 가용화할 수 있다. SDS-PAGE 실험에서는 1970년 라임리의 논문이 자주 인용되었다.

새로운 디스크 전기영동법(유리관 내에 조제된 원기둥 모양의 겔을 이용한 전기영동)에 관한 논문인데, 분리결과를 나타낸 사진 옆에 불과 16행의 프로토콜이 기재되었을 뿐인 간단한 것이다. 그때까지 디스크 전기영동이라고 하면 Ornstein과 Davis 두 논문[2,3]을 가리키고 있었다. 이들은 단백질의 폴리아크릴아미드겔 전기영동법의 원리와 기법을 해설한 것으로 SDS는 사용되지 않는다. Ornstein이 시료겔과 농축겔(2-아미노-2-하이드록시메틸-1,3-프로판디올(이하 트리스로 줄임)-염산 / pH 6.7) 중에서의 단백질 시료의 농축과 분리겔(트리스-염산 / pH 8.9) 중에서의 단백질 분리에 관한 이론을 제창하여 Davis가 실제로 전기영동장치를 제작하여 혈청 단백질이 선명하게 분리될 수 있음을 실증하였다.

6.2.3 폴리아크릴아미드겔 전기영동 분리 원리

Ornstein과 Davis에 의해 보고된 겔 전기영동에 의한 단백질의 분리에 관한 원리를 그림 6.2에 간단히 제시하였다. 단백질 시료는 시료 겔과 함께 겔화되어 제조된다. 시료 겔과 농축 겔에는 분자체 효과가 없고 겔과 전극 완충액에 포함된 양이온의 트리스 이온은 농도가 다르지만 분리에는 직접 관계하지 않는다. 전기영동 중에 양극으로 이동하는 것은 겔 내의 염소 이온과 전극 완충액 내의 글리신이다. 글리신은 양성 전해질(산해리 상수 pK_2 = 9.58) 때문에 주위가 알칼리성이 되면 음으로 하전되어 글리시네이트이온이 되고 양극으로 이동하게 된다.

전기영동을 시작하면 먼저 겔 안의 염소이온이 양극을 향해 이동한다. 겔의 주성분인 트리스를 중화하던 염소 이온이 빠지기 때문에 결과적으로 겔의 pH가 상승한다. 겔의 pH가 8 이상이 되면 혈청 단백질 대부분이 양극으로 영동되기 시작한다. 겔의 pH가 더 상승하여 글리신의 pK_2 전후가 되면 전극 완충액 중의 글리신이 음으로 하전되어 글리시네이트이온이 되고 단백질의 뒤를 따르도록 양극으로의 이동을 개시한다.

한편, 염소이온이 빠진 부분의 겔의 저항값은 높아지고 전압이 상승하며 단백질의 이동속도는 빨라지지만 전방의 염소이온보다 앞으로는 이동할 수 없다. 그 결과, 시료겔과 농축겔 중의 단백질은 염소이온과 글리시네이트이온 사이에서 농축된다. 염소이온과 단

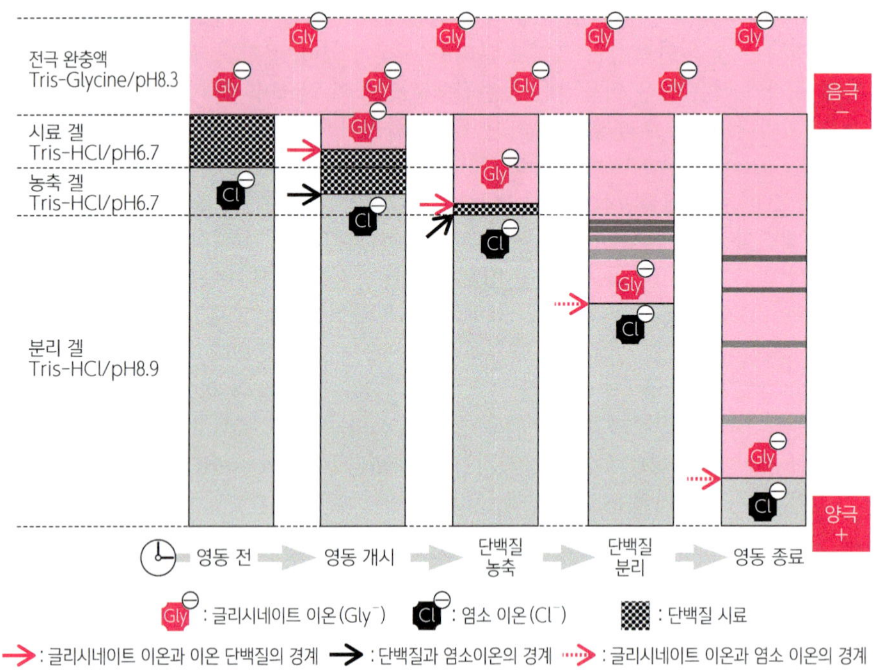

그림 6.2 단백질 농축과 분리 원리 모델도

시료는 시료 겔 내에 겔화되어 있다. 전기가 통하기 시작하면 단백질은 농축되고 분리겔에 들어가면 분자량이 큰 것에서 작은 것으로 분리된다.

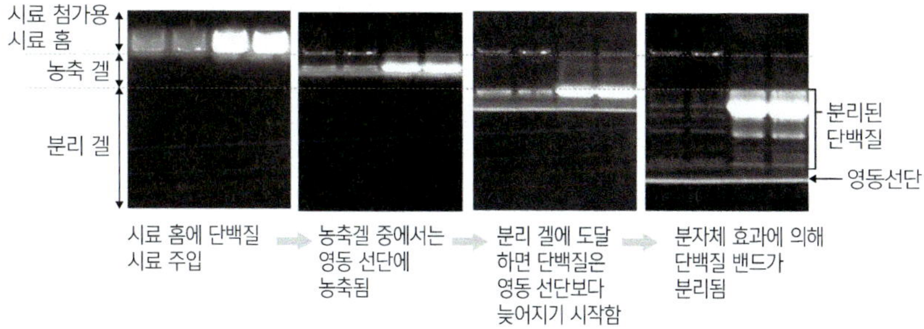

그림 6.3 형광표지 단백질의 Lammli법에 따른 SDS-PAGE
시료 왼쪽 2레인: 분자량 마커, 오른쪽 2레인: 혈청 단백질, 형광 표지제: EzLabel Fluoro Neo.

백질의 이동경계(영동선단)는 단백질보다 이동도가 빠른 브로모페놀블루(BPB) 등의 산성색소에 의해 색소라인으로 육안으로 볼 수 있다. 단백질이 분리겔에 도달하면 여기서 처음으로 겔의 분자체 효과에 의한 분리가 시작된다.

겔의 분자구조는 그물망 모양으로 되어 있어 고분자 단백질일수록 겔의 그물망을 쉽게 빠져나가지 못해 이동도가 작아지며 그물망을 자유자재로 빠져나갈 수 있는 글리시네이트 이온에 추월당한다. 이와 같이 분리겔 중에서는 용액 중 단백질의 전하 이동도)와 크기(분자량)의 두 요소에 의해 분리가 시작된다(이른바 Native-PAGE). 전술한 Lammli의 SDS-PAGE는 이 Ornstein과 Davis의 방법에 SDS를 첨가한 전기영동법이다. SDS-PAGE에서는 단백질은 DS(도데실황산) 이온과 글리시네이트 이온 사이에 농축된다.

음이온성 계면활성제 SDS가 1.2~1.5 : 1의 비율로 결합한 단백질은 마이너스 전하 밀도를 골고루 가지게 된다. 그래서 단백질의 고유 전하에 관계없이, 분리겔이 가지는 분자체 효과로 크기(분자량)순으로 분리된다. 그림 6.3에 형광 시약으로 미리 표시된 분자량 마커와 혈청이 SDS-PAGE에서 전기영동하는 모습을 보였다. 빗 모양의 오목 부분에 첨가된 시료가 농축되어 분리겔로 분리되는 모습이 확인할 수 있다.

1967년에 Shapiro가 단백질의 분자량과 상대 이동도 사이에 상관이 있음을 시사하고 이어 1969년에는 Weber와 Osborn에 의한 10,000~70,000달톤의 37종류의 단백질은 분자량의 대수와 상대 이동도 사이에 직선 관계가 있고 이동성으로 추정되는 분자량은 실제의 분자량과 거의 차이가 없음이 제시되었다[5)]. 그래서 SDS-PAGE에서는 분자량 기지의 단백질(분자량 마커)과 함께 전기영동함으로써 미지의 단백질의 분자량을 쉽게 추정할 수 있다. 전기영동으로 얻는 단백질의 분자량 정보는 웨스턴 브롯팅(6.5절 참조) 단백질의 특정이나 발현 단백질 설계 등에 빼놓을 수 없는 유용한 정보이다.

6.3 폴리아크릴아미드겔 전기영동

인간의 몸은 60%가 수분, 약 20%가 단백질, 나머지가 지방과 미네랄, 탄수화물 등으로 되어 있다. 특히 단백질은 생명체의 구조를 형성, 호르몬이나 효소 면역 등의 대사 기능을 관장하는 중요한 성분이다. SDS-PAGE는 전술대로 단백질의 크기(분자량)의 차

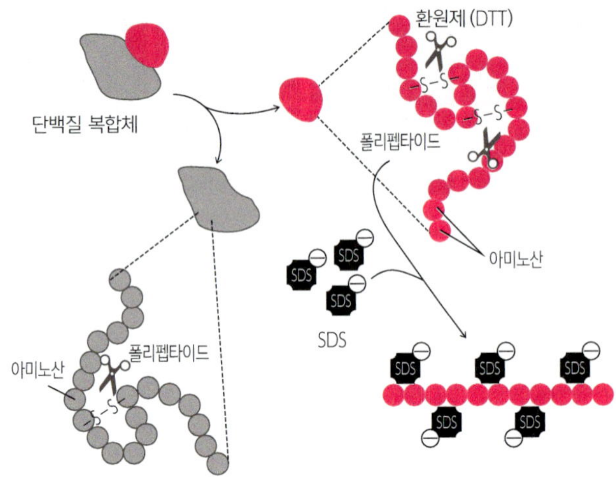

그림 6.4 단백질 전처리(모식도)
SDS와 환원제 처리에 의해 단백질 복합체가 괴리되어 펩타이드 사슬이 되고, S-S 결합이 절단되어 SDS가 부가되는 모습을 나타낸다.

이를 이용해서 전기로 분리하는 방법 중 하나이며, 그 간편함 때문에 자주 이용되고 있다. 단백질은 기본적으로 아미노산이 연결된 폴리펩타이드로 불리는 연쇄의 폴리머이다. 그러나 실제로는 아미노산이 디술피드 결합(S-S결합)등으로 결합하여 교차하고 복잡한 형상으로 인산화 및 당사슬 수식을 받는 것이나, 단백질끼리 결합되어 복합체를 형성하기도 하여 그대로는 해석이 어렵다(그림 6.4).

그래서 SDS-PAGE에서는 먼저 단백질의 복잡한 형상을 풀어 사슬 모양으로 만들기 위한 전처리(시료조제)를 수행한다. 음이온성 계면활성제(SDS)와 환원제(디티오트레이톨 등)와의 열처리에 의해 단백질 콤플렉스는 산산조각이 나고 사슬 모양의 폴리펩타이드로 변성되며 동시에 음전하의 SDS가 부가되어 음으로 하전된다(그림 6.4).

부로 충전한 단백질(펩타이드 사슬)을 폴리아크릴아미드 겔에 태우고 전기를 흘리자, 단백질은 겔 내부를 양극으로 향하여 이동한다. 작은 분자일수록 겔의 망상 내를 빠르게 이동할 수 있어, 결과적으로 겔상에서 하강하고 단백질은 분자량의 큰 것부터 작은 것으로 차례로 나란히 분리된다. 한편, 단백질을 변성시키지 않고 단백질 고유의 전하와 크기를 이용하고 전기영동을 하는 방법(Native-PAGE로 불린다)도 있다, 분산 원리는 앞에 기술한 Ornstein과 Davis의 전기영동이나 마찬가지다.

폴리아크릴아미드 겔은 아크릴아미드(모노머)와 N, N'-메틸렌 비스 아크릴아미드(비스)이 혼성 중합한 폴리머로 구성된 무색투명한 젤리 모양의 물질로, SDS PAGE에서는 두께 1 mm 안팎의 시트 상태로 만들어 사용한다. 중합 개시제로 과산화이황산나트륨(APS)와 N, N, N', N'-테트라메틸에틸렌디아민(TEMED)이 첨가되면 발생하는 라디칼에 의해 라디칼성 중합 반응 연쇄 반응이 개시되어, 중합한 아크릴아미드의 폴리머는 서비스 부분에서 분기해서 망사 구조의 겔이 된다. 아크릴아미드와 비스의 혼합비는 목적 단백질을 분화하는 분자량 범위에 따라 일반적으로 19:1, 29:1, 37.5:1의 용액이 사용된다. 비스의 양비가 많은 용액일수록 저분자측의, 또 적을수록 고분자측의 분획범위가 넓어진다.

다음으로, 가장 많이 사용되는 폴리아크릴아미드겔(Lammli법")의 제작 및 전기영동법을 간략히 소개한다.

6.4 폴리아크릴아미드겔 전기영동 실험 방법

6.4.1 기기·기구 등

이하가 필요하다.

- 겔 제작기(유리 플레이트, 코움, 스페이서 등)
- 전기영동 장치(상부 탱크, 하부조, 전극, 도선 등)
- 전원(300 V, 500 mA, 24 W 이상의 출력이 바람직하다)

6

6.4.2 전기영동 시료의 조제

이하의 순서로 시료를 조제한다.

① 40 μL의 시료에 10 μL의 시료조정용액(250 mM트리스-염산완충액(pH 6.8), 8% SDS, 0.1% 브로모페놀블루(BPB), 40% 글리세린, 100 mM 디티오트레이톨)(DTT)을 첨가하여 혼합한다.

② ①의 혼합액을 95℃에서 5분간 가열(혹은 끓는 물속에서 끓임)한다. 제작한 시료는 −20℃에서 보존할 수 있다.

6.4.3 겔 제작

아래와 같이 겔을 만든다.

① 겔을 제작하려면 아래의 시약이 필요하다. 겔 제작기의 조립 방법은 제조사에 따라 다르므로 생략한다. 30% 아크릴아미드/비스(29 : 1) : 29 g의 아크릴아미드와 1 g의 N,N'-메틸렌비스아크릴아미드를 증류수에 용해하여 100 mL로 한다. 아크릴아미드는 극물 지정약품이므로 취급에 주의한다.

- 농축겔 완충액 : 0.5 M 트리스-염산 완충액(pH 6.8)
- 분리겔 완충액 : 1.5 M 트리스-염산 완충액(pH 8.8)
- 10% APS: 0.1 g의 APS를 1 mL의 증류수에 용해한다. 사용시 조제
- TEMED(원액 그대로 사용함)

② 겔의 조성표(표 6.1)에 따라 분리겔과 농축겔의 겔 용액을 제작한다(APS와 TEMED 이외의 용액을 혼합한다). 겔 농도는 분획할 분자량 범위에 따라 선택한다.

③ ②의 분리겔 용액에 APS와 TEMED를 첨가하여 거품없이 혼합하고 유리 플레이트에 분리겔 용액을 흘려 넣는다. 계면을 흐트러뜨리지 않도록 소량의 증류수를 중층한다.

④ ③을 실온에서 30분 이상 정치하여 분리겔을 중합시킨다. 중합이 완료되면 겔의 계

면이 명료하게 보인다.

⑤ 종이 타월 등으로 증류수를 제거하고 APS와 TEMED를 첨가한 농축겔 용액을 분리겔 위에 중층한다.

⑥ 코움을 꽂아 실온에서 30분 이상 정지하여 중합시킨다. 제작한 겔은 장기 보존이 불가능하므로 당일 사용한다. 장기 보존이 가능한 전기영동용 프리캐스트 겔이 각 사에서 판매되고 있으므로 이를 이용해도 좋다.

표 6.1 분리겔 및 농축겔 조성표

	분리겔				농축겔
겔 농도	7.5%	10%	12.5%	15%	4.5%
분획범위	40~400 kDa	25~300 kDa	10~250 kDa	5~200 KDa	–
증류수	5 mL	4.2 mL	3.3 mL	2.5 mL	3 mL
30% 아크릴아미드·비스 혼합액	2.5 mL	3.3 mL	4.2 mL	5 mL	0.75 mL
겔 완충액	2.5 mL	2.5 mL	2.5 mL	2.5 mL	1.25 mL
10% APS	0.075 mL	0.05 mL	0.05 mL	0.05 mL	0.05 mL
TEMED	0.005 mL	0.005 mL	0.005 mL	0.005 mL	0.003 mL

미니겔 1매(85 × 90 × 1 mm 크기)당 필요한 용량을 나타낸다.

6

6.4.4 전기영동

이어서 전기영동 절차를 해설한다.

① 하부조에 영동 완충액(25 mM 트리스, 192 mM 글리신, 0.1% SDS)을 넣는다.

② 겔을 전기영동장치에 겔 하단에 공기가 들어가지 않도록 주의해서 세팅한다.

③ 코움을 빼고 상부조에 영동완충액을 넣고 레인당 5~10 μL의 시료 및 목적단백질의 분자량 범위에 적합한 분자량 마커를 시료홈에 넣는다(정제 단백질에서는 100 ng~1 μg/lane, 추출액에서는 1~50 μg/lane이 적당량).

④ 150 V의 정전압으로 통전을 시작하고, BPB 색소(영동선단)가 겔 하단에 도달하면 통전을 종료한다(60~80분간).

6.4.5 겔염색(쿠마시 브릴리언트 블루(CBB)염색법)

본 항에서 설명하는 CBB 염색법은 저렴하고 간편한 방법으로 정량적으로 염색되기 때문에(1 ng~100 ng), 가장 많이 사용된다. 이외에 고감도(100 pg~1 ng)인 은염색법이나 형광염색법, 단백질 이외가 염색되는 네거티브 염색법 등이 있다.

① 염색액(0.25% CBB, 40% 메탄올, 10% 아세트산)을 용기에 붓고 전기영동 직후의 겔을 담가 실온에서 6시간~1밤 흔들며 염색한다.

② 염색액을 폐기하고 겔을 증류수로 가볍게 헹군 다음 충분히 양의 탈색액(40% 메탄올, 10% 아세트산)을 첨가하여 4~6시간 이상 탈색한다.

③ 탈색 후 겔은 겔 촬영 장치나 스캐너로 이미지를 수집하여 데이터를 저장한다.

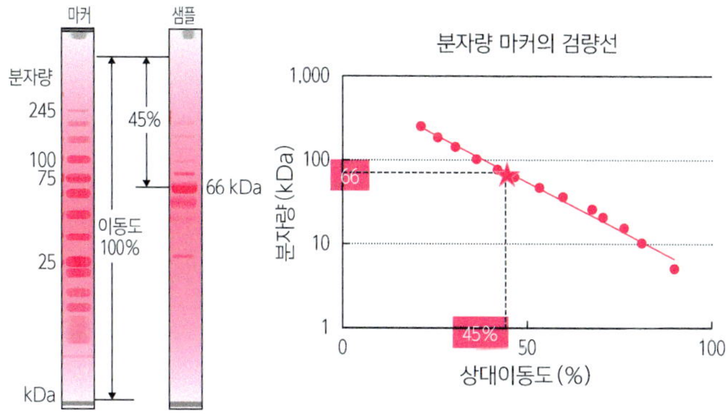

그림 6.5 분자량 추정

분자량 마커의 각 밴드 이동도로 목적 단백질의 분자량을 추정할 수 있다.

6.4.6 분자량 및 정량해석

겔 화상에서는 화상해석 소프트에 의해 목적단백질의 분자량 추정이나 정량해석 등이 가능하다. 우선 분자량 마커 각 밴드의 분자량을 Y축(대수)으로, 분리겔 내의 상대이동도를 X축으로 플롯하여 검량선을 작성한다. 이 검량선을 이용하면 목적 단백질의 상대이동도에서 분자량을 추정할 수 있다(그림 6.5). 또한 목적 단백질의 밴드의 농도 비교를 통해 단백질량을 상대적으로 평가할 수 있다.

6.5 웨스턴 블로팅

6.5.1 웨스턴 블로팅 개요

웨스턴 블로팅은 시료 중에 포함된 특정 단백질 질량을 조사하는 방법 중 하나이다. 목적 단백질의 밴드를 발광 반응을 촉매하는 효소나 형광 물질이 표지된 항체와의 항원 항체 반응을 이용하여 검출한다. 항체는 특이성이 매우 높으므로 다른 단백질과는 반응하지 않는다. 예를 들어 인플루엔자 백신을 맞았음에도 불구하고, 독감에 걸릴 수 있는데, 이는 백신의 바이러스형에 대한 항체가 생겨도 다른 형태의 인플루엔자 바이러스에는 효과가 없기 때문이다. 웨스턴 블로팅은 먼저 전기영동에 의해 분리된 단백질을 전기적으로 겔로부터 끌어내어 단백질에 흡착성이 높은 PVDF막 등에 베끼는 것으로 시작된다. 말하자면 겔로 분리된 밴드 패턴의 견고한 복사본을 만든다. 다음으로 막 표면에 다른 단백질(항체나 검출용 효소 포함)이 끈적끈적한 결합되지 않도록 블로킹 처리를 한다. 그 후 막과 목적 단백질에 대한 항체를 반응시키고 나아가 효소나 형광으로 표지된 항체를 사용하여 가시화한다(그림 6.6).

웨스턴 블로팅에는 전사 용액 중에 침지하는 탱크식과 보다 간편한 세미 드라이식이 있다. 여기서는 세미 드라이식 기법을 간단히 소개한다.

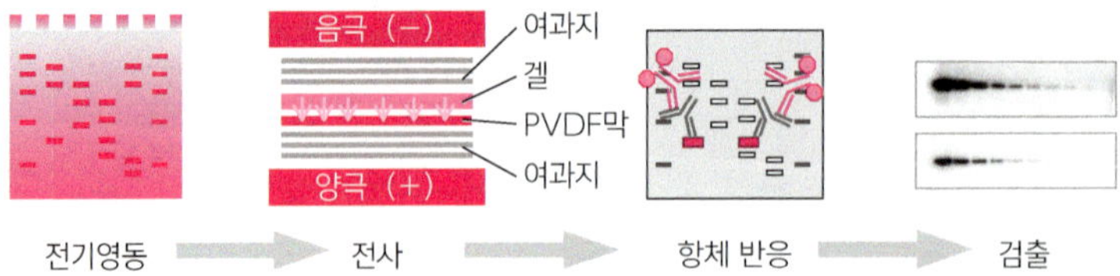

그림 6.6 웨스턴 블로팅의 흐름
전기영동으로 분리된 단백질은 전기적으로 당겨져 PVDF막에 전사된다(↓). 목적 단백질과 반응하는 항체와의 반응 후 효소 반응에 의한 발광으로 가시화된다.

6

6.5.2 웨스턴 블로팅 실험방법

(1) 기기·기구 등

- 세미 드라이식 블로터(상부전극, 하부전극, 리드선 등)
- 전원 (300 V, 500 mA, 24 W 이상 출력이 바람직함)
- PVDF막(혹은 니트로셀룰로오스막)
- 블로팅용 여과지(두껍고 튼튼한 것)

(2) 막으로의 전사

① 웨스턴 블로팅에는 다음과 같은 시약이 필요하다.
  - 전사 용액 A : 300 mM 트리스, 5% 메탄올
  - 전사 용액 B : 25 mM 트리스, 5% 메탄올
  - 전사 용액 C : 25 mM 트리스, 40 mM 6-아미노카프론산, 5% 메탄올
  - 세정액 : 0.01% Tween 20, 25 mM 트리스, 150 mM 염화나트륨, pH 7.4
  - 블록킹 용액: 3% 스킴밀크 함유 세정액
  - 항체(1차 항체, HRP표시 2차 항체)
  - 시판의 HRP검출 시약(발광 : 루미놀계, 발색 : 테토라메틸벤지딘 등)

② 직접 손을 대지 않도록 깨끗한 장갑을 착용하고, 겔 사이즈에 맞추어 PVDF막을 1장과 여과지를 6장(총 6 mm 이상의 두께로 되는 매수) 자른다. PVDF막은 오염과 단백질을 흡착하기 쉬우므로 취급에 주의한다.

③ PVDF막을 메탄올에 담그고 친수화 처리하고(5초), 전사 용액 B에 숙성하는 평형화 한다(30분 이상 진동. 니트로 섬유소막의 경우는 친수화 처리가 필요 없음).

④ 전기영동 후의 겔을 전사 용액 B로 세척하고 블롯터의 양극 측에 여과지 3장(전사 용액 C에 담가), PVDF막, 겔, 여과지 1장(전사 용액 B에 담가), 여과지 2장(전사 용액 A에 담그다) 순으로 공기가 들어가지 않도록 하다 공기는 전용 롤러(시험관을 굴려서 대용 가능)을 쓰고 밀어내기, 여과지, 막, 겔을 밀착시킨다(그림 6.6).

⑤ 블롯터를 조립하고 전원에 접속하고 12 V의 전압에서 30~60분 통전한다.

⑥ 전사 후의 PVDF막을 블로킹제에 숙성하고 실온에서 30분 진동한다.

⑦ 세정제로 희석한 1차 항체를 PVDF막을 실온에서 1시간 진동하고 반응시킨다.

⑧ 항체 용액을 버리고 PVDF막을 세척액에서 5분×3회 진동하고 세척한다.
⑨ 세정제로 희석한 HRP 표시 2차 항체와 PVDF막을 실온에서 1시간 진동하고 반응시킨다.
⑩ 항체 용액을 버리고 PVDF막을 세척액에서 5분×3회 진동하면서 세탁한다.
⑪ PVDF막을 HRP검출 시약에 숙성하고 반응시키고 발광 촬영 장치로 화상을 촬영한다.

6.6 등전점 전기영동

6.6.1 등전점 전기영동의 개요

단백질 펩타이드를 구성하는 아미노산은 아미노기($-NH_2$)과 카르복시기(−COOH) 등을 갖는 양성 전해질이며, 이들의 전하의 총합이 제로가 된 pH값을 등전점(Isoelectric Point, IP)고 한다(그림 6.7). 양성 전해질은 용해된 용액의 pH에 의한 정과 부의 전하수가 변하고 극성이 달라진다. pH 구배 중에 전기영동을 하면, 각 단백질은 고유의 전하에 따라 음극(−) 양극(+)에 이끌려 이동하고, 등전점에 도달하여 정과 음의 전하수가 같아지면 이동을 하지 않게 된다. 이와 같이 각 단백질 펩타이드 고유의 등전점을 이용하여 분리하는 방법을 등전점 전기영동이라고 한다.

pH 구배는 양성 담체(암포라이트)라는 물질을 이용하여 겔 중에 제작한다. 양성 담체에는 통전됨으로써 자유롭게 이동하여 pH 구배를 만드는 암포라인과 같은 것과 이모빌라인이라는 겔 제작 시 혼합하여 고정화된 pH 구배를 만드는 것(Immobilized pH Gradient, IPG법)이 있다. 겔에는 아가로스나 폴리아크릴아미느가 이용되는데 분자체(분자량)에 의한 분리요인을 배제하기 때문에 겔 농도를 낮추고 포아크기(세공지름)를 크게 한다.

등전점 전기영동 장치는 평판형과 세로형으로 나뉜다(그림 6.7). 평판형이 주를 이루는데, 이는 등전점 전기영동에서는 고전압의 부가에 의해 발열하고 겔 농도가 낮고 물리적 강도도 약하기 때문에 겔을 냉각판 위에 눕힌 상태에서 영동하기 때문이다. 등전

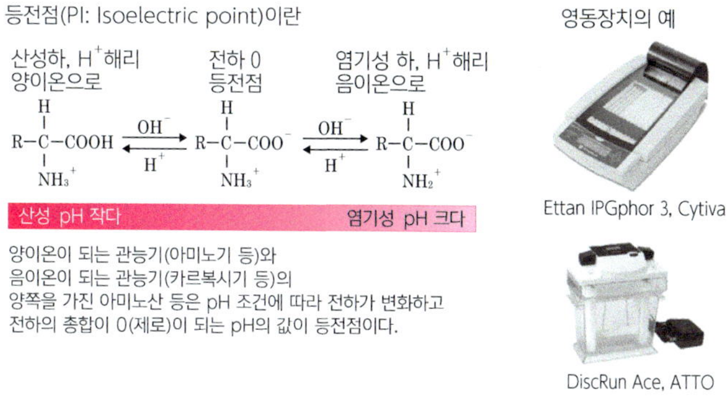

그림 6.7 단백질의 등전점과 등전점 전기영동장치

점 전기영동은 이론상 정과 음의 전하수가 거의 같아지는 상태가 된다. 즉 전류가 거의 흐르지 않는 상태에서 통전하므로 높은 전압이 필요하게 된다. 전원장치는 수 μA의 약간의 전류로도 출력할 수 있고 또한 고전압 출력을 할 수 있는 사양의 것을 준비한다. 세로형의 것은 유리관 안에 겔을 제작하는 디스크형이라고 하는 것이나 유리판에서의 직사각형형의 것이 있는데, 이들은 2차원 전기영동을 실시할 때의 1차원의 등전점 전기영동에 이용하는 것이 주를 이룬다. 겔은 pH 구배를 제작하는 암포라이트(암포라인, 이모빌라인 등)가 포함된 폴리아크릴아미드나 아가로스가 모두 이용된다. 모두 기성 겔이 판매된다.

6

6.6.2 등전점 전기영동 실험 방법

등전점 전기영동은 매우 정밀한 영동 방법이므로 시약이나 물 등은 순도가 높은 것을 준비한다. 전기영동용 시료는 충분히 용해되어 있는 것이 중요하다. 따라서 고형물로부터의 조제나 구조 단백질막 단백질과 같이 난용성 물질이 대상인 경우는 변성제나 계면활성제로 용해된다. 다만 등전점 전기영동의 경우는 이온의 존재가 영동 혼란의 요인이 되므로 전하를 가진 약제의 함유는 피한다. 예를 들어 계면활성제에서는 비이온성(Triton X-100)이나 양성인 것을 이용한다. 여기서는 기성품 겔을 이용한 평판형과 디스크형의 조작방법에 대해 설명한다. 겔을 제작할 경우 각 제품의 사용설명서를 참조하기 바란다.

(1) 평판형 등전점 전기영동

① 시약·기기 등

- 등전점 전기영동용 기성 겔(드라이 스트립 등)길이, pH 기울기 각종이 있다.
- 드라이 스트립 팽윤 용액
- 등전점(드라이 스트립)용 전기영동 장치
- 전원 장치(5000~10,000 V 정도의 출력 및 수 μA의 출력 가능한 사양): 전원 탑재형·영동 장치의 경우는 불필요함
- 냉각 장치 : 냉각 기능 탑재형 이동 장치의 경우는 불필요

② 샘플 조제·겔 준비

시료는 불필요한 것과 전하를 가진 이온성 물질이 포함되지 않은 것이 중요하다. 염, 산성 물질, 염기성 물질을 포함하지 말 것. 또, 드라이 스트립의 길이와 pH기울기나 방법으로 시료(단백질)의 첨가 양이 크게 변한다.

시료의 어플라이는 팽윤 용액과 혼합하여 드라이 슬립의 팽윤시에 포함시키는 방법이 일반적이다. 드라이 슬립의 길이나 pH 구배 범위는 단백질이나 분리 목적에 따라 선택한다.

- 팽윤용액의 예: 8 M Urea, 2% CHAPS, 0.5% IPGBuffer, 0.002% BPB, 7 mg/2.5 mL DT

스트립 홀더에 시료가 포함된 팽윤 용액을 넣고 드라이 슬립을 담근 후 10시간 이상 팽창시킨 후 통전을 시작한다.

③ 전기영동

통전 조건은 pH 구배나 스트립 길이로 다르지만, 주로 스타트 시에는 300~500 V의 낮은 전압으로 통전하다가 서서히 전압을 올려 최종적으로는 5000~10,000 V로 영동하고, 토탈 6~36시간 영동을 한다(드라이 슬립이 길면 시간이 소요된다). Ettan IPGphor3와 같은 장치에서는 팽윤시간·통전조건 온도 등을 프로그램할 수 있다.

④ 검출

영동 후에는 CBB염색으로 검출이 가능하다(6.4절 겔염색 참조).

영동 패턴은 등전점 순으로 나열되며, pH 구배는 거의 거리와 비례한다. 등전점 전기영동용 마커 밴드와 비교하여 목적 밴드의 등전점을 구하면 보다 알기 쉽다.

(2) 세로형(디스크겔) 등전점 전기영동

① 기기, 기구, 시약 등

- 등전점 전기영동용 기성 디스크겔(아가겔 등)
- 전극액 : 양극은 10 mM 인산용액, 음극은 0.2 M NaOH
- 중층액 : 2 M 요소
- 등전점용 전기영동장치(디스크겔용)
- 전원 장치 : 300 V 이상 및 수 μA의 출력 가능한 사양 전원 탑재형 영동 장치의 경우는 불필요

② 단백질 시료의 조제

불용물, 염 등을 포함하지 않은 시료용액을 준비한다. 필요하면 DTT에 의한 환원반응(-S-S-의 절단) 및 요오드 아세트아미드 등에서의 -SH기의 수식반응을 실시하여 재결합을 막는다. 전극액 중의 겔 상단에 시료를 주입하므로 요소나 글리세린으로 비중을 둔다.

- 시료용액의 예 : 5 M 요소, 1 M 티오 요소, 1% CHAPS, 1% Triton-X. 50 mM 트리스염산 pH 8.8

③ 전기영동

- 하부조에 양극용 전극액을 붓는다.
- 상부조에 겔관의 상단을 끼워 넣고 겔관의 하단을 하부조에 넣는다.
- 겔관에 기포를 넣지 않도록 단백질 시료를 주입하고, 또한 중층액을 중층한다.
- 상부조에 음극용 전극액을 붓는다(하부조에 들어가지 않도록 주의한다).
- 안전커버를 하고, 영동조와 전원을 연결하고, 300 V의 정전압으로 150~210분 통전한다.

- 전원을 끈 후 전극액을 배액하고 겔관을 꺼내 증류수로 가볍게 씻는다.
- 겔관에서 겔이 떨어지지 않도록 주의하면서 꺼내어 고정액에 담근다.

④ 검출

CBB 염색이나 은염색을 통한 검출이 가능하나, 겔의 포어가 커서 시료가 확산되기 쉬우므로, 영동 후에는 우선 고정한다. 또한 암포라이트 자체가 염색되어 백그라운드의 요인이 되기 때문에 고정 후 물세정하고 염색하는 방법도 있다. 2차원 전기영동에 이용할 경우에는 그 방법을 따른다.

⑤ 해석

영동 결과(패턴)는 양극 쪽에서 산성 단백질 시료가 음극을 향해 등전점 순으로 나열된다. 등전점 마커가 시판되고 있으므로 이들을 참조한다. 마커만, 시료만, 마커와 시료를 혼합하여 3종류의 시료를 준비하여 겔에 주입·영동하면 결과를 알기 쉽다. 더 정확하게 겔의 pH를 계측하려면 영동 후의 겔을 수 밀리씩 잘라 절편으로 하고, 순수에 이 겔편을 넣어 실제 pH를 측정한다. 이 방법을 취할 경우에는 같은 시료를 주입한 겔을 2개 이상 준비하고, 하나는 염색하여 영동결과 검출용으로, 하나는 pH 계측용으로 한다.

6.6.3 2차원 전기영동 실험방법

등전점 전기영동의 응용으로서 2차원 전기영동이 있다(그림 6.8). 2차원 전기영동은 영동법을 2개 조합하여 이름 그대로 평면상(2차원)으로 전개한다. 2가지 요인으로 분리하는 수법인데, 일반적으로는 1차원은 시료 고유의 전하(등전점)로 나누는 등전점 전기영동, 2차원은 분자량으로 나누는 SDS-PAGE의 방법이 이용된다. 이 경우의 등전점 전기영동은 영동 후 1차원의 겔을 2차원으로 올려놓기 위해 직사각형이나 원주형으로 하는 것이 일반적이다. 2차원 전기영동의 원법이라고 불리는 O'Farrell의 논문에는 대장균의 단백질을 약 3000으로 분리했다고 보고되어 있으며, 이 분리능의 높이에서 2차

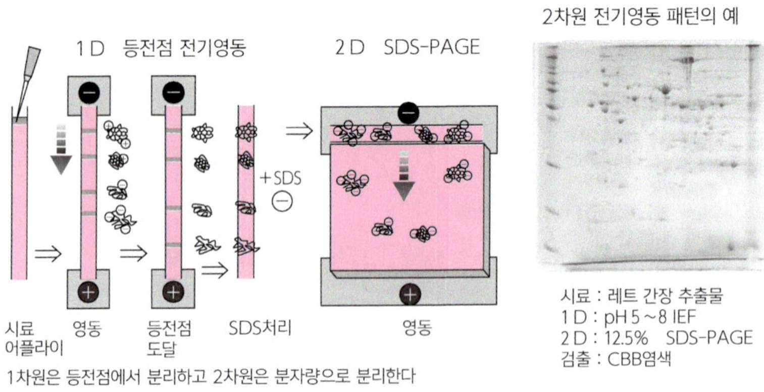

그림 6.8 2차원 전기영동 원리

원 전기영동은 시간도 수고로움에도 불구하고 이용되고 있다.

예를 들어 병변 부위와 정상 부위의 어떤 단백질의 발현이나 변이의 유무나 양의 변화 등의 검출을 위해 쌍방의 시료를 2차원 전기영동하고 패턴을 비교하는 데 이용된다. 또한 대략 1스폿=1단백질에 상당한다고 하여 근래에는 이 스폿에서 단백질을 추출하여 질량분석용 시료로 이용하는 것이 상법이 되고 있다.

여기서는 1차원에서 아가겔을 사용했을 때의 2차원 전기영동법을 설명한다.

① 시약·기기 등

- 1차원에 이용하는 등전점 전기영동은 전항(6.6.2항)을 참조.
- 2차원에 이용하는 폴리아크릴아미드겔: SDS-PAGE에 관해서는 6.2절을 참조.
- 겔은 1차원 겔 길이보다 큰 시료 홈 폭 혹은 평평한 상단이어야 한다.
- 고정액 : 2.5% 트리클로로아세트산 (1차원에 아가겔을 사용한 경우)
- SDS 평형화 용액의 예: 50 mM 트리스-염산, 2% SDS, 0.001% BPB
- 접착용 아가로스 용액의 예: 1% 아갈로스 용액

② 조작

기본적으로 등전점 전기영동 후의 겔을 SDS 용액에 침지하고, 겔 내의 단백질 시료에 SDS를 결합시키고, 그것을 2차원 겔 상단에 올려 SDS-PAGE를 실시한다. 등전점 전기영동에 아가로스겔을 이용했을 경우에는 트리클로로아세트산 고정액에 3분간 침투하여 겔을 고정 후 물로 세척하여 겔 내부의 암포라이트를 제외하고 그 후 SDS 평형화 용액에 담가 SDS 처리한다.

2차원 겔 위에 1차원 겔을 얹을 때는 겔 사이에 용액이나 기포가 들어가지 않도록 유의하여 완전 밀착한다. 1차원과 2차원 겔 경계에 접착용 아가로스 용액을 늘어뜨려 기포나 액을 배제하면서 겔을 접착한다. SDS-PAGE를 실시하고, 영동 후의 겔을 CBB 염색이나 은염색으로 스폿을 검출한다.

③ 해석

복수의 다른 시료를 영동한 복수의 겔 사이에서 스폿의 차이를 비교하는 경우는 염색한 겔을 촬영 장치나 스캐너 등에서 화상으로 받아들여 화상 해석 소프트웨어로 해석한다. 다른 두 종류의 시료를 각각 다른 형광 색소로 표시하여 하나의 겔로 공영동하여 비교하는 방법도 있다.

④ 질량 분석

질량분석의 시료로 하는 경우는 「ingel digestion(겔 내 소화)」이라고 하는 방법이 일반적이다. 대상으로 하는 단백질의 스폿이 있는 부분을 잘라내고 아세토니트릴 등을 함유한 완충액으로 CBB 색소를 제거하고 트립신을 더해 단백질을 분해한다.

시료 조제 시에는 조작자로부터 케라틴 등의 오염에 충분히 주의한다. 또, 영동 전에 환원·알킬화되지 않은 경우는 2차원 영동 전이나 소화 전에 실시하는 경우도 있다.

6.7 아가로스 겔 전기영동

6.7.1 아가로스 겔 전기영동의 개요

겔 전기영동의 지지체로 많이 이용되는 폴리아크릴아미드 겔과 아가로스 겔 구분의 주된 이유는 겔의 포아크기(구멍 지름)이다. 아가로스 겔은 폴리아크릴아미드 겔보다 포아가 크기 때문에 큰 분자량의 물질, 고분자의 단백질이나 핵산(DNA, RNA)을 시료로 한 전기영동에 이용한다(그림 6.9).

아가로스는 한천의 주성분인 다당류로 정제하여 전기 침투(전압에 의해 액체가 이동하는 현상)를 최대한 없앤 것이다. 분말을 완충액과 혼합하여 과열하면 용해되고 온도가 내려가면 고화된다. 이처럼 겔 조제가 용이하지만 천연물로부터의 정제물이므로 가격이 다소 비싸고 완전히 투명하지 않아 검출 시 백그라운드가 높아 보기 어렵다.

6.7.2 아가로스 겔 전기영동 장치

아가로스 겔 전기영동의 대부분은 핵산의 분리에 이용되는 수평형 혹은 서브마린형이라고도 불리는 전기영동 조를 사용한다. 양극(+) 음극(–) 완충액 조 사이에 겔을 수평으로 두고, 그 겔이 가라앉을 정도로 완충액을 채운 상태에서 영동한다.

PCR 산물의 확인과 같이 밴드 수(핵산의 단편수)가 적은 경우에는 영동거리는 짧고 작은 영동조라도 좋지만, RFLP(Restriction Fragment Length Polymorphism, 제한효소 단편장다형) 해석처럼 밴드가 많은 경우에는 영동거리가 길고 큰 영동조를 선

겔 농도의 선택

겔 농도	분획 범위
0.6%	1 ~ 30 kbp
0.8%	0.6 ~ 20 kbp
1.0%	0.3 ~ 10 kbp
1.2%	0.2 ~ 8 kbp
1.5%	0.1 ~ 6 kbp
2.0%	0.6 ~ 3 kbp

아가로스와 완충액의 종류에 따라 분획 범위가 달라진다

영동 데이터의 예

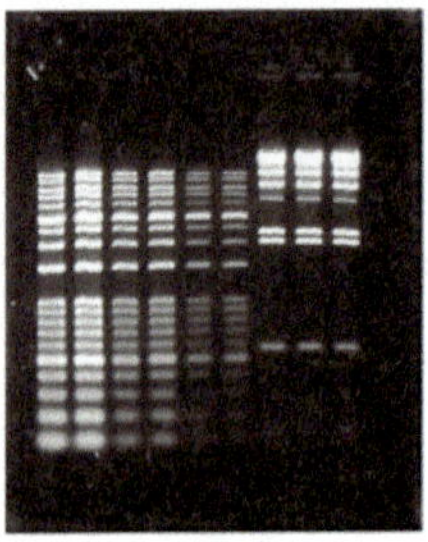

그림 6.9 아가로스겔 전기영동의 실험 예

시료 : DNA 마커 (100 bp 10 kbp) 타
전기영동장치 : 전원 탑재형
겔 : 1% 54 mm×60 mm 4 mm 두께
완충액 : TAE(40 mM Tris, 40 mM 초산, 1mMEDTA ·2Na)
통전 : C.V100V 30 min
염색 : 형광염색제 EzFluoro Stain DNA
검출 : 촬영 장치 프린트 그래프
여기광 청색 LED
※ DNA 마커, 전기영동장치, TAE, 형광염색제, 촬영장치(아토사제)

택한다. 매우 큰(수십kbp) DNA의 경우는 PFGE(pulsed-field gel 일렉트로포레시스(electrophoresis)라는 특수한 전기장 전용 장치로 영동하는 방법도 있다.

단백질을 시료로 했을 경우 면역 전기영동은 얇은 겔에서의 평판형, 등전점 전기영동은 유리관의 세로형(디스크형), 폴리아크릴아미드와의 혼합겔에서의 유리판의 세로형(슬래브형) 등도 있다.

6.7.3 아가로스 겔 전기영동 실험 방법

예를 들어, DNA의 아가로스 겔 전기영동의 순서를 나타낸다.

(1) 시약 · 기기 등

- 아가로스(핵산 전기영동용)
- TBE 완충액 : 89 mM 트리스, 89 mM 붕산, 2 mM EDTA·2Na
- 또는 TAE 완충용액 : 40 mM 트리스, 40 mM 초산, 2 mM EDTA·2Na
- 로딩 용액: 30% 글리세롤, 0.05% BPB, 0.05% XC(크실렌 시아놀)
- 염색 시약: 0.5 μg/mL EtBr착색 용액
- 아가로스 겔 전기영동용 이동 장치, 겔 제작기
- 전원 장치(100 mA, 500 V 정도의 출력 가능한 사양)전원 탑재형 이동 장치의 경우는 불필요

(2) 시료 조제

DNA시료와 비중이나 색소를 포함한 로딩 용액을 4 : 1~5 : 1의 비율로 혼합한다.

(3) 완충 용액, 겔의 제작

① 완충 용액(TBE, TAE, TPE, MOPS 등)을 조제한다.
② 아가로스를 0.6~4.0%의 농도가 되도록 칭량하고, 과열 가능한 용기에 넣는다.
③ 완충 용액을 넣어 중탕에 의한 자비 또는 전자레인지에서 범핑하지 않도록 가열하고 충분히 용해한다.
④ 50~60℃에 식으면, 코움을 꽂은 겔 트레이(제작기)에 붓고 굳을 때까지 30~60분간 정치한다.

(4) 전기영동

① 겔 코움을 제치고 시료 홈이 음극 측이 되도록 이동 탱크에 세트 한다.
② 이동용 완충 용액을 붓는다. 겔이 쓸 정도 양으로 조정한다.
③ 겔의 도랑에 시료를 주입한다.
④ 50~200 V의 전압에서 BPB, XC색소가 양극 측으로 이동할 때까지 연결하다 겔 농도, 완충 용액, 목적 밴드의 분자량 등으로 다르다.
⑤ 전원을 끈 후, 겔 트레이를 꺼내서 염색액에 겔을 숙성한다.

(5)검출

DNA는 고감도 검출 가능한 유색 색소가 없어서 EtBr 같은 형광 색소로 염색이 일반적이다. 검출용 광원(자외선, LED)나 겔 촬영 장치가 필요할 것이다. EtBr은 발암성이 높기 때문에 장갑을 착용하고 취급, 자외선 조사 광원은 직시하지 않도록 주의한다.

① 이동 후의 겔을 형광 색소 염색 용액에 담그고, 20~30분 동안 진탕한다.
② 완충 용액에서 헹구다, 탈색하고 여분의 색소를 뺀다.
③ 겔을 겔 촬영장치나 광원 조사장치에 세팅하고 형광색소에 적합한 여기광 (근)자외선, 청색 LED, 시안색 LED 등을 조사하여 검출용 필터나 전용 고글을 통해 밴드를 확인하고 카메라로 촬영하여 이미지를 저장한다.

6.8 끝에

지면 관계로 기술할 수 없었지만 단백질의 겔 전기영동법으로서 단백질의 변성이 적은 Blue Native PAGE, 저분자의 분리에 적합한 Tricine-SDS-PAGE, BisTris를 이용한 중성겔 전기영동법, 고분자 단백질 분리용 아가로스-아크릴아미드 혼합 겔 등 다양한 방법이 소개되어 있으니 관심 있으신 분들은 논문을 검색하여 참고하시기 바란다.

위에서 기술한 바와 같이, 겔 전기영동은 손쉽게 실험할 수 있다는 점에서 매우 유용한 방법이기는 하나, 겔 제작, 시료 조제, 염색, 블로팅, 특이 검출과 조작 공정이 많은 방법이기도 하다. 자동화가 요구되고 있으나 장치가 비싸고 고가이며 그다지 보급되지 않는 실정이다. 자동화를 저해하고 있는 주된 요인은 비용이지만, 특히 웨스턴 블로팅으로의 전개를 저비용으로 실현하기는 어렵다. 그런 가운데 막을 사용하지 않고 전기영동에서 특이 검출까지 자동화한 장치나 2차원 전기영동을 자동화한 장치 등이 제품화되고 있어 조금씩 에너지 절약화가 진행되고 있다. 앞으로의 진전을 기대한다.

【참고 문헌】

1) U. K. Laemmli, *Nature*, **227**, 680 (1970).
2) L. Ornstein, *Ann. N.Y. Acad. Sci.*, **121**, 321 (1964).
3) B. J. Davis, *Ann. N.Y. Acad. Sci.*, **121**, 404 (1964).
4) A. L. Shapiro, *et.al., Biochem. Biophys. Res. Comm.*, **28**, 815 (1967).
5) K. Weber, M. Osborn, *J. Biol. Chem.*, **244**, 4406 (1969).

7 동적 광산란법(DLS)

7.1 처음에

콜로이드 화학에서는 그 크기가 nm오더에서 μm 오더까지 입자를 대상으로 하고 있다. 콜로이드 용액에서도 특히, 분산매 중에 분산된 분산질이 고체의 경우를 "서스펜션", 액체의 경우를 「에멀션」이라고 부른다. 세제, 화장품, 식품, 도료, 섬유, 의약·농약, 고무, 플라스틱, 토양, 금속, 환경·에너지, 전자 재료 등은 모두 콜로이드 화학의 연구 대상이며, 입자 크기 측정은 많은 산업 분야에서 일반적으로 행해지고 있다. 입자지름은 제품의 특성이나 기능성, 또, 나노 재료 독성 등에 큰 영향하므로, 그 평가는 연구 개발과 품질 관리에서 중요하여 이들의 크기를 측정하는 방법으로서 동적 광산란법(Dynamic Light Scattering, DLS)은 이제는 일반적인 방법으로 사용하고 있다. 광산란법은 "광산란" 현상을 이용하여 크기 등을 구하는 방법으로 동적 광산란법은 용액 안에서 운동하고 있는 입자에서 발생하는 산란광 강도의 변동을 측정하여 그 크기와 움직임의 속도를 아는 수단이다.

7.2 동적 광산란법의 원리

7.2.1 브라운 운동

분산매 중에 분산되어 있는 입자는 분산매 분자의 열운동에 의해 끊임없이 랜덤하게 움직이고 있다. 이것이 브라운 운동이다. 작은 입자일수록 활발하게 브라운 운동을 한다, 규칙성이 없는 입자끼리 접근해도 상호작용을 보이지 않는다, 입자의 농도·조성에 의해 영향을 받지 않는다, 분산시키는 용매의 종류가 어떠한 것이든 볼 수 있고 그 점성이 작을수록 활발해진다, 온도가 높을수록 활발하고, 경시적 감쇠는 인정되지 않는다, 입자끼리의 충돌이 원인이 아니라, 빛이나 자기장의 영향을 받지 않는다는 성질이 있다.

7.2.2 산란광의 시간적 변동

콜로이드 용액에 레이저광을 조사하면 분산매와 입자의 농도, 밀도 요동에 의한 빛이 산란한다. 브라운 운동하고 있는 입자의 산란광은 빛이 조사되고 있는 영역에서 수가 변동하기 때문에, 그 강도(산란광 강도 또는 산란강도)는 끊임없이 용동하고 있다. 그 시간적인 요동을 관측하고 해석하는 것으로 입자지름을 구한다. 그림 7.1에 동적 광산란법의

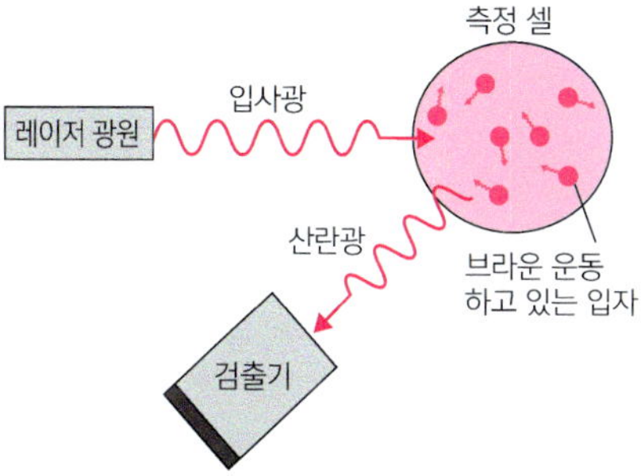

그림 7.1 동적 광산란법의 개념도

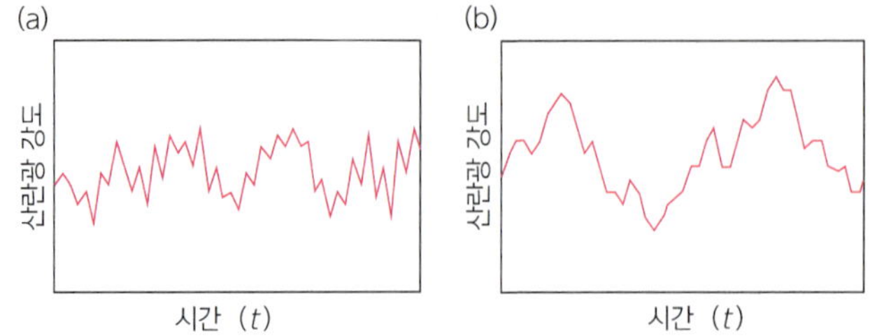

그림 7.2 입자로부터의 산란광 강도의 흔들림
(a) 작은 입자로부터의 산란광 강도 흔들림, (b) 큰 입자로부터의 산란광 강도 흔들림

개념도를 나타낸다.

7

7.2.3 광자 상관법

동적 광산란법에는 광자 상관법과 주파수 해석법이라고 불리는 두 가지 해석 기법이 있는데, 여기서는 광자 상관법에 대해 상세하게 설명한다. 입자로부터의 산란광 강도는 입자의 브라운 운동에 의한 입자지름에 의존한 흔들림을 갖는다.

그 산란광 강도의 흔들림을 어떤 측정각도(산란각도)에서 μs~s 간격으로 검출한다. 그때 얻어지는 산란광 강도는 개개의 입자로부터의 산란광의 합이 된다. 산란광 강도의 흔들림은 그림 7.2와 같이 작은 입자는 격렬하게 변동하고, 큰 입자는 완만하게 변동하는 정보가 관측된다. 이 정보를 상관계로 처리하여 시간 상관함수(자기 상관함수)로 산출한다. 이 해석 기법을 광자 상관법이라고 한다.

자기 상관함수는 임의의 시간(t)에서의 산란광 강도 $I(t)$를 기준으로 하며, (τ)시간 후의 산란강도 $I(t + t)$에 대한 상관관계를 다음 식으로 표시된다.

$$G^{(2)}(\tau) = \frac{\langle I(t)I(t+\tau)\rangle}{\langle I(t)\rangle^2} \tag{7.1}$$

여기서, ⟨ ⟩는 앙상블 평균(어떤 측정 위치에서의 평균)을 나타낸다. 이 자기 상관함수는 시간(τ)에만 의존하며 측정 개시 시간(t)에는 의존하지 않는다(그림 7.3).

산란광 강도의 자기 상관함수 $G^{(2)}(\tau)$와 산란전장의 자기 상관함수 $G^{(1)}(t)$(1차 자기 상

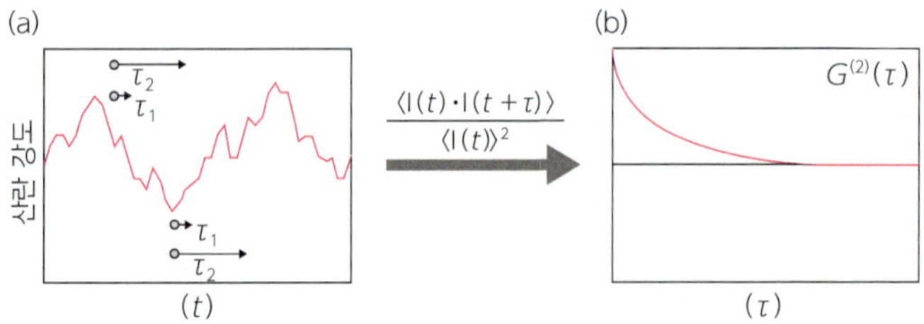

그림 7.3 산란광 강도의 흔들림과 자기 상관함수
(a) 산란광 강도의 시간 변동, (b) 자기 상관함수

관함수)에는 시거트의 관계가 있으며

$$G^{(2)}(\tau) = 1 + \beta|G^{(1)}(\tau)|^2 \tag{7.2}$$

로 표현된다. 여기서, β는 간섭성 인자로, 빛의 간섭성 정도나 장치의 광학계에 의존한 상수이다($0 < \beta < 1$).

자기 상관함수가 나타내는 의미에 대해 설명한다. 입자는 그림 7.4와 같이 브라운 운동에 의해 그 위치를 바꾸고 있다. 자기 상관함수는 어떤 기준시간에서의 입자의 위치와 τ_1, τ_2, τ_3, … 시간 후의 입자의 위치와의 겹치는 정도를 시간의 함수로 나타내고 있다. 그 결과, 시간이 지남에 따라 중첩 정도는 적이지기 때문에 자기 상관함수 $G^{(2)}(\tau)$는 시간이 지남에 따라 감소한다. 작고 높은 상관관계를 나타내지만, τ가 커짐에 따라 입자는 원래의 위치에서 멀어지기 때문에 상관관계는 거의 볼 수 없게 된다. 이 때문에 얻어진 자기 상관함수는 지수함수적인 감쇠곡선이 된다[2]. 소립자에서 얻어진 자기 상관함수는 브라운 운동이 심하기 때문에 짧은 상관시간에 감쇠하고 수렴하는 반면, 대입자는 브라운 운동이 온화하므로 긴 상관시간에 감쇠하고 수렴한다(그림 7.5). 상관계산법에는 그림 7.6에 나타내는 두 가지 계산방법이 있으며, 시판장치의 대부분은 Log 상관계가 사용되고 있다.

7

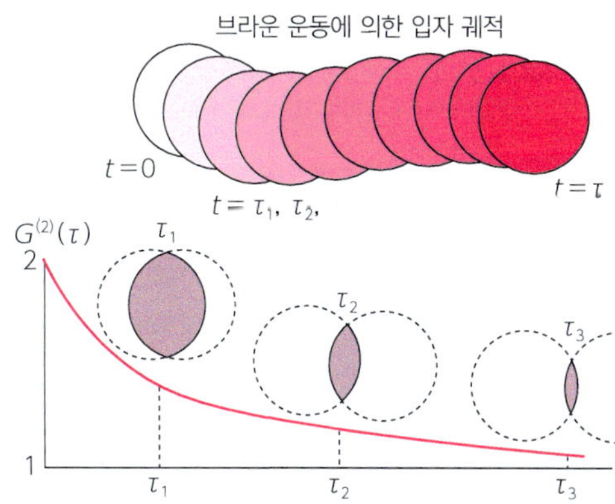

그림 7.4 자기 상관함수 개념도

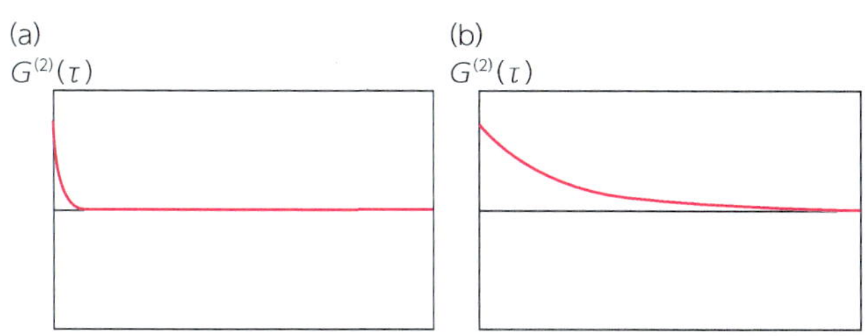

그림 7.5 작은 입자, 큰 입자에서 얻은 자기 상관함수
(a) 작은 입자의 자기 상관함수, (b) 큰 입자의 자기 상관함수

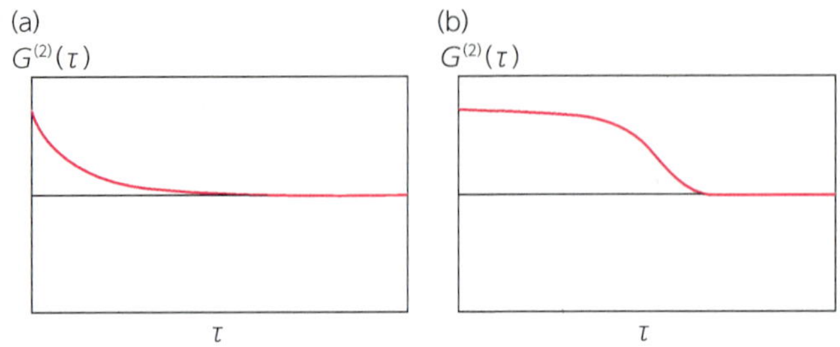

	(a) Linear 상관계	(b) Log 상관계
측정 조건 설정	샘플의 입경에 따라 최적의 측정 조건 설정이 필요하다.	측정 조건은 고정. 따라서 입자 크기의 크기에 관계없이 설정을 변경하지 않고 측정 할 수 있다.
측정 시간	자기 상관함수의 수렴이 빠른 작은 입자는 단시간에 측정 할 수 있다. 반대로 수렴이 느린 대립자를 정밀도 좋게 측정하려고 하면 측정에 장시간을 필요로 하는 경우가 있다.	입자의 크기에 관계없이 일정 시간 내에 데이터를 캡처 할 수 있다.
미립자의 측정 정밀도	측정 조건을 세밀하게 설정함으로써 미립자의 입경과 입경 분포의 정밀도를 높일 수 있다.	측정 조건이 고정 값이기 때문에 수 나노 정도의 미립자에 대해서 Linear 상관계만큼 정밀도는 얻을 수 없다.

그림 7.6 Linear 상관계와 Log 상관계의 자기 상관함수와 그 특징
(a) Linear 상관계, (b) Log 상관계

7.2.4 단분산계

단분산 입자가 분산되어 있는 경우, $G^{(1)}(\tau)$는 단일 지수 감쇠 곡선이 되어 다음 식으로 표현된다(그림 7.7).

$$G^{(1)}(\tau) = \exp(-\Gamma\tau) \tag{7.3}$$

$$\ln(G^{(1)}(\tau)) = -\Gamma\tau \tag{7.4}$$

는 감쇠 상수라고 하며, 확산 계수 D를 사용하여 다음과 같이 표현된다.

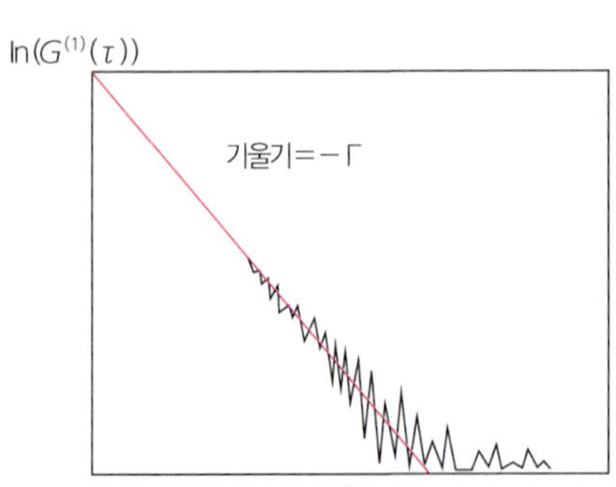

그림 7.7 1차 자기 상관함수

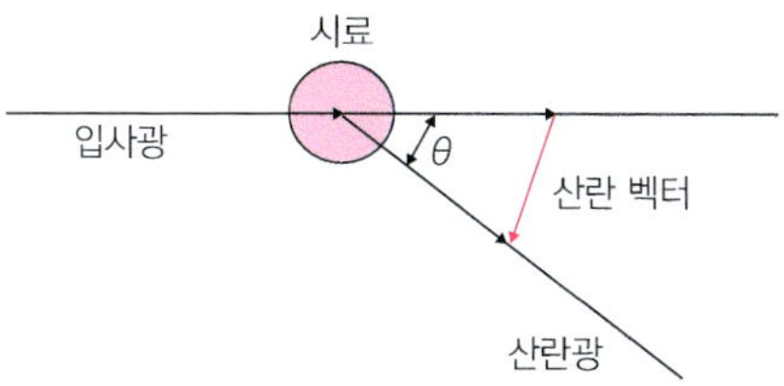

그림 7.8 산란 벡터

$$\Gamma = Dq^2 \tag{7.5}$$

q는 산란 벡터라고 불리며

$$q = \frac{4\pi n}{\lambda}\sin\left(\frac{\theta}{2}\right) \tag{7.6}$$

으로 표현된다(그림 7.8). λ는 빛의 파장(nm), n은 용매의 굴절률, θ은 산란 각도이다. 입자간 거리가 충분히 있고 상호작용이 없이 균일하게 분산되어 있는 경우, 확산 계수로부터 아래에 나타내는 스톡스 아인슈타인의 식으로부터 입자지름(유체역학적 반지름 R_h)이 구해진다.

$$R_h = \frac{kT}{6\pi\eta D} \tag{7.7}$$

여기서 n은 용매의 점성률(mPa·s), k는 볼츠만 상수, T는 절대 온도이다.

7.2.5 다분산계

입자지름에 분포가 있는 경우, $G^{(1)}(\tau)$는 입자지름 분포 함수 $H(\Gamma)$를 사용하여 다음 식으로 표현된다.

$$G^{(1)}(\tau) = \int_0^\infty H(\Gamma)\exp(-\Gamma\tau)d\Gamma \tag{7.8}$$

$H(\Gamma)$가 미지의 경우, $\exp(-\Gamma\tau)$를 전개한 큐뮬런트법이나 히스토그램법이 이용된다.

(1) 큐뮬런트법

$\ln G^{(1)}(\tau)$에 대해 큐뮬런트 전개를 실시하면, 다음 식이 된다.

$$\ln G^{(1)}(\tau) = \sum_{m=1} \frac{\mu_m}{m!}(-\tau)^m \tag{7.9}$$

여기서, μ_m은 m차의 큐뮬런트이다. 이 식을 τ에 대해 다항식으로 피팅하고, 그 계수로부터 μ_m를 구한다. $\mu_1 = \overline{\Gamma}$이며, 다음 식이 성립한다.

$$\ln G^{(1)}(\tau) = -\overline{\Gamma}\tau + \frac{1}{2}!\,\mu_2\tau^2 + \ldots \tag{7.10}$$

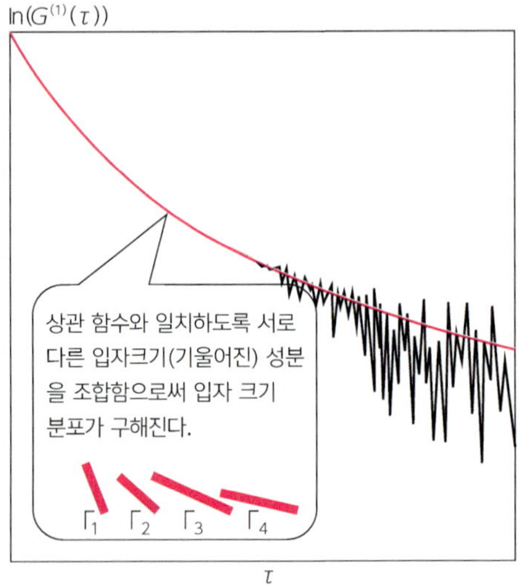

그림 7.9 1차 자기 상관함수와 히스토그램법 해석 개념도

큐뮬런트 평균 입자지름은 $\bar{\Gamma}$로부터 구할 수 있다. 이 식에서 얻은 μ를 $\bar{\Gamma}$의 제곱으로 규격화함으로써, 다분산 지수라고 불리는 입자지름 분포의 확대를 나타내는 지표(≥0.1의 경우는 다분산계, < 0.1은 단분산계)를 얻을 수 있다.

$$\frac{\mu_2}{\bar{\Gamma}^2} \tag{7.11}$$

(2) 입자지름 분포 표시

히스토그램법은 $H(\Gamma)$를 유한개의 히스토그램 H로 분할하여 해석하는 기법이다(그림 7.9). T의 분포 함수 $H(\Gamma)$를 일정 폭 $\Delta\Gamma$로 분할하여 다음 식으로 나타낸다.

$$G^{(1)}(\tau) = \sum H(\Gamma_j) \int_{\Gamma j - \frac{\Delta\Gamma}{2}}^{\Gamma j + \frac{\Delta\Gamma}{2}} \exp(-\Gamma_j \tau) d\Gamma \tag{7.12}$$

여기서, $H(\Gamma_j)$는 감쇠상수 Γ로 표현된 산란강도 기준이다. 각 감쇠상수로부터 식 (7.5) 및 식 (7.7)을 이용하여 입자지름으로 환산한다. 이를 가로축으로 하고, 여기서 얻은 빈도를 세로축으로 히스토그램 표시함으로써 입자지름 분포를 얻을 수 있다(그림 7.10). 최근에는 Contin법(라플라스 역변환법)도 많이 이용되고 있다.

7.3 동적 광산란법의 특징과 측정 대상

동적 광산란법의 특징은 비접촉 측정으로 측정 시작부터 결과 표시까지가 몇 분으로 짧은 시간이라는 것이다. 또한 계산에 필요한 파라미터는 용매의 굴절률과 점성률이 1에 가까운 값이 되며 장치의 정밀도로서 향상된다. 측정 가능 대상의 크기는 수 nm에서

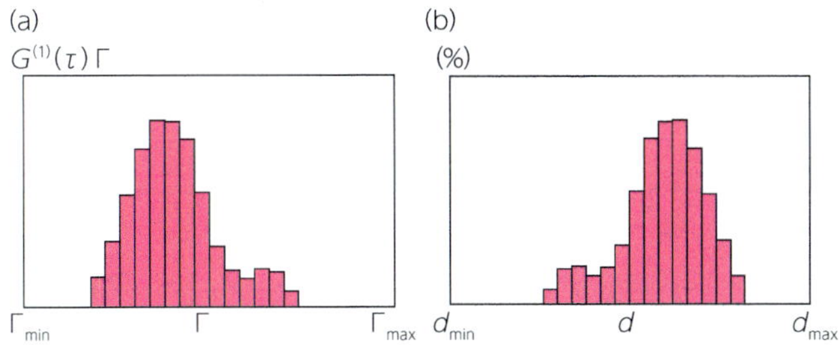

그림 7.10 감쇠 상수의 빈도 분포와 산란강도 기준 입자지름 분포
(a) 감쇠 상수의 빈도 분포, (b) 산란강도 기준 입자지름 분포

수 μm로 매우 범위가 넓은 것을 특징으로 들 수 있다.

동적 광산란법의 측정대상은 표 7.1, 표 7.2와 같이 금속입자, 무기입자, 에멀션, 하이드로겔 등의 겔 미립자, 생체재료, 단백질 콜로이드 등이며, 이들의 입자지름 분포로부터 분산 안정성, 응집효과 지표나 고분자 용액, 생체고분자 용액(단백질, 다당류) 등 용액 중의 분자회합체, 응집체) 크기와 분포 등의 평가에도 이용되고 있다.

입자 농도는 이전의 측정 장치는 셀 내의 광로 길이가 길기 때문에 희박용액만 측정 가능했지만, 현재는 후방 산란 등 광학계를 고안함으로써 현탁용액으로도 측정이 가능하다. 샘플의 색상은 백색 등 착색계에서도 측정 가능한데, 측정에 사용하는 레이저광을 흡수하는 착색 샘플(예를 들어 청색, 녹색, 흑색 샘플의 경우 적색 레이저광을 흡수한다)은 산란광이 매우 약해지기 때문에 검출기에서 얻을 수 있는 정보량이 적어 측정이 어려울 수 있다.

이와 같이 동적 광산란법은 측정대상이 매우 넓거나 측정이 매우 간편하여 범용측정 장치로서 많은 분야에서 보급되어 기초연구, 연구개발이나 품질관리 등에 이용되고 있다.

표 7.1 측정 대상물과 그 크기

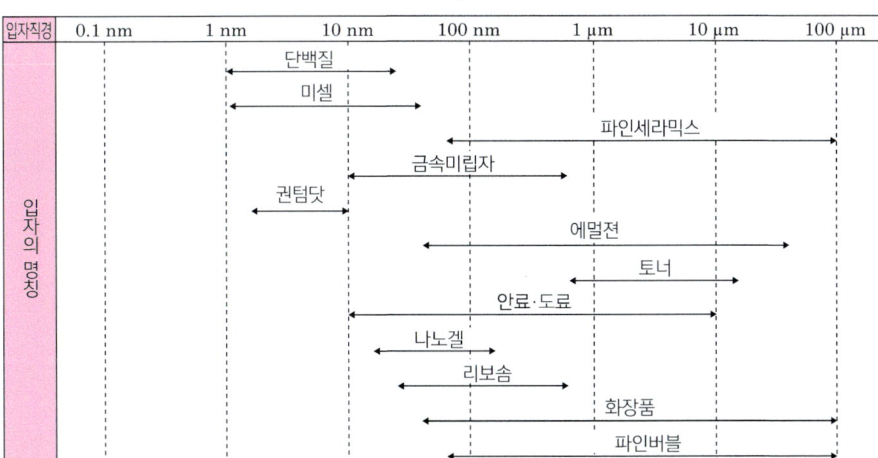

표 7.2 분야·시장과 응용 예

분야·시장	응용 예
고분자·화학공업	표준라텍스 입자, 산업용라텍스, 페인트에멀션, 접착제에멀션, 형광입자, 자성입자, 금속콜로이드, 석유관련, 세제, 왁스, 계면활성제
세라믹스·색재공업	안료, 잉크, 카본블랙, 세라믹, 무기졸·겔, 시멘트, 광촉매재료(산화티타늄), 감광재(할로겐화은)
반도체·디스플레이	반도체 연마입자, CMP입자, 반사방지막재료, 형광체 미립자, 감광수지
바이오·의약품 공업	의료용 에멀젼, 화장품 에멀전, DDS입자, 리포좀, 고분자미셀, 계면활성제미셀, 진단용라텍스, 진단용금콜로이드, 지방유제, 단백질, 바이러스, 겔미립자
식품공업·화장품	식품에멀젼, 향료에멀젼, 우유, 유제품, 음료관계, 유화제, 비타민(나노캡슐), 로션, 크림
환경화학	농약 에멀젼, 카본블랙, 광물, 점토 콜로이드

7

7.4 측정 장치의 개요

동적 광산란 측정 장치의 구성 예를 그림 7.11에 나타낸다. 반도체 레이저나 가스 레이저에서 나온 일관된 광은 감광 필터(ND 필터)를 지나 집광 렌즈로 좁힌다. 편광 소자에서 직선 편광(수직)으로 한 빛을 셀 중의 좁은 영역에 초점을 맺게 한다. 발산된 산란광을 산란각도 0으로 검출한다. 입자로부터의 산란광은 편광소자에서 직선편광(수직)만을 통과시키고 집광렌즈, 핀홀로 좁힌 빛을 검출기로 받아들인다. 일부 장치는 편광소자를 회전시켜 수평 편광만을 통과시켜 입자의 회전 확산 정보를 얻을 수 있도록 설정할 수 있다.

수많은 입자로부터의 산란광은 검출기 앞으로 핀홀을 통과시킴으로써 서로 간섭하고, 소립자에서는 간섭의 변화가 빨리 산란광 강도가 심하게 변동하며, 대입자의 그것은 완만하게 변화하기 때문에 산란광 강도가 완만하게 변동한다. 식 (7.2)의 간섭성 인자 β는 이 간섭 정도에 영향을 주어 핀홀의 지름이 작을수록(검출기에 들어가는 산란광의 확

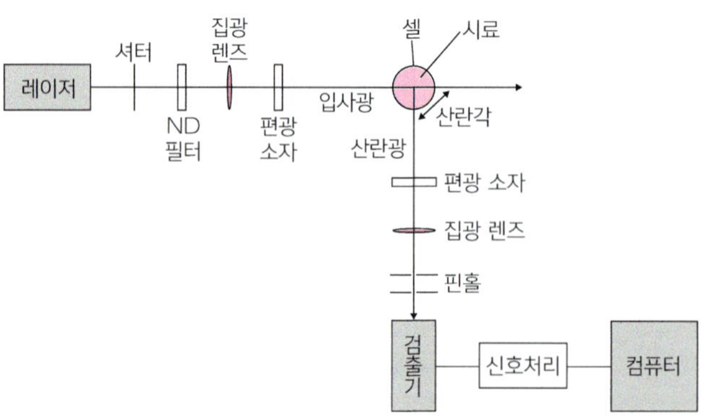

그림 7.11 동적 광산란법에 의한 측정장치의 구성 예

표 7.3 광자 상관계의 특징

광자 상관계 방식		장점	단점
소프트웨어법	타임인터벌법 (T.I.법)	산란광 강도가 작을 경우 정확도 높게 계산할 수 있다. 기준 클럭간이 짧고 광자 펄스 수를 계산하므로 시간 분해능이 좋다. 미립자 측정의 정밀도가 좋다.	산란광 강도가 커서 대입자에는 대응하기 어렵다.
	타임 도메인법 (T.D.법)	기준 클럭 사이의 광자 펄스 수를 계산하기 때문에 산란 광 강도가 크고 입자 측정에 정확도가 높다.	산란광 강도가 작을 때 측정 효율이 떨어진다.
하드웨어법	쉬프트 레지스터법	실시간 상관함수 계산가능 (상관시간=측정시간)	산란광 강도가 클 경우 작을 경우 정확도가 저하. 하드 구성을 위해 기능이 고정된다. 쓰레기 등에 의한 비정상적인 데이터 제거 기능을 갖게 할 수 없다.

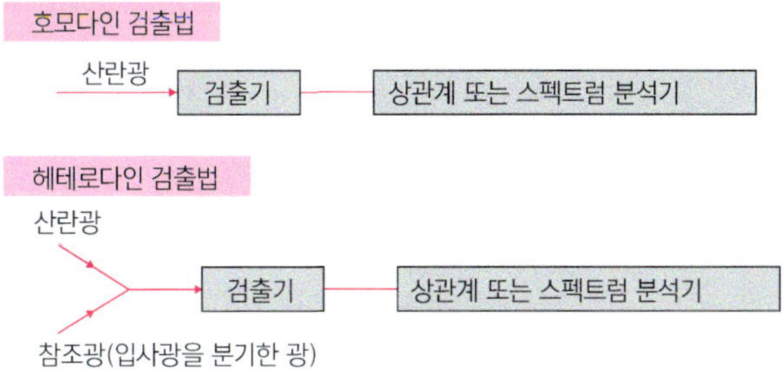

그림 7.12 광학 배치도

산이 작다) 1에 가까운 값이 되어 장치의 정확도로 향상된다.

검출기는 고감도 포토다이오드나 광전자 증배관이 이용된다. 이점으로서 저농도 샘플, 미립자 등 미약한 산란광으로의 측정이 가능해진다. 검출기에서 수집된 산란광은 광자 펄스 신호로 수신되어 그 신호를 증폭시켜 시간의 함수로 기록된다. 얻어진 광자 상관계측 방식은 소프트웨어 방법과 하드웨어 방법이 있다. 각각의 특징은 표 7.3에 나타낸다.

산란광 검출 방법에는 호모다인 검출법과 헤테로다인 검출법의 두 종류가 있다(그림 7.12). 호모다인 검출법은 산란광 강도만의 흔들림을 검출함으로써 자기 상관함수를 계산하는 방법으로 위에서도 기술한 방법이다. 헤테로다인 검출법은 산란광과 입사광의 위상차를 검출하고 주파수 해석함으로써 동적 성분만을 추출하는 방법이다. 산란광 주파수는 입자의 브라운 운동에 기인하는 도플러 효과에 의해 입사광의 주파수보다 넓어지기 때문에 산란광과 입사광의 너울거림(비트)가 생긴다. 이 너울의 주파수 해석을 실시함으로써 입자의 확산 계수를 구한다[3].

7.5 조작 방법

7.5.1 측정장치의 준비와 주의점

시판되는 측정장치는 사용설명서에 장치의 준비방법이나 조작방법, 측정 데이터의 해석방법 등 간단하게 조작할 수 있도록 명기되어 있는데, 여기서는 일반적인 방법에 대해 기술한다.

① 처음에 측정장치의 전원 및 데이터 처리기의 전원, 측정용 소프트웨어를 켜 레이저를 기동하고 레이저가 안정될 때까지 30분 정도 워밍업한다.

② 많은 동적 광산란 측정 장치는 동적 광산란 측정과 콜로이드 입자의 표면 전위인 제타 전위 측정의 두 종류를 측정할 수 있는 사양이 있으며, 이 경우 입자지름 측정용으로 설정 변경한다.

③ 동적 광산란 측정에 필요한 파라미터인 용매의 굴절률과 점도는 온도가 측정에 큰 영향을 미치기 때문에 측정 시에는 온도 제어에 세심한 주의가 필요하다. 대표적인 예로 그림 7.13(a)에 물 및 에탄올 점도의 온도 의존성을 나타낸다[5,6]. 여기서의 단위는 mPa·s(밀리파스칼·초) 또는 cP(센티포아즈)이다. 그림 7.13(b)에 물·에탄올 혼합 용매의 점도의 온도 의존성을 나타낸다. 두 종류 이상의 다른 용매가 혼합되어 있는 계에서는 점도가 크게 변하는 경우도 있으므로 점도계를 이용하여 실측 혹은 참고서를 참조한다.

④ 샘플의 산란광 강도의 강약에 맞추어 입사광의 ND필터나 핀홀의 크기를 최적화한다. ND필터는 장치가 자동으로 최적화해주기 때문에 수동으로 설정하는 경우는 거의 없다. 산란광 강도가 약할 경우 핀홀의 지름을 넓혀 산란 부피를 크게 할 필요가 있지만 넓힘으로써 간섭성이 저하되는 단점이 있다.

⑤ 사용하는 셀은 분광 광도계로 사용되는 내부 치수 10 × 10 × 45 mm의 각형이 많다. 셀의 종류는 석영 유리나 폴리스티렌 등 투과율이 높은 재질의 것이 사용된다. 측정각도를 가변하여 측정하는 경우에는 셀로부터의 미광의 영향을 적게 하기 위해 원통유리셀을 이용한다. 측정은 일정온도에서 실시하므로 반드시 장치 내(셀홀더내)에서 온도 조절한다. 세팅한 직후 샘플의 온도는 측정 온도와의 온도 차이로 온도 구배가 일어나 브라운 운동이 불안정한 상태에 있기 때문에 세팅하고 바로 측정하면 잘

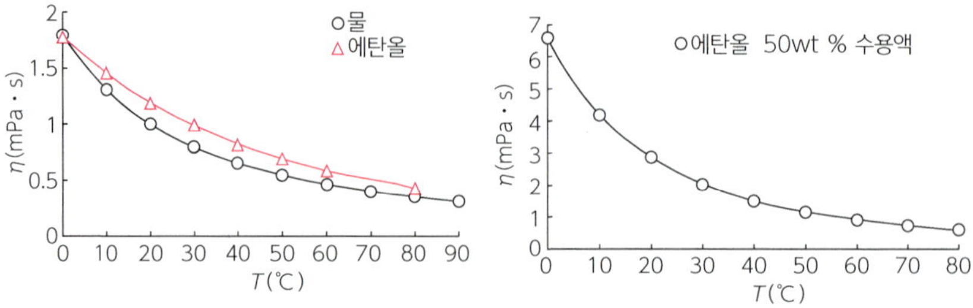

그림 7.13 점도와 온도의 관계
(a) 물, 에탄올, (b) 에탄올 50wt% 수용액

못된 결과를 얻을 수 있다.

⑥ 측정의 초점 위치는 샘플의 탁도에 따라 다르다. 그림 7.14(a)에 샘플 농도와 측정 초점 위치의 관계를 나타내는 모식도, 그림 7.14(b)에 측정 초점 위치와 그 위치에서 얻을 수 있는 산란광 강도를 나타내는 모식도를 나타낸다. 희박 샘플의 경우 초점 위치가 셀 중앙 부근에서 그 안쪽에서 최대값을 나타내고 그 위치에 맞추어 측정을 수행한다. 탁도 있는 샘플 또는 레이저광을 흡수하는 착색 샘플은 샘플 내의 광로 길이가 길어짐에 따라 빛이 흡수되어 산란광을 얻을 수 없게 되므로 가장 높은 산란광 강도를 얻을 수 있는 셀 벽면에 가까운 위치에 초점을 맞춘다.

⑦ 측정 장치의 동작 확인으로 동적 광산란 측정 장치 검증용으로 이용되는 표준 입자를 측정하여 측정값이 기준 범위 내에 들어가 있음을 확인한다. 표준 입자는 약 100 nm의 구형 입자로 단분산계인 것, 더 나아가 침강성이 없고 분산 안정성이 매우 좋은 것이 이용된다. 표준 입자나 기준 범위 값은 장치 제조사가 선정한 입자로 기준 범위 값을 설정하고 있다. 만일 기준 범위 값에 들어가지 않을 경우 샘플 온도가 불안정하다는 것, 셀 세팅 오류, 셀의 흠집이나 오염 등이 원인으로 생각된다.

⑧ 여러 번 측정한 데이터를 적산, 평균화하여 하나의 측정결과로 한다. 측정시간은 적산횟수에 따라 변동하며, 표준입자와 같은 단분산으로 분산안정성이 매우 좋은 샘플의 경우는 수 십초에서 몇 분이면 높은 정밀도를 얻을 수 있다. 샘플이 저농도이거

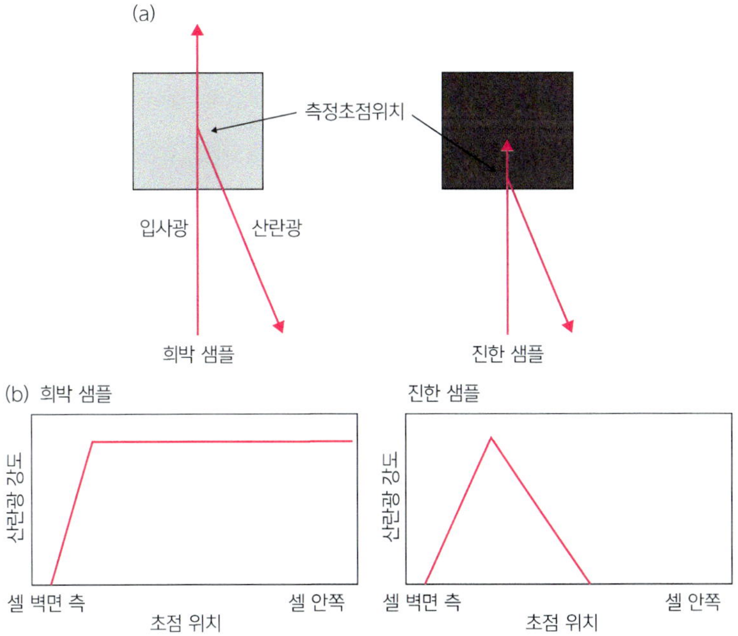

그림 7.14 샘플 농도와 측정 초점 위치 및 그 위치에서 얻을 수 있는 산란강도를 나타내는 모식도
(a) 샘플 농도와 측정 초점 위치의 관계를 나타내는 모식도, (b) 측정 초점 위치와 그 위치에서 얻은 산란강도를 나타내는 모식도

나 크기가 몇 nm인 미립자를 측정하는 경우는 산란광 강도가 약해 통상적인 측정 조건에서는 정밀도를 충분히 얻을 수 없기 때문에 측정시간이나 적산횟수를 늘린다.

⑨ 유리 셀은 셀 표면에 흠집, 오염이 없는지 확인한 후 사용한다. 아래에 유리 셀의 세척 방법의 일례를 나타낸다.
- 유리기구 세척액에 2시간에서 1주야 담가 둔다(너무 오래 담가두지 않는다).
- 유리연마용 클리너(렌즈페이퍼)로 셀 외부를 세척한다. 또한 길쭉한 막대기에 렌즈페이퍼를 감아 셀 내부를 세척한다.
- 증류수나 순수로 씻는다.
- 오염이 심한 경우에는 세척액을 넣은 용기에 셀을 담가 초음파 세척을 한다. 이때 너무 오래 걸리면 셀이 파손될 수 있으므로 주의한다.

7

7.5.2 측정 샘플 준비 및 주의사항

(1) 사전 준비

샘플의 용매, 측정온도 결정, 용매의 측정온도 시 굴절률과 점도를 사전에 알아둔다. 사용하는 용매는 반드시 안전데이터시트(Safety Data Sheet, SDS) 등으로 위험유해성을 확인한다. SDS에는 위험유해성 정보(안전대책, 폭로 시 응급조치, 취급방법, 보관·폐기방법 등)가 기재되어 있다. 특히 국내 법규에 해당하는 성분(예를 들어 소방법, 독극물 단속법, 유기용제 중독예방수칙, 특정 화학물질 장애예방수칙 등), 어떤 것들은 발암성 물질을 포함할 수 있으므로 취급에 대해 충분히 고려해야 한다.

(2) 샘플 농도

최적의 농도는 대상으로 하는 입자의 크기(입자에 따라 탁도가 다름), 종류(용매와의 굴절률 차이)에 따라 다르기 때문에 일반적으로 표현하기는 어렵다. 고농도의 경우 입자간 거리가 근접하기 때문에 입자간 상호작용의 영향을 고려한다. 또한 농도가 너무 높으면 산란 체적 중 과잉 입자수에 의한 다중 산란(산란광이 입자에 더 부딪혀 산란되는 현상)이 생기고 측정한 입자지름은 작게 평가된다.

1차 입자, 2차 입자의 평가를 목적으로 하는 경우는 가능한 한 저농도로 하여 입자간 상호작용이 없는 상태로 하여 측정한다. 그러나 낮은 농도는 측정에 필요한 산란광 강도를 충분히 얻지 못할 수 있으며, 이 경우 측정 결과의 불균형을 증가시킬 수 있다.

따라서 샘플의 산란광 강도는 용매만의 산란광 강도에 비해 몇 배는 필요하다.

(3) 샘플 색

레이저광을 흡수하는 착색 샘플을 측정하는 경우에는 레이저 광원의 파장 변경이나 광로 길이가 짧은 셀(얇은 셀) 사용, 후방 산란 측정 등 측정 조건을 고려할 필요가 있다.

- 샘플이 적색, 황색 계열인 경우
  광원에 적색 레이저(약 600~750 nm)를 사용하는 것이 측정이 쉽다. 청색 레이저(약 430~490 nm)에서는 흡수되므로 측정 조건을 검토한다.
- 샘플이 청색, 녹색 계열인 경우

광원은 청색 레이저가 측정하기 쉽다. 적색 레이저는 흡수되기 때문에 측정 조건을 검토한다.

- 검은색의 경우
  모든 파장 레이저를 사용하여 흡수된다. 샘플을 저농도로 만들거나 측정 조건을 검토한다.
- 형광발광이 나오는 샘플의 경우
  광원은 장파장의 것을 사용한다. 검출기 앞에 간섭필터(밴드패스필터)를 넣어 측정해도 된다.

(4) 쓰레기 제거(필터여과)

샘플의 분산매에는 불순물이 덜 섞이는 용매를 사용하고 육안으로 불순물이 확인되면 필터 등을 이용하여 제거해야 한다.

① 샘플을 희석할 경우 희석 용매는 반드시 광학 정제(필터 여과, 원심 처리)를 하고 불순물을 제거한 후 사용한다. 사용하는 필터는 필터와 필터 홀더가 일체화된 것(시린지 필터)이 쓰레기 등의 영향을 적게 거를 수 있다. 일반적으로 시판되는 필터는 유기용제용과 물용 두 종류가 판매되고 있으나 유기 용제를 취급할 경우 사전에 내용제성 여부를 조사해 둘 필요가 있다.

② 샘플을 여과할 경우 샘플의 입자지름을 고려하여 포어 사이즈가 최적의 필터를 선택한다. 육안으로 분명히 큰 입자나 쓰레기를 확인할 수 있는 경우는 물론 단백질, 고분자 전해질, 다당류 등의 분자 콜로이드나, 계면활성제 등의 회합 콜로이드의 경우도 필터 여과하여 측정하는 것이 바람직하다.

③ 필터 여과 시 주의점: 여과할 경우에는 여과한 액을 뚝뚝 떨어뜨리지 말고, 받는 쪽 용기의 벽면에 필터 끝을 붙이고, 여과액을 벽면에 전달시키면서 여과를 한다.

분자 콜로이드나 회합 콜로이드를 여과할 때는 순환 여과기 등을 사용하여 샘플을 순환하면서 여과를 반복하는 것도 효과가 있다.

(5) 입자 분산 방법

동적 광산란 측정에서는 콜로이드 입자가 가능한 한 분산된 상태에서 측정할 필요가 있다. 입자의 분산 상태는 입자의 운동 상태와 입자 간 상호작용에 기인한다(표 7.4). 입자의 운동 상태는 입자지름, 용매의 점도 등으로 결정되는 브라운 운동과 교반·초음파 조사 등 외력의 작용에 의한 운동을 생각할 수 있다. 입자지름이 작아질수록 브라운 운동이 심해지고 입자끼리 접촉 응집하기 쉬워진다.

또한 콜로이드 입자는 열역학적으로 불안정하기 때문에 항상 응집하여 표면적을 줄이려는 경향이 있다. 한번 응집한 입자는 서브미크론 이하면 교반 등의 조작으로는 응집체의 재분산이 곤란해진다[8]. 1차 입자지름까지 분산시키려면 입자간 반발작용을 발생시키기 위해 계면활성제 등의 분산제를 첨가, 초음파 버스나 초음파 호모디나이저로 초음파 조사를 실시하는 것이 일반적이다.

초음파 버스는 샘플이 담긴 용기를 버스에 채운 물에 담가 분산시킨다. 초음파 호모지

표 7.4 콜로이드 입자의 분산 안정성에 미치는 요인

입자에 관한 요인	분산매에 관한 요인
입자의 종류	용매의 종류
입자의 크기 및 형상	분산제 유무
입자 농도	전기적 특성
다성분 입자 혼합계	점도
표면 전하 밀도	수계 · 비수계
표면 전위	온도
표면 전도도	
젖은 성질	
응집 특성	

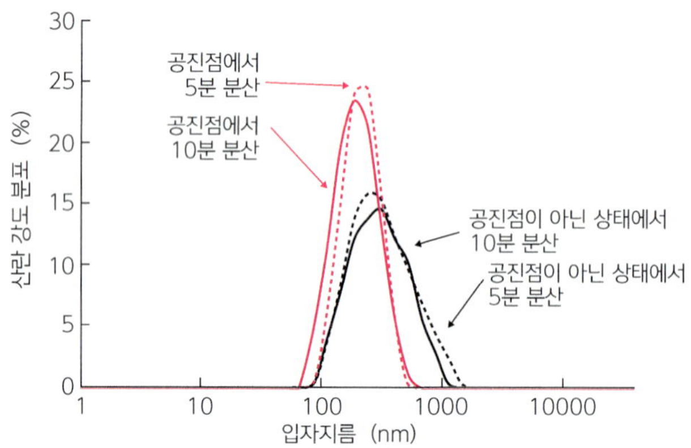

그림 7.15 공진점에서 분산된 경우와 그렇지 않은 상태에서 분산된 경우의 분산효과 비교

나이저는 진동자를 직접 샘플에 넣어 조사하기 때문에 초음파 버스보다 강한 분산 효과를 얻을 수 있다. 초음파 버스를 사용할 경우 주의할 점은 초음파 조사의 효과가 가장 강한 공진점에서 조사하는 것이다. 공진점에서는 샘플의 액면이 강하게 진동하여 수면이 물결치는 듯한 대류 상태를 볼 수 있다. 이러한 상태로 만들려면 버스에 채운 수위를 변화시키고 공진하는 수위를 조정한다. 그림 7.15에 공진점에서 분산된 경우와 그렇지 않은 경우에 대해 수중의 산화알루미늄 입자의 입자지름 분포 결과를 나타낸다. 이 결과를 통해 공진점에서 분산하는 것은 매우 중요하다는 것을 알 수 있다.

7.6 결과의 견해와 해석 방법

7.6.1 측정으로 얻어진 기본적인 정보

측정으로 얻어진 정보를 표 7.5에 정리하였다. 큐뮬런트 평균 입자지름이나 입자지름 분포는 위에서 설명해 왔다. 입자지름 모니터 테이블은 적산 1회마다의 입자지름 값을

표 7.5 동적 광산란 측정으로 얻을 수 있는 결과 항목

항 목	
큐물란트 평균 입자지름(nm)	입자 직경 분포
다분산 지수	자기 상관함수
산란광 강도(cps)	입자 직경 모니터 테이블
확산 계수 (cm^2/sec)	ND필터 (%)
감쇠 상수(1/sec)	잔차

말하며, 측정중인 샘플의 경시 변화를 쫓을 수 있다. 잔차는 7.2.5항(2)의 그림 7.9에 나타내는 원시 데이터와 히스토그램법으로 계산된 결과의 피팅 정도를 나타낸 값으로, 이 값이 작으면 원시 데이터에 가까운 해석이 되어 있다. 즉 신뢰성 좋은 결과를 얻을 수 있음을 의미한다(잔차 기능은 장치에 의해 붙어 있는 것과 그렇지 않다).

7

7.6.2 해석 결과에서 알 수 있는 주의점

(1) 자기 상관함수

식 (7.2)에서 얻을 수 있는 자기 상관함수는 단시간에서의 상승이 1~2 사이에서 볼 수 있고, 장시간측에서 1로 수렴하는 감쇠곡선이 된다. 그러나 이러한 형태의 결과를 얻을 수 없는 경우는 샘플이나 장치의 문제를 생각할 수 있다. 그림 7.16에 정상 및 비정상적인 경우의 자기 상관함수를 나타낸다.

- 시작이 2를 넘는다(그림 7.16(b)).

  원인: 침강이 심한 입자나 비늘조각 입자에서 발견되는 브라운 운동 이외의 움직임을 감지한다.

  대책: 입자를 잠시 정지시켜 윗부분의 맑은 부분을 측정한다.

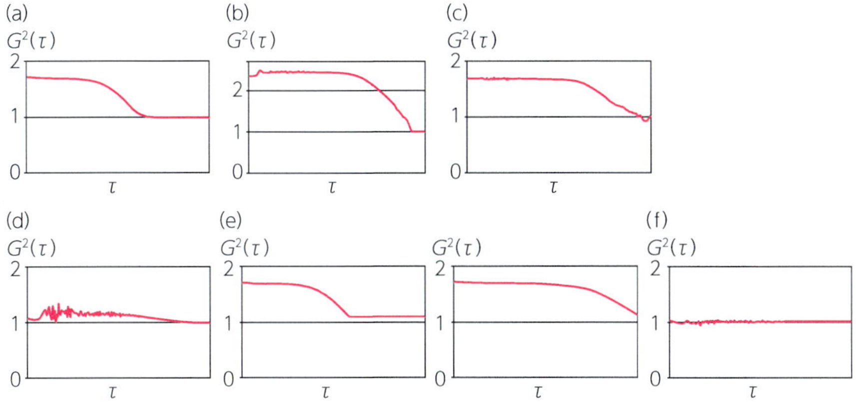

그림 7.16 자기 상관함수에서 알 수 있는 주의점

(a) 통상적인 모양, (b) 2를 넘는다, (c) 베이스가 넘실거린다, (d) 노이즈 같다, (e) 베이스가 뜬다, 1로 수렴하지 않는다, (f) 일어서지 않는다.

- 베이스라인이 넘실거린다(그림 7.16(c)).
  원인: ① 샘플 내에서 대류가 일어나고 있다, 입자의 침강의 영향을 받고 있다. ② 샘플로부터의 산란광 강도가 너무 높다. ③ 장치가 진동하고 있다.
  대책: ① 샘플 온도가 안정될 때까지 정지한다. ② 농도가 너무 높거나 ND필터가 정상적으로 동작하지 않는 경우에 일어난다. 샘플 농도를 묽게 한다, 핀홀을 작게 짠다, 그래도 해소하지 않는 경우는 ND필터의 동작 확인이 필요하다. ③ 진동원을 제거하거나 제진판을 깔아 해결할 수 있다.
- 소음성 있다(그림 7.16(d))
  원인: 샘플이 저농도이거나 미립자를 측정하는 경우에는 입자로부터의 산란광 강도가 적고 해석에 필요한 정보량을 충분히 얻지 못한다.
  대책: 샘플 농도를 높임으로써 산란광 강도를 높임. 측정 시간을 늘리고 정보량을 많이 함.
- 베이스라인이 뜬다, 1로 수렴하지 않는다(그림 7.16(e))
  원인: 샘플이 고점도이기 때문에 브라운 운동이 억제된다. 큰 입자가 혼재되어 있다.
  대책: 저점도 용매로 바꾼다. 샘플 농도를 희석한다. 광학 정제나 원심 처리로 큰 입자를 제거한다.
- 일어나지 않는다(그림 7.16(f))
  전혀 일어나지 않는다는 것은 입자의 브라운 운동에 대한 정보가 거의 발견되지 않았다는 것을 의미한다.
  원인: 샘플이 저농도, 측정 초점 위치가 맞지 않음. 입자가 거의 존재하지 않음
  대책: 샘플 농도를 높임. 측정 초점 위치를 조정함.

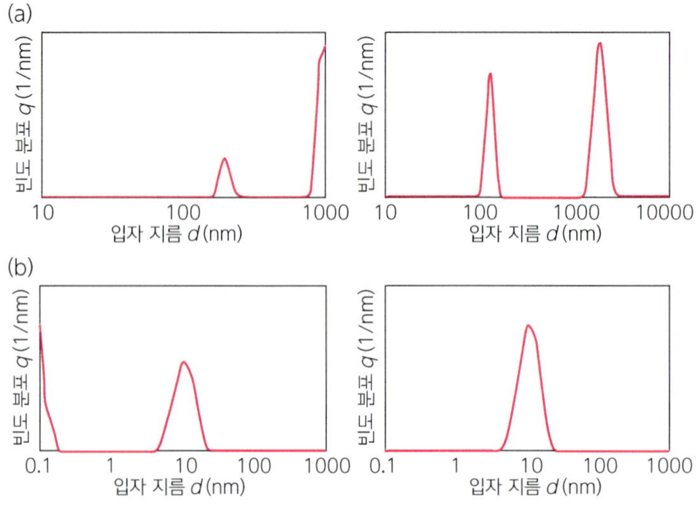

그림 7.17 입자지름 분포에서 알 수 있는 주의점
(a) 분포의 오른쪽 끝에서 빈도가 보이는 경우, (b) 분포의 왼쪽 끝에서 빈도가 나타나는 경우

(2) 입자 직경 분포

입자지름 분포에서 그림 7.17과 같은 결과가 얻어진 경우, 가로축을 입자 크기에 맞추어 정확한 해석 결과를 표시한다. (a) 이와 같이 분포의 오른쪽 끝에 빈도가 나타나고 있는 것은 더 큰 입자가 존재하고 있음을 의미하기 때문에 가로축의 최대값을 넓힘으로써 분포로 표시할 수 있다. (b)는 가로축의 최소값을 0.1 nm로 넓혀도 왼쪽 끝에 빈도가 나타나고 있다. 이는 입자의 브라운 운동 정보가 아닌 자기 상관함수의 노이즈가 빈도로 나타나고 있을 가능성을 생각할 수 있다. 따라서 삭제하고 표시하는 것이 바람직하다.

7.7 끝에

동적 광산란법 측정에서는 nm 오더의 측정 정밀도는 다른 측정 원리에 비해 매우 높기 때문에 많은 분야에서 사용되고 있다. 그러나 조작이 매우 단순하기 때문에 잘못된 측정 조작이나 결과의 평가가 불충분해지는 경우가 많이 보인다. 따라서 원리의 이해와 측정 조작 절차나 측정 결과에 대한 올바른 이해가 중요하다. 여기에 기술한 내용을 보다 전문적으로 알고 싶다면 참고 문헌에 기술하는 전문서를 참고하기 바란다.

【참고 문헌】

1) 米沢富美子,『ブラウン運動』, 共立出版(1993).

動的光散乱法についてさらに詳しく知りたい方

2) 柴山充弘他,『光散乱法の基礎と応用』, 講談社 (2014).

3) 窪田健二, 高分子学会編,『新高分子実験学6 高分子の構造 (2) 散乱実験と形態観察』, 共立出版 (1997).

ゼータ電位について詳しく知りたい方

4) 北原文雄他,『ゼータ電位 微粒子界面の物理化学』, サイエンティスト社 (2012).

溶媒の物性値の参考書

5) 浅原照三他,『溶剤ハンドブック』, 講談社 (1976).

6) 日本化学会,『化学便覧 基礎編』, 丸善出版 (2004).

7) 小石真純, 釣谷泰一,『分散技術入門』, 日刊工業新聞社 (1979).

8) 北原文雄, 青木幸一郎,『コロイドと界面の化学』, 廣川書店 (1983).

9) 粉体工学会,『粒子径計測技術』, 日刊工業新聞社 (1994).

8 겔 침투 크로마토그래피(GPC)

8.1 처음에

GPC(Gel Permeation Chromatography, 겔 침투 크로마토그래피)는 고속 액체 크로마토그래피(HPLC)의 분리 모드의 하나로, 복수의 목적 성분 간 분자 크기의 차이를 이용하여 상호 분리를 한다. 분자의 크기에 주목하고 분리를 실시하는 것은 크기 배제 크로마토그래피(Size Exclusion Chromatography, SEC)라고 총칭되지만, 그 중에서도 합성 고분자를 다루는 화학 공업 분야에서는 GPC, 생체 고분자를 다루는 생화학 문의 분야에서는 겔 여과 크로마토그래피(Gel Filtration Chromatography, GFC)라 불리는 경우가 많다. 크기 배제를 원칙으로 하는 분리 기구는 HPLC의 주요 분리 모드 중 하나로 여겨진다.

여기서는 평균 분자량을 계산하는 GPC 분석 전반에 대해 해설하는 것을 목적으로 하며, 분리 모드에 대한 간단한 설명과 더불어 고분자 화합물의 평균 분자량을 측정하는 이른바 GPC 계산에 대해서도 개략을 해설한다.

8.2 원리

8.2.1 SEC에 의한 분리

SEC 컬럼 중에는 대개 균일 지름의 입자가 충전되고 있다. 대부분의 경우, 구형 입자의 표면에는 세공 내로 불리는 구멍이 많이 존재하다 이 입자 자체가 무기이며, 유기이며, 선형 상의 고분자가 용매 중에서 접혀 가교에 의해 고정된 것으로 입자 표면보다 내부가 고분자 사슬끼리 서로 얽힘이 강해진다, 평균적인 다공의 크기는 입자 내부에 갈수록 작아지는 것으로 예상된다. 즉, SEC 컬럼에는 모식적으로는 그림 8.1 같은 입자가 충전되고 있다. 그림 8.1에서 알 수 있듯이 분석 대상인 용질(고분자의 경우가 대부분)의 용매화한 크기(선형 분자라도 자신의 자유 에너지가 작은 안정 상태가 되도록 많은 것은 구에 가까운 모양입니다)가 크면 세공의 안쪽까지 침투할 수 없고, 컬럼 통과 시 이동 경로의 총합은 작아진다.

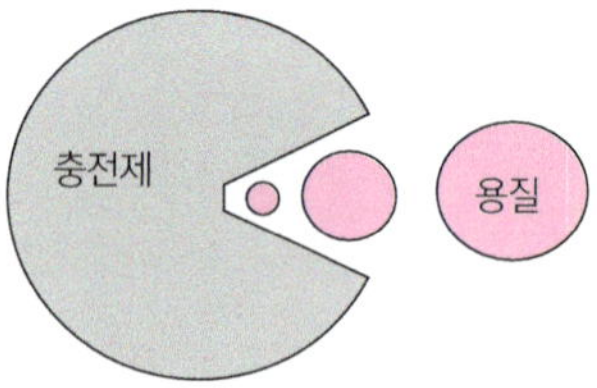

그림 8.1 SEC용 충전제 모식도
용질의 크기에 따라 기공에 들어갈지 여부가 결정된다. 큰 용질은 기공 입구 부근까지, 작은 용질은 기공 안쪽까지 침투한다. 그러므로, 큰 용질일수록 이동 경로가 짧고, 빨리 용출된다.

반면 크기가 작으면 안쪽까지 침투할 수 있으므로 이동 행적의 총합은 커진다. 따라서 용매합된 크기가 큰 용질은 빨리 용출되고, 크기가 작은 것은 늦게 용출한다. 이것이 크기 배제의 분리의 원리이다. 그림 8.1에서 입자 표면의 세공보다 큰 크기의 용질은 그 이상

아무리 커도 세공에 침입할 수 없다는 점에서는 조건은 같으므로 SEC 컬럼에서는 세공 크기 이상으로 큰 용매화 크기의 분자는 구별할 수 없다. 마찬가지로, 세공의 바닥에 해당하는 크기(개념상의 삼각형 모서리가 아닌 한, 세공의 바닥 크기는 어느 일정한 크기를 가진다) 이하의 작은 분자들도 SEC 컬럼에서는 구별할 수 없다.

이 두 한계를 각각 배제 한계, 침투 한계라고 부르며, 이 양자 사이에서 용질 분자는 그림 8.2와 같다. 분자 크기가 큰 것부터 차례로 컬럼보다 용출된다.

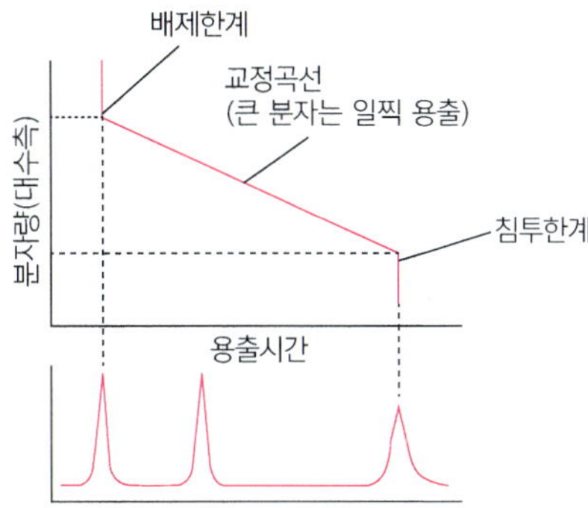

그림 8.2 교정곡선과 배제한계, 침투한계

8.2.2 SEC 분리에 대한 주의사항

이 배제한계와 침투한계 사이의 용출 시간(보통 용리액을 일정한 유속으로 송액하므로 시간에 유속을 곱하여 '용출 용량이라고 하는 경우도 많다)'과 용출하는 용질, 즉 고분자의 분자량과의 관계를 나타낸 것은 교정 곡선(또는 교정 곡선, 검량선)이라고 불린다. 실제로는 교정곡선의 세로축은 10을 바닥으로 하는 상용대수로 표시되는 경우가 대부분이다. 그림 8.3에서 알 수 있듯이 분자량이 약 10배 다른 고분자를 분리해 보면 거의 등간격의 용출시간이 됨으로써 교정곡선에서 분자량을 로그 표시하는 것이 타당함을 알 수 있다.

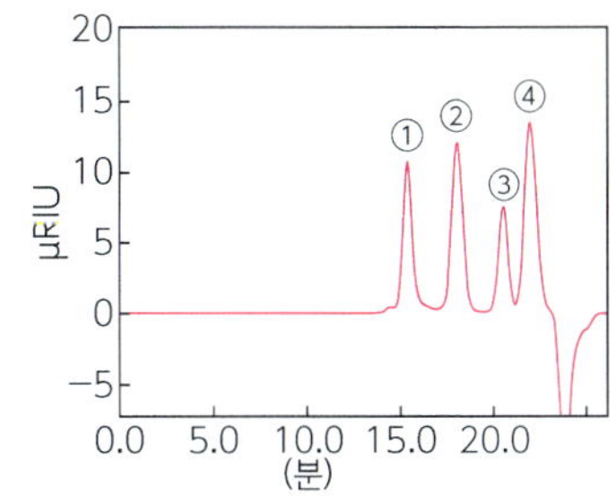

그림 8.3 크기 배제 크로마토그래피에 의한 표준 폴리스틸렌 분리

① 폴리스틸렌(Mw 411,000)
② 폴리스틸렌(Mw 51,000)
③ 폴리스틸렌(Mw 5030)
④ 폴리스틸렌(Mw 580)
컬럼: Shim-pack GPC-80M(300 mm × 8 mm I.D.) 2개
이동상: THF
유량: 1 mL/min
컬럼 온도: 40 ℃
검출: 시차 굴절률

덧붙여 SEC 분리에서는 통상적으로 분자의 크기만으로 분리가 이루어져 화학적 상호작용이 작용하지 않는다는 전제에 있기 때문에 피크 정상부에 상당하는 용출 시간을 '머무름 시간'으로 하는 것은 엄밀히 말하면 오류일 것이다. 머무름 시간이란 일반적인 크로마토그래피에서 말하는 '비머무름 시간' 혹은 t_0라고 불리는 시간 이후에 출현하는 피크 정상 시간을 가리킨다. SEC 분리에서는 이 t_0는 침투 한계에 상당한다. 즉 SEC 분리는 모두 t_0 이전 시간에 이루어지므로 분리의 정밀도를 확보하기 위해서 t_0 이전의 용출시간을 오래 걸릴 수 있도록 다른 분리모드의 컬럼에 비해 컬럼 크기가 큰 것이 표준적이다. 예를 들어, 일반적인 SEC 컬럼의 치수는 길이 300 mm, 내경 8 mm 정도이다.

8.3 무엇을 측정할 수 있는가

8.3.1 상자 모델에 의한 2종류 평균 분자량 설명

전술한 바와 같이, GPC 분석의 대상물질은 대부분 고분자이며, 일반적으로는 합성 고분자이든, 다당류 등의 천연 고분자이든 일정한 분자량 분포를 갖는 상태로 존재한다. 이들 고분자의 물성평가로서 분자량이 큰 것부터 차례로 용출되는 SEC 분리 원리를 이용하여 그 평균 분자량이나 분자량 분포를 추정하는 것이 GPC 계산이다. 갑자기 평균 분자량 계산식을 해설하기보다는 시각적으로 이미지화하기 쉽도록 그림 8.4에서 대략적인 GPC 계산에 대해 생각해 본다.

그림 8.4와 같이 무게가 다른 상자(각각 상자의 크기도 다르다)를 생각하면, 상자의 종류의 차이에는 착안하지 않고, 단순히 상자의 수로 평균했을 경우의 상자 무게 평균은 위의 계산대로 50 g이 된다. 그에 반해, 상자의 종류의 차이를 고려하여 가중치를 부여한 평균은 63.6 g으로 단순 평균보다 큰 값이 된다.

8

실제 GPC 계산에서는 상자 하나의 무게를 고분자의 분자량으로 생각하여 각각 수평균 분자량, 중량평균 분자량이라고 불린다. 이름의 이유는 식을 보아 명백한 바와 같이 전자는 상자의 총수가 분모가 되고 후자는 상자의 총 중량이 분모로 되어 있기 때문이다. GPC 분석에서는 이 두 평균이 큰 의미를 갖는다. 그것은 이 두 계산 결과의 비, 즉 (중량평균 분자량) / (수평균 분자량)이 대상으로 하고 있는 고분자의 분자량 분포를 나타내기 때문이다. 이 비는 다분산이라고 불린다. 분자량 분포 범위가 넓으면 상대적으로 큰 분자의 무게가 강조되게 되고, 다분산도는 커진다. 분포가 좁은 경우 극단적인 예에서는 50 g 상자밖에 없는 경우는 수평균과 중량평균은 일치하고, 다분산도는 1이 된다. 실제 GPC 분석에서는 단일 분자량의 시료라도 밴드 확산으로 피크는 일정한 폭을 가지지만 다분산도가 1에 가까우면 단분산에 가까운 좁은 분포를 보이고 다분산도가 크면 넓은 분포를 보이는 것은 변함이 없다.

8.3.2 상자 모델에서 실제 데이터 계산으로의 확장

이러한 배경을 감안하여 그림 8.5에 나타내는 SEC 분리로 얻은 크로마토그램(용출

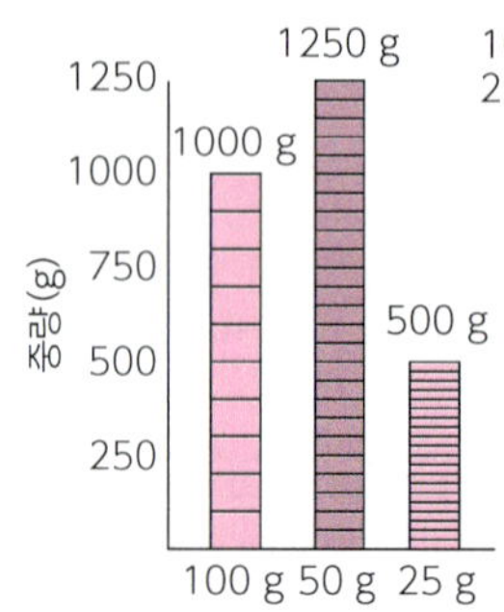

100 g 짜리 상자가 10개, 50 g 짜리 상자가 25개, 25 g 짜리 상자가 20개 있을 때

Q1. 수평균(1개당 평균)은?

$$\frac{(100\times10+50\times25+25\times20)}{10+25+20}=50$$

답: 50 g

Q2. 중량평균(가중치 부여 평균)은?

$$\frac{(100\times100\times10+50\times50\times25+25\times25\times20)}{100\times10+50\times25+25\times20}\cong 63.6$$

답: 약 63.6 g

그림 8.4 평균 분자량이란

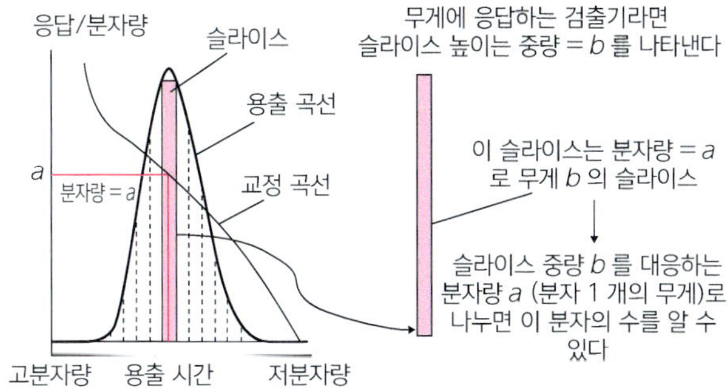

그림 8.5 GPC 계산 원리

곡선)에서의 슬라이스(용출곡선을 등간격으로 분할한 것. 그림 8.4의 상자의 종류별 단책에 상당)와 식 (8.1)을 보면 계산의 원리와 식 자체가 나타내는 내용을 이해하기 쉽다.

$$\text{평균 분자량} \quad M_n = \frac{\Sigma H_i}{\Sigma(H_i/M_i)}$$

$$\text{중량평균 분자량} \quad M_w = \frac{\Sigma M_i H_i}{\Sigma H_i} \tag{8.1}$$

(일반적으로 $M_n < M_w$이다. 다분산도 = M_w/M_n이며 분포의 확대를 나타낸다. H_i: 슬라이스 높이, M_i: 분자량).

H_i는 대응하는 슬라이스의 높이, 즉 중량을 나타내고, H_i/M_i는 중량을 해당하는 슬라이스에 교정곡선으로 할당된 분자량 M_i(그림 8.4의 각 상자의 크기)으로 나눈 것이므로, 그 슬라이스에 존재하는 분자의 수를 나타낸다. 두 식의 차이는 M_n을 나타내는 식의 분모와 분자 각각에 M_i이 곱해져 M_i에 따른 가중치 부여가 행해지고 있다는 것이다.

따라서 그림 8.6에 나타낸 두 식은 각각 그림 8.4의 수 평균, 중량 평균의 상자 무게 계산에 대응하고 있음을 알 수 있다. 이상 해설한 바와 같이, 극히 간단하게 말하면, GPC 분석이란 분자량 순으로 용출하는 SEC 분리 메커니즘에 의해 얻어진 고분자의 용출 곡선에 대하여 미리 작성한 분자량과 용출 용량의 관계(교정 곡선)를 이용하여 평균 분자량과 분자량 분포를 구하는 분석법이라 할 수 있다.

8.4 장치의 개요

8.4.1 일반적인 GPC 장치 구성과 검출기에 요구되는 특성

GPC 분석 시스템의 하드웨어로는 기본적으로 HPLC와 같은 구성이 된다. 그림 8.6에 일반적인 GPC 시스템의 유로도를 나타낸다.

경시적으로 이동상 조성을 변화시키는 그레디언트 용리법은 사용하지 않으므로 송액

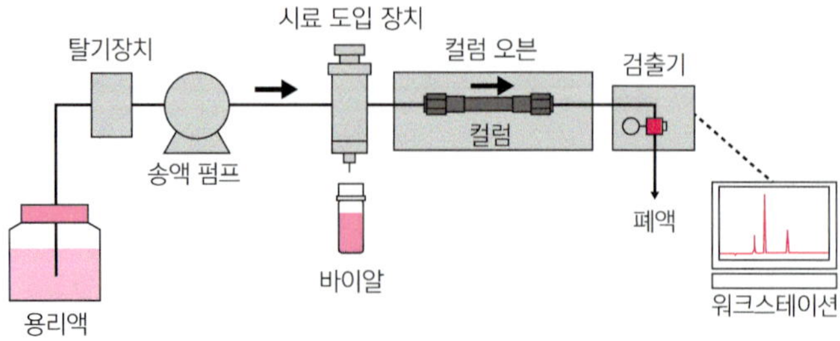

그림 8.6 GPC 분석 시스템의 유로 구성

펌프는 1대다. 후술한 바와 같이 컬럼 오븐은 필수이다. 시료의 주입은 자동 주입 장치에서도, 주사기로 실험자가 계량하는 수동 주입 장치에서도 사용 가능하다. 다음으로 검출기는 일반적으로 시차 굴절률 검출기(RID)를 이용한다. 이는 RID가 시료의 중량에 대해 가장 직선적으로 응답하는 성질을 갖는 검출기라는 것이 이유다.

슬라이스에서 분자의 수(실제 개수가 아닌 그 상대비)를 계산할 때에도 슬라이스의 높이는 무게를 나타낸 것이어야 함을 쉽게 이해할 수 있을 것이다. 분광적인 HPLC 검출기에서는 일정 용적을 가진 셀 내에 존재하는 대상 분자의 수(농도라고 해도 좋다)에 응답한다.

한편, UV 검출기는 분자의 수에 개별 분자의 몰흡광계수라는 계수를 곱한 응답을 나타낸다. 고분자를 생각할 때 분자 1개의 모노머와 분자가 10개 연결된 올리고머를 비교하여, 후자가 전자에 대해 정확히 10배의 몰흡광계수를 나타내면 GPC 계산상으로는 문제가 없지만, 실제로는 용매화했을 때의 고분자의 형태나 흡수를 나타내는 부위의 위치 관계 등에 의해 그렇게 되지 않는 경우가 많다. 그러므로 GPC 계산용 데이터로는 RID 데이터가 바람직하다. 또한 대상으로 하는 고분자 자체의 UV 흡수가 작을 경우, 용리액 자신이 UV 흡수를 갖는 경우 등 UV 검출기에 불리한 국면도 생각할 수 있다. 증기화 광산란 검출기는 UV 흡수를 나타내지 않는 화합물의 HPLC 분석에 이용되는데, 이 검출기는 농도, 즉 셀 내의 분자의 중량에 대해 응답이 직선적이지 않고, GPC 계산 소프트웨어에 ELSD의 검량선에 의존한 농도에 따른 응답 보정 기능이 없으면 GPC 계산용 데이터로는 이것도 부적합하다.

망라적인 비교는 아니지만, 이들 검출기와 RID와의 계산값 불일치는 대략 몇 %에서 수십 % 정도이다. 이 차이를 허용할지 여부는 운용측의 문제가 될 것이다. RID에서도 저분자 화합물의 중량 응답은 상대적으로 작아지는 경향이 있지만, 계산 소프트웨어에 보정 기능이 부여된 경우가 많고 영향도 한정적이기 때문에 GPC 계산 데이터용 검출기로서는 이것이 기본이 된다. 또한, 다각도 광산란 검출기와 RID 검출기를 조합하여 주어진 데이터에서 직접적으로 중량 평균 분자량을 측정하는 것도 가능하지만, 실제 사용 예는 RID인 경우가 더 많을 것으로 추측되기 때문에 본 장에서는 측정 원리 등은 다루지 않는다.

8.4.2 기타 GPC 시스템 구성 장치에 요구되는 특성

HPLC 분석에서 일반적인 정량 계산법(절대 검량선법)에서는 주입량이 다르면 얻어진 피크면적이 달라 정량결과에 큰 영향을 준다. GPC 분석에서는 주입량의 정확도는 HPLC 분석의 정량 계산 정도에는 중요하지 않지만 주입량 의존으로 용출시간이 어느 정도 변동하는 것으로 알려져 있으므로 일련의 분석에서는 일정한 주입량을 채용하는 것이 바람직하다.

용출 시간은 시료 농도에도 의존하고 있으며, 고농도에서는 용매합한 분자 크기가 작아지는 경향이 있으므로 용출 시간이 증가한다. 이 경향은 분자량이 큰 고분자에서 현저하다. 또한 GPC 계산에서는 각 용출 시간에 할당된 분자량의 분자가 몇 개 있는가 하는 것이 계산의 기초가 되기 때문에 용출 시간의 재현성은 매우 중요하다. 즉 펌프의 유량 안정성 및 GPC 분석계 자체의 온도 안정성이 중요하다는 것이다.

따라서 정확히 일정 유량으로 용리액의 송액을 행하는 펌프나 컬럼 내의 용리액의 온도를 일정하게 유지하는 컬럼 오븐은 GPC 분석의 하드웨어 구성에서는 중요하다. 또한 GPC 분석에 사용되는 용리액은 비수계 고분자를 대상으로 하는 경우는 테트라하이드로퓨란(THF), 클로로포름 등의 유기 용매, 친수성 고분자가 대상인 경우의 물, 혹은 물에 염 첨가를 행한 수용액 등이 이용된다. 비수계의 경우, 용해 능력이 큰 헥사플루오로이소프로판올(HFIP)을 이동상에 이용할 수 있다. 그 때문에 송액계를 포함하여 각 장치 수지 부품의 각 용매에 대한 내성은 충분한지 확인할 필요가 있다. GPC 계산을 실시하기 위한 소프트웨어는 장치의 각 벤더가 제공하고 있다. 일반 용도로는 슬라이스 데이터에서 시판 표계산 소프트웨어로 계산하는 것보다 GPC 분석 소프트웨어를 사용하는 것이 편리하다.

8

8.5 조작 방법

8.5.1 GPC 분석에 앞선 주의점

전술한 바와 같이 GPC 계산에 있어서는 피크 형상 전체의 용출 시간 방향 재현성이 중요하므로 가급적 장치 자체가 온도 변화를 받기 어려운 환경에 설치하는 것이 중요하다. 가능하면 창문, 출입구, 에어컨 및 환기 시스템 근처에서의 설치는 피한다.

보다 정밀한 분석을 실시할 때에는 용리액이 든 용기 자체를 수욕으로 하여 열용량이 큰 환경에서 사용하거나 적극적으로 컬럼 오븐과의 온도차가 작아지도록 항온실 등에서의 전체 온도조절을 실시한다. GPC 분석에서는 분포 범위가 넓은 고분자를 대상으로 하는 경우도 많고, 배제 한계가 다른 2~4개 정도의 복수의 컬럼을 직렬로 접속하여 분석에 제공하는 경우도 적지 않다. 이때 배제 한계가 다른 컬럼의 접속 순서가 거론되는 경우가 종종 있다. 배제 한계 크기의 내림차순, 오름차순 모두 이점은 있지만, 경험상 어느 순서로든 계산 결과 내구성에 큰 차이는 없다. 즉, 컬럼 연결 순서는 실용적으로 고려하지 않아도 큰 문제가 없을 것으로 보인다.

8.5.2 교정 곡선 작성

장치의 구성은 일반적인 HPLC와 거의 동일하기 때문에 장치로서의 조작방법도 거위 동일하다. 최초로 분자량 기지의 단분산 고분자 표준품을 몇 점 주입하여 교정 곡선을 작성한다. GPC 교정 곡선 작성용으로 시판되고 있는 표준 마커는 분포가 작고, 각 제조사에서 GPC 분석을 실시한 경우 피크 정상에 상당하는 부분의 분자량이 명시되어 있다. 이에 따라 피크 정상에 상당하는 용출 시간에 표시된 분자량을 할당하는 것이 가능해진다.

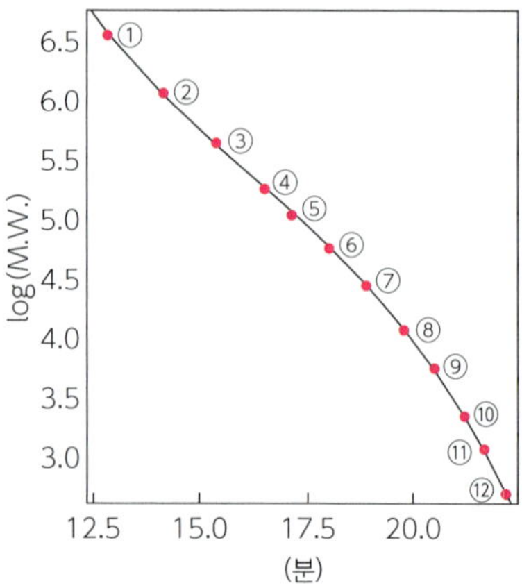

그림 8.7 3차 함수를 이용하여 작성한 교정 곡선

피크 ① PS 3,220,000 ② PS 1,080,000 ③ PS 411,000 ④ PS 160,000 ⑤ PS 96,400 ⑥ PS 51,000 ⑦ PS 25,000 ⑧ PS 10,700 ⑨ PS 5,030 ⑩ PS 1,990 ⑪ PS 1,060 ⑫ PS 580

곡선을 구성하는 표준 마커의 점수는 곡선의 종류나 분자량 범위에 따라 다르지만 일반적으로는 5~10점 정도일 것이다. 또 다른 법으로서 수평균 분자량, 중량평균 분자량 및 Z평균 분자량(후술한다) 등 기지의 분자량 분포를 갖는 표준 마커를 이용하여 각 평균 분자량을 지정수치에 맞출 수 있도록 교정곡선을 수치연산에 의해 작성하는 방법(일반적으로 브로드표준이라 불린다)도 알려져 있다. 교정 곡선이 직선이라고 단정할 수 있는 컬럼이라면 수학적으로 결정될 수 있다.

그러나 실제로는 교정 곡선이 직선으로 되지 않는 경우도 있고, 직선이라도 교정 곡선의 신뢰성 향상을 위해서 더 많은 표준 마커를 채용하는 것이 많다. 비수계 합성 고분자가 대상인 경우 폴리스티렌을, 수계 고분자의 경우에는 풀루란 등을 이용하여 교정 곡선을 작성란다. 교정 곡선이 직선적이지 않을 경우는 기함수를 이용하여 교정 곡선을 작성하는 것이 많다. 그림 8.7에 3차 함수로 피트된 폴리스티렌 12점으로 작성한 교정 곡선을 나타낸다. 실측 점의 잘록하게 잘 맞아떨어졌는데 기함수를 사용하는 것은 전체적으로 점점 내려간 교정 곡선을 나타내는 모델로 편리하기 때문이다.

8.5.3 실제 시료 분석

표준 마커 용액 작성 시 주의 사항으로는 RID에서의 검출 때문에 시료 용매는 용리액과 동일 조성하고, 용매 유래 피크가 계산이 필요한 용출 부분에 보지 않도록 할 필요가 있다. 또 시료 농도는 UV검출의 경우보다 크다, 0.1~0.2%(w/v)정도가 일반적이다. 전항에서 설명한 용출 시간의 농도 의존성으로부터, 표준 마커와 실제 시료의 농도도 같이 하는 경향이 있지만, 일반적으로 분자량 분포를 가진 실제 시료에서는 특정 분자 질량 영역의 부분 농도는 전체 농도 이하로 되므로 표준 마커보다는 2배 정도 고농도로 조제하는 것이 바람직하다. 시료 주입량은 일반적인 컬럼 사이즈가 내경 8 mm로 크고, 전항에서 설명한 용출 시간의 증가도 감안하여, 50~100 μL 정도까지는 허용된다. 단 내측의 작은 컬럼을 이용한 경우에는 더 적은 주입량이 바람직하다. 또, 폴리스티렌의 표준 마커와 비교적 극성이 큰 유기 용매(N, N-디메틸포름아미드(DMF) 등)의 용리액, 및 합성 고분자 베이스의 충전제를 사용하고 교정 곡선을 작성하는 경우에는 폴리스틸렌의 컬럼 충전제에 대한 흡착 현상이 알려져 있으며, 그 억제를 위해 5~10 mmol/L 정도의 브롬화리튬 등을 용리액에 첨가한다.

실제 시료 중의 분포는 분석 전에는 예상하기 어려운 것이지만 만약 GPC 계산의 대상이 되는 용출부분이 교정곡선의 실측점 바깥쪽에 미칠 때에는 해당하는 용출부분의 계산이 외삽 예측이 되어 계산의 신뢰성이 저하되므로 실제시료 중의 전용출부분이 표준마커의 실측점에서 내삽할 수 있도록 적절한 표준 마커의 데이터를 추가하는 것이 바람직하다. 또한, 얻어진 크로마토그램에서 고분자 성분의 용출이 배제 한계에 가까운 위치에서 급격히 일어서거나 혹은 침투 한계 부근에서 일어서는 것 같은 경우는 컬럼의 선택이 적절하지 않을 수 있으며, 배제 한계가 다른 적절한 컬럼으로 변경한다.

8.5.4 적절한 파형 처리의 실시

GPC 분석에서 얻어진 크로마토그램은 적절한 파형 처리를 거쳐 GPC 계산에 제공하는 것이 가능해진다. 그림 8.8과 같이 용출 부분은 실선으로 나타낸 보정선에 기초하여 기준선 위를 저변으로 하는 도형으로 잘라낸 후 다수의 슬라이스로 분할되는 것이 바람직하다. 만약 부피크의 인식, 부적절한 피크 분할 등으로 그림 속의 파선에서 나타낸 보정선에 따라 파형 처리했을 경우 분할된 각 슬라이스의 높이가 기준선 수준과의 차이만큼 증감된 형태가 되어 고분자의 분포를 올바르게 반영한 GPC 계산을 할 수 없게 된다.

또한, 슬라이스 수가 많을수록 계산의 정확도는 좋아진다고 생각되지만, 데이터 파일의 크기를 생각할 경우, 슬라이스 수가 큰 데이터는 크기가 큰 데이터가 되어 데이터 파일의 저장에서는 불리해진다. 계산 속도나 데이터 보관에 문제가 없다면 슬라이스 수를 크게 설정하는 것이 좋다.

상술한 점에 유의하여 데이터 채취하여 적절한 파형 처리를 하고 GPC 계산을 실시하면 수평균 분자량(M), 중량평균 분자량(Mw) 다분산도(Mw/Mn값)가 구해져 대략적인 GPC 분석이 실시된 것이다.

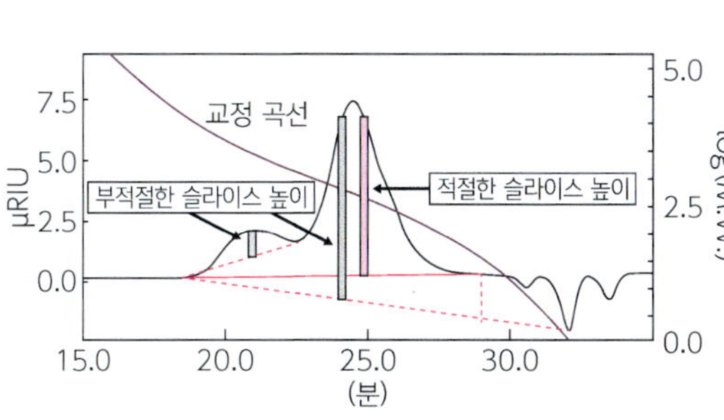

그림 8.8 GPC 크로마토그램(용출곡선)의 파형 처리

8.6 GPC 분석결과 견해

다음에 얻은 데이터를 다룰 때 유의해야 할 점을 기재한다.

8.6.1 환산 분자량

어떤 분포를 갖는 고분자 시료를 상술한 방법으로 GPC 분석하면 수평균, 중량평균 분자량, 다분산도 등을 얻을 수 있는데, 이러한 수치는 아래에 설명하는 한정 조건 하에서 검토해야 한다. 계산의 근원이 된 교정곡선이 폴리스티렌 마커로 작성된 경우, 얻어진 계산결과는 실제 시료의 고분자가 마커와 동종의 폴리스티렌일 경우에는 정확한 분자량 정보가 된다. 그러나 시료 중의 대상 고분자가 폴리부타디엔 등 폴리스티렌 이외의 경우는 그 고분자가 폴리스틸렌이었다면 이 정도의 분자량이라는 폴리스티렌 환산의 분자량을 얻을 수 있었던 것이다.

이것은 SEC 컬럼에 의해 인식되는 정보가 8.2절에서 설명한 바와 같이 용매합한 분자의 크기라는 것에 의한다. 즉, 분자량이 큰 고분자는 분자량이 작은 고분자에 비해 용매합한 크기도 클 것이라는 생각이 기본으로 되어 있다. 이 생각은 일반적으로 같은 종류의 고분자(예를 들어 폴리스티렌)에만 관해서 생각하면 옳다고 생각된다. 직쇄형으로 합성된 고분자는 용매에 용해되면 에너지적으로 가장 안정적인 형상을 취하도록 대부분의 경우 표면적이 작은 공에 가까운 상태로 접어든다. 개념적인 설명이 되어 버리지만, 이하의 그림 8.9와 같이, 다른 분자량을 가지는 고분자가 SEC상에서 같은 용출 위치에 출현하는 경우를 생각해 본다.

그림 8.9에서, A를 기준으로 생각하면 B의 고분자는 분자 사슬 길이는 같지만 가늘기 때문에 분자 사슬의 단위 길이 당 중량도 작고 분자량도 A보다 작다고 생각된다. 같은 사슬 길이로 같은 구형 사이즈로 접혀 있어서 얽힘 정도는 A와 비슷하다. C의 경우에는 분자 사슬은 A와 동등한 굵기이고 단위 길이 당 중량도 A와 동등하면서 사슬 길이 자체가 A보다 짧다. 따라서 A보다 분자량은 작다고 생각되지만, 용매 중에서 사슬은 서로 접히는 성질이 있고, 용매합한 사이즈는 A와 같아진다.

이렇게 생각하면, 이들 3가지 고분자는 각각 다른 분자량을 갖음에도 불구하고, SEC로 같은 위치에 용출하고 구별을 못하게 된다. 이 사실로부터 유추하면, 기준이 되는 고분자 A와 다른 종류의 고분자가 같은 분자량을 가지고 있으면서 A와는 다른 용매화된

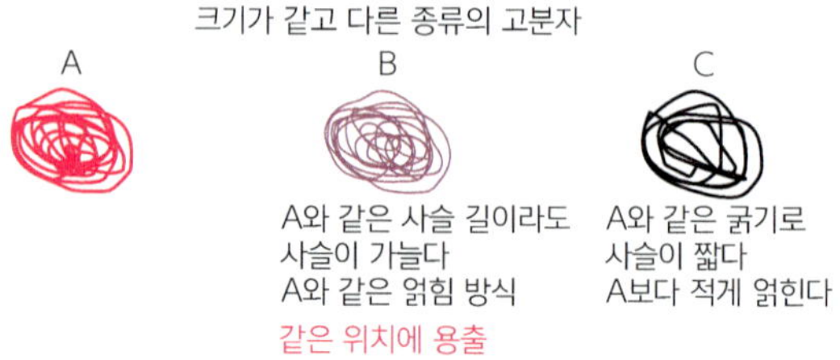

그림 8.9 동일한 용출 시간을 나타내는 분자량이 다른 고분자

분자 크기를 가지며 SEC상에서 서로 다른 위치에 용출한다는 것도 쉽게 상상할 수 있다(그림 8.10).

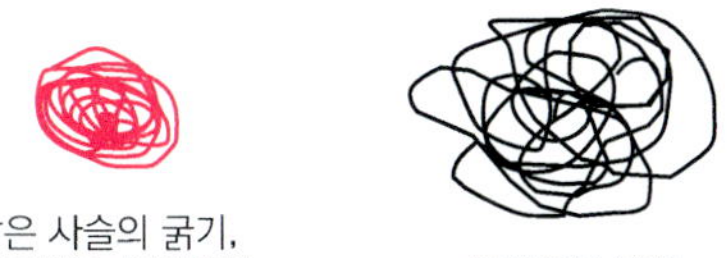

그림 8.10 같은 분자량을 가진 서로 다른 용매화 크기의 고분자

SEC에서는 용매화한 분자 크기가 같다면 고분자의 종류에 관계없이 같은 위치에 용출하게 되며 전술한 것처럼 교정 곡선 작성에 사용한 표준 마커와 동종의 고분자에 대해서만 GPC계산으로 올바른 분자량 정보를 얻을 수가 있다. 그러나 고분자의 물성 평가라는 점에서는 표준 마커로 환산한 평균 분자량, 복잡 분산도 등의 정보의 대소 관계에 변함이 없다. 즉 수치가 자체의 절대 값은커녕 a와 b의 두개의 동종의 고분자 시료를 비교하고 실제의 분자량(절대 분자량)의 큰 것은 환산한 분자량(환산 분자량)도 크다. 또 분포의 확대를 나타내는 복잡 분산도도 마찬가지로, 절대 분자량에서 비교해도 환산 분자량에서 비교해도 수치가 큰 것이 광범위한 분포를 보이다 이 사실로부터, 고분자 화학 공업의 현장에서는 환산 분자량을 이용하여 고분자의 평가를 실시하는 경우가 적지 않다. 지금까지 기술한 내용을 이해한 후 GPC 분석 결과를 고분자의 평가 등에 사용하면 도구로서의 GPC 분석의 목적은 대체로 달성할 수 있을 것으로 생각된다. 다음 항 이후에 추가적인 지식으로서 GPC 분석과 관련된 항목에 대해 해설한다.

8.6.2 적분 곡선과 미분 곡선

GPC해석 소프트웨어 등의 출력 항목에는 적분 곡선 혹은 미분 곡선이라는 것이 있다. 적분 곡선은 각 슬라이스 높이를 분자량이 작은 것, 즉 용출 시간이 늦은 편에서 적산하고 검출된 최대 분자량까지 더해 가는 것이다. 통상은 슬라이스 높이의 전 적산에서 각 슬라이스 높이를 나누고, 규격화된 상태(처음부터 다시 시작하고 적산 종료 시에 1, 백분율로 말하면 100%)로 표시한다. 당연히, 처음에는 제로부터 시작되어, 피크의 시작 시점에서는 적산값이 급증하고 피크 종료를 위한 적산값의 증가는 완만하면서 최종적으로는 1에 달하다 이 적분 곡선에서 중요한 점은 가로축을 용출 시간에서 교정 곡선을 이용하고 대응하는 분자량에 변경하고 있다는 점이다. 그리고 미분 곡선은 이 적분 곡선을 미분함으로써 얻어진다.

원래, 용리 곡선을 세분화된 슬라이스의 높이(수학적으로 표현하면 함수 값)을 적산한 것이 적분 곡선이므로 그것을 미분하면, 축 방향(적분 곡선은 오른쪽이 분자량이 크고, 오른쪽 분자량이 작은 용리 곡선과는 반대)이 좌우는 뒤집힌 것처럼 되지만 원래 용리 곡선에 돌아갈 뿐이라고도 생각된다.

그러나 적분 곡선 작성 시의 주의에 있었던 것처럼 교정곡선에서 얻어진 관계를 바탕으로 가로축은 용출시간에 대응하는 분자량으로 변환되어 있기 때문에 이를 미분하더라도 가로축은 분자량, 세로축은 슬라이스 높이의 적산의 단위분자량 당 변화율(용출곡선의 세로축은 그 순간의 슬라이스 높이, 즉 검출기의 셀용량 안에 존재하는 분자의 무게)이 되어 원래의 용출곡선과 비슷하여 비(非)가 된다. 즉, 겉보기에는 용출곡선의 좌

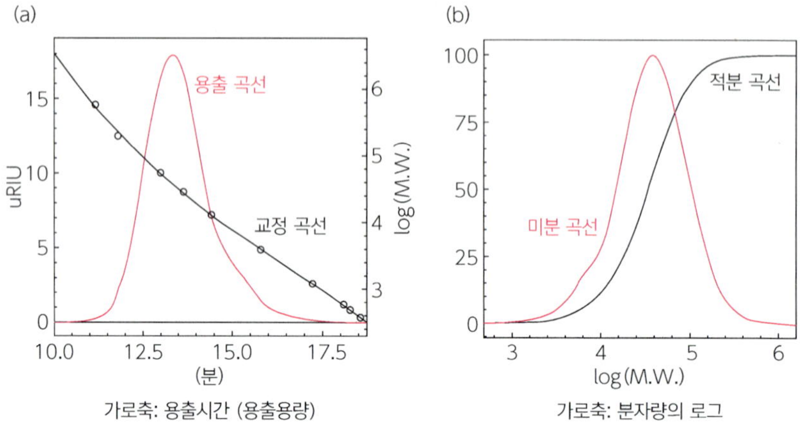

그림 8.11 GPC 분석으로 얻은 각종 곡선의 실례
(a) 용출 곡선과 교정 곡선, (b) 적분 곡선과 미분 곡선 적분 곡선은 슬라이스 높이의 저분자량 측으로부터의 합산 값의 백분율 표시, 미분 곡선은 적분 곡선의 미분, '용출 곡선의 좌우 뒤집기'가 아니다.

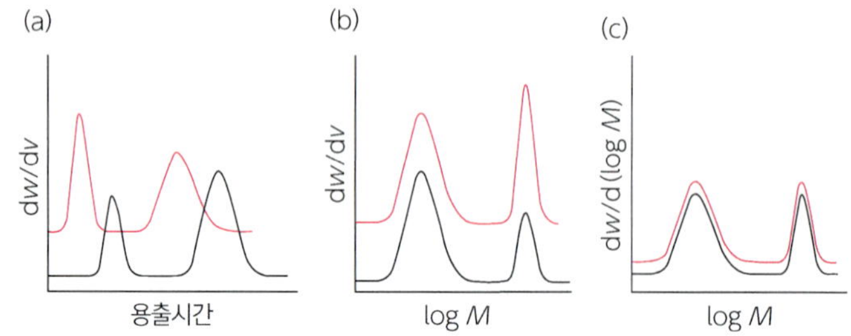

그림 8.12 동일 고분자의 다른 GPC 분석결과에서 미분곡선으로의 변환
(a) 같은 고분자를 다른 장치계로 분석한 용출곡선(크로마토그램), (b) 가로축을 logM으로 변환. 곡선의 모습은 비슷해졌지만 아직 일치하지는 않았다, (c) 세로축을 logM당 중량분율로 변환. 미분곡선에서 두 곡선은 일치.

우반전 같지만, 사실, 가로축도 세로축도 용출곡선과는 다른 플롯이 얻어진다. 그림 8.11에 각 곡선의 일례를 나타낸다.

얻어진 미분곡선에는 재미있는 특징이 있다. 이 곡선은 시료로 한 고분자의 분자량 분포정보만으로 구성되기 때문에 이론상 다른 장치, 컬럼을 이용한 분석결과를 바탕으로 작성한 미분곡선은 파형처리가 적절히 이루어지고 있으면 같은 곡선이 된다. 이 때문에 동일 시료가 다른 사업장에서의 GPC 분석결과를 비교할 때 등은 미분곡선을 이용함으로써 보다 직접적, 직관적인 비교가 가능해진다. 그림 8.12에 다른 용출 곡선에서 가로세로축을 변환함으로써 동일 미분 곡선이 구하는 모습을 모식적으로 나타낸다.

8.6.3 절대 분자량 추정

8.6.1항에서 GPC 분석에서는 교정곡선 작성용 표준 마커와 실제시료의 종류가 다르

면 절대 분자량이 아닌 환산 분자량밖에 구하지 않는다는 설명을 하였다. GPC 분석으로 완결되는 실험 내용에서는 그대로이지만 독립된 다른 실험에서 얻은 데이터를 조합함으로써 환산 분자량을 절대 분자량으로 변환하는 것도 가능한 경우가 있다. 본 항에서는 그 절대 분자량의 추정에 대해 해설한다. SEC에서 구별할 수 있는 것은 고분자가 용매화했을 때의 크기이며 분자 사슬 길이의 굵기나 길이가 다르더라도, 즉 분자량이 다르더라도 용매합에 의해 접힌 크기가 같다면 같은 용출 용량을 나타낸다. 사실, 다른 종류의 고분자라도 동일한 GPC 분석 조건에서 동일한 용출 용량을 나타내는 것 사이에는 다음과 같은 공통된 관계가 성립하는 것으로 알려져 있다. 동일한 용출 시간으로 용출되는 A, B 두 고분자 사이에는 다음과 같은 관계가 있다.

$$\eta_A M_A = \eta_B M_B \tag{8.2}$$

단, η은 고유 점도로

$$\eta = KM\alpha \tag{8.3}$$

여기서 M은 분자량, K와 α는 상수이다. 이것을 마크-호잉크-사쿠라다의 점도식이라고 부른다.

이 관계식을 아 프리오리적으로 인정한다면, 식 (8.2)에서는 고유 점도와 분자량의 곱을 세로축으로 하여 용출 용량에 대해 플롯해 나가면, 하나의 실험계(같은 장치, 컬럼)에 대해, 고분자의 종류에 의하지 않고, 단 하나의 교정 곡선을 얻을 수 있게 된다. 이것을 범용 교정 곡선이라고 부른다. 고유 점도에 대한 자세한 설명은 생략하지만, 그 구하는 방법은 점도계를 이용하여 농도가 다른 여러 고분자 용액의 점도 측정을 바탕으로 한 지표를 설정하고, 이 지표와 농도의 플롯으로부터 결정한다는 것이다.

또한 식 (8.3), 고유점도는 그 고분자의 분자량에 대하여 어떤 계수와 지수를 이용하여 표현할 수 있다는 것이다. 위에서 설명한 범용 교정곡선을 이용하여 절대 분자량에 따른 평균 분자량도 측정할 수 있는데, 각 고분자가 가지는 성질로서 점도계수 K와 점도지수 α가 이미 알려진 경우 아래에 나타내는 변형에 따라 어느 기분자량의 고분자 A와 같은 조건에서 동일한 용출용량을 나타내는 미지 고분자 B의 분자량을 추정할 수 있다.

식 (8.2)과 (8.3)을 조합하여

$$K_A M_A \alpha_A^{+1} = K_B M_B \alpha_B^{+1} \tag{8.4}$$

양변의 상용대수를 취하여 M_B를 구하는 형태로 정리하면

$$\log M_B = 1/(\alpha_B+1)\log(K_A/K_B)+(\alpha_A+1)/(\alpha_B+1)\ \log M_A \tag{8.5}$$

이 되고, 각 K와 α를 알면 용출시간이 같은 고분자끼리 분자량의 환산이 가능해진다.

이 식의 변형이 의미하는 것은 두 고분자 사이에서 각각의 고유점도를 나타내는 계수와 지수(같은 종류의 고분자에서는 어느 정도의 분자량 범위에서는 분자량에 관계없이 일정)를 알고 있으면 고분자 A로 작성한 교정곡선을 다른 종류의 고분자 B의 교정곡선

으로 변환하여 GPC 계산을 하고, 고분자 B 본래의 분자량으로 평균 분자량 등을 산출할 수 있다는 것이다.

이 지수, 계수의 결정은 위에서 설명한 복잡한 고유 점도 측정 데이터를 바탕으로 이루어지므로 실험실에서 쉽게 결정할 수 있는 것이 아니다. 제한 조건이 있지만, 많은 문헌값이 알려져 있기 때문에, 그것들을 이용하면, 몇몇 대표적인 고분자에 관해서는 절대 분자량에 의한 정보를 얻을 수도 있다. 그런데 이 지수와 계수는 무엇을 의미하는가. 이것을 생각하기 위해서, 식 (8.4)과 (8.5)에서 α_A와 α_B가 동일한 경우를 생각한다. 이 경우, K_A와 K_B가 알려진 상수임을 고려하면, 아래와 같이 표현할 수 있다.

$$\log M_B = \log C + \log M_A \tag{8.6}$$

따라서

$$M_B = C\,M_A (C\text{는 상수}) \tag{8.7}$$

8

라고 표현할 수 있다.

즉, 고분자 A로 작성한 교정곡선을 이용하여 이종의 고분자 B의 분자량을 계산하고 얻어진 환산 분자량에 있는 상수를 곱함으로써 고분자 B의 절대 분자량으로 변환할 수 있다는 것이다.

SEC의 원리로 구분할 수 있는 것은 용매합한 분자의 크기이다. 이 분자의 크기가 같긴 하지만 다른 종류의 고분자의 분자량이 있는 계수를 곱해서 추정할 수 있는 것은 그림 8.9에서 사슬길이가 같으면서도 또한 비슷한 접히는 방법을 하는 것으로(용출용량이 같다는 것), 사슬이 가늘다(단위길이 당 무게가 작다는 것) B의 경우에 상당할 것이다. 접힌 고분자를 직쇄 모양으로 늘렸을 때에는 원자 간의 결합 각도의 차이 등으로 인해 단위길이 당 존재하는 분자량은 일반적으로 다르다(환언하면 사슬의 굵기=무게가 다르다).

그래서 단위길이 당 무게를 알고 있는 경우는 얻어진 환산 분자량에 그 단위길이 당 분자량(1옹스트롬, 즉 10^{-10}의 길이 당 분자량으로, 이것을 Q 팩터라고 부른다)의 비를 곱하면 절대 분자량이 구해진다. 즉 지수일정이라는 조건에서는 용매합한 분자사이즈가 같은 고분자는 같은 사슬길이를 가진다. 그리고 그 단위길이 당 분자량만 다르므로 어떤 계수를 곱하면 분자량의 변환이 가능하다는 것이다.

이것으로 미루어 짐작하면, 식 (8.4)와 (8.7)의 계수는 고분자의 단위길이 당 분자량에 관계하고, 지수는 분자 사슬의 용매합한 크기를 주는 조건, 즉 고분자가 접히는 방법에 관계된 파라미터라고 할 수 있다.

그림 8.13에 Q 팩터에 의한 환산의 일례를 나타낸다. 각종 고분자에 대한 지수의 값은 약 0.6~0.8 정도가 되는 경우가 많으며, 이를 일정하게 해도 어느 정도는 절대 분자량을 추정할 수 있지만 어디까지나 이 Q 팩터에 의한 분자량 환산방법은 용매 안에서의 분자 사슬이 접히는 방법이 같다는 경우에 성립하는 근사법이다.

8.6.4 기타 평균 분자량

GPC 분석에서 중요한 목적으로 평균 분자량의 계산이 있으며, 그 종류로서 수평균

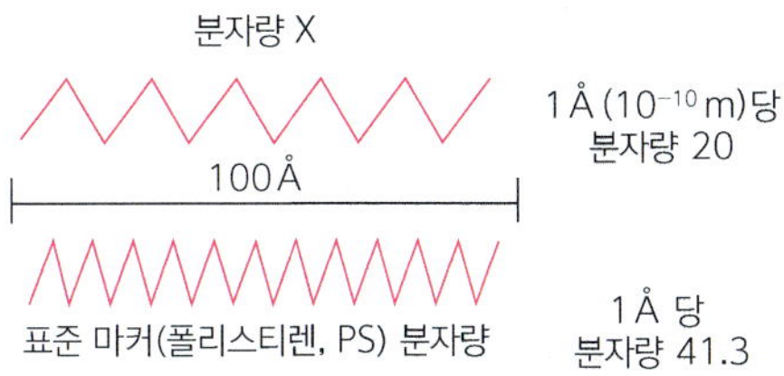

그림 8.13 점도식 지수가 같다고 가정한 경우의 Q 팩터에 의한 분자량 환산 방법

Q팩터는 1**Å** 당 각 고분자의 분자량을 말한다. PS 환산 분자량(예를 들어 20000)을 알고 있다면, 원하는 고분자의 분자량은

$$M_x = M_{PS} \times (Q_X/Q_{PS})\ 20{,}000 \times (20/41.3)\ 9690$$

분자량과 중량평균 분자량을 소개했다. 그 외에도 Z 평균 분자량이 고분자의 평가에서 이용된다. 이는 계산식을 나타내면 다음과 같다.

$$M_z = \frac{\Sigma M_i^2 H_i}{\Sigma M_i H_i} \qquad (8.8)$$

식 (8.1)의 중량 평균 분자량과 비교하면 알 수 있듯이 식 위에서의 차이는 분모와 분자의 적산기호의 내용물이 양쪽 모두 M_i을 곱한 형태로 되어 있다는 점이다. 그림 8.4에서 수 평균 분자량, 중량 평균 분자량의 이름의 차이는 분모가 무엇을 나타내는지에 달려 있음을, 식 (8.1)에서는 이 차이는 분자량에 관한 가중치를 부여하고 있는지 여부라고 설명했다.

이 식 (8.8)과의 비교에서 알 수 있듯이 이 식은 중량 평균 분자량의 식을 분자량으로 가중시킨 것이다. 즉 단순 평균을 나타내는 수 평균 분자량으로 생각하면, 2회의 가중치를 부여한 형태로 되어 있다. 분자수로 평균한다, 분자의 총중량으로 평균한다라는 구체적인 이미지는 붙이기 어렵지만, 수학적으로는 분자량에 따른 가중치를 2회 실시하여 보다 고분자측을 중시하는 계산 결과를 얻을 수 있도록 되어 있다.

Z 평균 분자량 이외에 $Z + 1$ 평균 분자량이라고 하는 것도 알려져 있다. 이는 Z 평균 분자량에 대해 더욱 분자량의 가중치를 부여한 것이다. 따라서 M_n, M_w, M_z, 및 M_{z+1} 평균 분자량의 크고 작은 관계는 $M_n < M_w < M_z < M_{z+1}$이 된다.

8.7 끝에

GPC 분석에 관해 지금까지 기술해 온 것을 아래에 항목별로 정리한다.

- GPC 분석에서는 SEC 컬럼을 이용하여 분자의 크기 차이로 분리를 달성한다.
- GPC는 주로 공업분야에서 이용되며 고분자의 분자량 측정이 주된 목적이다.
- 수평균 및 중량 평균 분자량 및 그 비인 다분산도(분포의 크기를 나타냄)가 중요하다.
- GPC 분석에서 구하는 것은 일반적으로 환산 분자량이다.

- 변환식을 이용해 절대 분자량을 추정할 수도 있다.
- 시차 굴절률 검출기 및 송액 펌프 및 환경의 온도 안정성이 중요하다.
- 적절한 컬럼 및 교정 곡선 범위의 설정이 중요하다.
- GPC 계산은 각종 보정 기능 등을 탑재한 전용 소프트웨어로 실시하면 편리하다.

【참고 문헌】

1) 森定雄,『サイズ排除クロマトグラフィー』, 共立出版社 (1991).
2) A. M. Striegel, J. J. Kirkland, W. W. Yau, D. D. Bly, “Modern Size-Exclusion Chromatography” 2nd editon, Wiley (2009).

8

9 표면 플라즈몬 공명(SPR)

9.1 SPR의 원리[1)]

표면 플라즈몬 공명(Surface Plasmon Resonance, SPR)이란 생체분자간 상호작용 속노론(카이네틱스)을 해석하는 방법의 하나로 널리 활용되고 있는 기술이다. 그림 9.1[2)]와 같이 표면을 금막가공한 센서칩을 이용하여 반대 유리면측에서 편광을 프리즘으로 쐐기형으로 집광하여 전반사의 조건하에서 센서칩에 조사한다. 그러면 금막측에 에바네센트파라고 불리는 에너지파가 생기고, 이 에바네센트파가 금막의 자유전자와 상호작용함으로써 플라즈몬이라 불리는 전자밀도파가 발생한다. 이때 반사광의 일부 강도가 감쇠하는데, 이 반사광의 소실각도는 금막 표면 근방의 매질의 굴절률에 의존하여 변동한다. 이러한 현상을 활용하여 센서칩 상의 미세한 질량 변화를 감지함으로써 분자 간의 상호 작용을 실시간으로 모니터링 할 수 있다.

상호작용 해석 시에는 센서칩 상에 생체분자 A(리간드라고도 함)를 고정화하고, 그 기판에 대해 마이크로 유로를 통해 상호작용을 확인하고 싶은 생체분자 B(어날라이트라고도 함)를 흘려 SPR 각도 및 강도 변화를 시그널로 관찰함으로써 상호작용에 따른 센서칩 상에서의 질량 변화를 검출한다. 이 SPR 시그널의 변화를 시간축에 대해 플롯함으로써 칩 상의 리간드로의 어날라이트의 결합을 실시간으로 모니터링할 수 있다(그림 9.2(a)).

여러 농도 조건에서 리간드-어날라이트 간의 상호작용을 측정하여 얻을 수 있는 그래프의 피팅으로부터 상호작용의 회합 속도 상수 k_{on} 및 해리 속도 상수 k_{off}가 산출되어 분자간 상호작용에 대해 속도론적인 관점에서 분석할 수 있다(자세한 내용은 9.4절 참조). 그러므로 비슷한 정도의 결합 친화성을 가진 여러 상호작용을 비교하였을 때 카이네틱스 해석에 따라 속도론도 같은지 다른지를 평가할 수 있으며, 다른 속도 상수를 갖는 경우에는 그림 9.2(b), (c)와 같이 전혀 다른 SPR 시그널의 형상이 관찰된다.

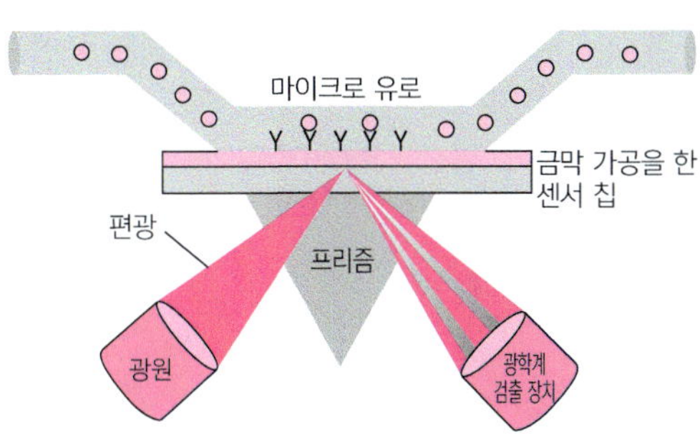

그림 9.1 SPR 측정원리
Nat. Rev. Drug. Discov., **1**, 515 (2002)로부터 개편.

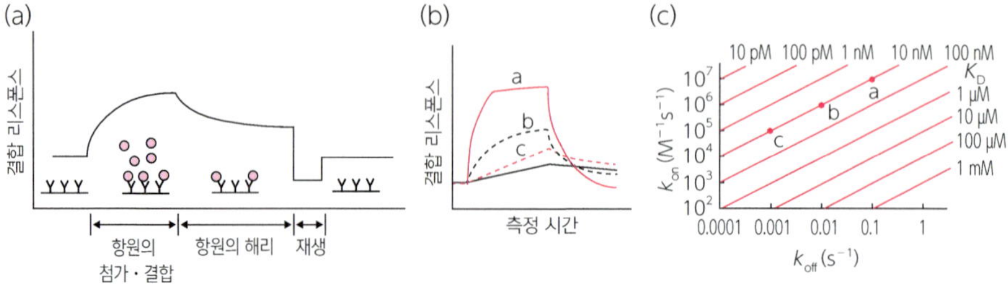

그림 9.2 SPR 측정의 개략

(a) SPR 측정의 개략도와 측정 프로파일, (b, c) 같은 정도의 해리 상수이지만 속도 상수가 다른 경우의 SPR 리스폰스 형상 예

또한 SPR의 장점 중 하나로서 해리상수로 10^{-3}~10^{-12} 정도로 폭넓은 범위의 친화성을 갖는 상호작용을 해석할 수 있기 때문에, 후술하는 다양한 종류의 센서칩의 개발과 플로우계의 개량, 검출계에서의 온도제어의 정밀화 등을 거쳐 다양한 생체분자간 상호작용에 대해 매우 정밀하게 해석할 수 있게 되었다.

9

9.2 센서칩에 리간드 고정화[1)]

센서칩에 리간드를 고정화하는 방법으로서 특정 아미노산 측쇄를 화학적으로 활성화함으로써 공유 결합을 통해 칩에 고정화하는 방법과 각종 태그를 활용하여 비공유 결합을 통해 고정화하는 방법이 있다.

9.2.1 공유결합에 의한 고정화 방법

공유결합에서의 고정화에 이용하는 센서칩 상의 가공으로서 ① 아미노기를 통해 공유결합시키는 것이 가능하다, ② 고정화 용량을 크게 하는 것이 가능하다, ③ 생체분자를 변성시키지 않으면서 비특이한 흡착을 억제한다는 성질을 가지고 있다는 조건에서 금막상에 친수적인 링커나 폴리머를 통해 카르복시기를 도입한 센서칩이 이용된다. 이 센서칩에 리간드를 고정화할 때의 대표적인 수법으로서 EDC/NHS에 의해 카르복시기를 활성화하여 리간드 중의 아미노기와 공유 결합을 형성시키는 아민 커플링법이라 불리는 수법이 있다(그림 9.3). 또한 그 밖에도 티올기나 알데히드기를 통한 공유 결합에 의한 고정화법도 있다. 아민 커플링의 경우 리간드 제조에 있어서 몇 가지 주의해야 할 점이 있다.

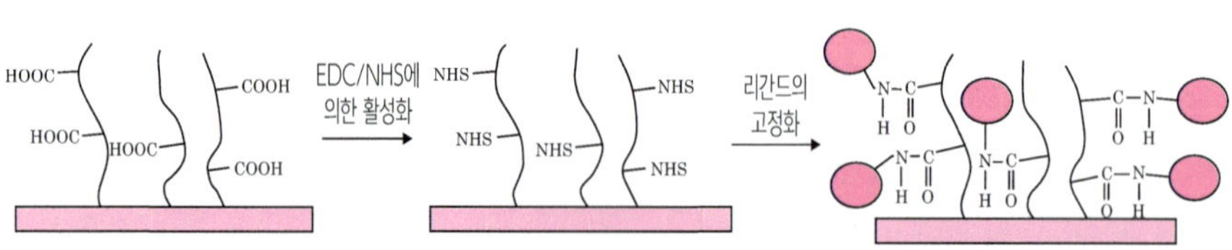

그림 9.3 아민 커플링에 의한 센서칩으로의 리간드 고정화

첫째, EDC/NHS에 의한 활성화 후에 첨가하는 리간드 용액은 산성 버퍼를 이용함으로써 센서칩 표면에 리간드가 농축되어 효율적으로 고정화될 수 있기 때문에 그 산성 조건의 검토이다.

단백질은 산성 조건하에서 변성되기 쉬운 것이 있으며 극도의 낮은 pH는 고정화 효율을 높이는 한편 불활성화율도 높인다. 그 때문에 충분한 고정화량을 얻을 수 있었다고 해도, 실활된 것이 너무 많아 중요한 결합 응답을 검출할 수 없는 일도 종종 일어난다. 그래서 고정화량을 늘리면서, 실활을 억제하는 적당한 산성 조건을 탐색할 필요가 있다. pH 영역은 4.0~6.0 사이에서 검토하는 경우가 많고, 이때 리간드의 등전점 pI(아미노산의 1차 배열로부터의 산출이면 된다)를 참고로 정전하를 띠는 pH의 완충액을 이용하는 것이 일반적이다. 예외적으로 pH가 러닝 버퍼의 pH보다 높은 경우 그 버퍼의 pH보다 높은 고정화하는 것도 가능하다.

두 번째 주의할 점은 산성 용액으로 단백질을 조제할 때의 샘플 농도이다. 고농도가 더 많이 고정화할 수 있지만, 고농도 샘플을 산성 용액으로 조제하면 회합 응집체가 발생하기 쉽고 극도의 실활로 이어지는 경우도 많다. 대부분의 경우는 종농도로서는 10~200 μg/mL 사이에서 충분히 고정화할 수 있으므로 가능한 한 저농도로 시도하는 것이 바람직하다.

세번째는 리간드의 스톡용액은 범용되는 Tris계를 피하는 점이다. 아민 커플링은 아미노기가 공유결합을 형성하는 화학반응으로 되어 있기 때문에, Tris의 아미노기가 반응해 버려, 리간드가 충분히 고정화되지 않을 수 있다.

9

9.2.2 비공유 결합에 의한 고정화 방법

리간드에 부가한 태그나 도메인과 강하게 결합하는 분자 혹은 항체를 통해 칩 상에 고정하는 비공유 결합성의 고정화법도 몇 가지 있다. 예를 들어 비오틴을 융합시킨 어널라이트를 이용하여 표면에 도입한 스트렙토아비딘과의 견고한 상호작용에 의해 리간드로 칩에 고정화하는 방법이나 칩 표면에 도입한 Ni–NTA 등의 킬레이트 작용에 의해 리간드에 부가한 His 태그를 통해 칩에 고정화하는 방법 등이 활용되고 있다(표 9.1에 대표적인 고정화용 태그를 기록하였다). 최근에는 화학적으로 표면을 가공한 칩에 리간드를 흡착시킴으로써 고밀도 어레이 형태로 리간드를 고정화하고 망라적으로 결합을 해석할 수 있는 장치 등도 개발되고 있다.

공유결합을 통한 칩 고정화에 있어서 결합부위에 위치한 관능기의 활성화에 의한 영향 등으로 종종 어널라이트에의 결합활성이 손상되고 때로는 고정화된 리간드의 대부

표 9.1 고정화에 사용되는 주요 태그의 종류

태그의 종류	고정화량식
His^6 태그	Ni–NTA
비오틴 태그(케미컬 라벨링 또는 재조합 발현)	스트렙토아비딘
Fc 도메인	항Fc 항체(항인간IgG1 항체) 또는 Protein A/G
GST 태그	항GST 항체

분이 비활성화되는 경우도 볼 수 있다. 반대로 비공유성의 상호작용을 통한 고정화에 있어서는 측정중인 리간드의 해리나 칩에의 비특이한 흡착이 문제가 되는 경우도 많아 어날라이트와의 결합활성을 충분히 갖는 고정화 조건의 탐색이 매우 중요하다.

9.3 속도론(동역학) 해석

9.3.1 결합 친화성과 속도 상수

분자 A와 분자 B가 결합하여 복합체 AB를 형성하는 반응은 가역적이라고 가정하면 다음 식 (9.1)로 나타난다.

$$A + B \rightleftarrows AB \tag{9.1}$$

이 반응식으로부터 해리 상수 K_D 및 회합 정수 K_A(결합 친화성이라고도 부른다)는 다음과 같이 정의된다.

9

$$K_D = \frac{1}{K_A} = \frac{[A][B]}{[AB]} \tag{9.2}$$

이 K_D값을 사용하여 단백질의 분자 간 상호 작용의 강함을 평가할 때, 그 선택성과 친화성의 질에 대해서 정량적으로 정확히 평가하는 해석법으로서 주로 속도론(동역학)해석과 열역학(서모 역학) 해석이 사용된다. SPR에서는 특히 고정밀의 동역학 해석이 가능하다. 이 반응 속도 상수는

$$A + B \underset{k_{off}}{\overset{k_{on}}{\rightleftarrows}} AB \tag{9.3}$$

로 나타낸다. 분자가 결합하는 과정은 회의 속도 상수 k_{on} (단위: Ms^{-1}), 분자가 증발하는 과정은 증발 속도 상수 k_{off}(단위: s^{-1}). 앞의 식 (9.2)와 합치면 속도 상수와 해리 상수의 관계는 다음 식 (9.4)이 된다.

$$K_D = \frac{[A][B]}{[AB]} = \frac{k_{off}}{k_{on}} \tag{9.4}$$

식 (9.4)은 단백질의 결합 친화성이 회합 속도와 해리 속도의 균형으로 이루어져 있음을 보여준다.

표적 분자에 대한 강한 결합 친화성을 나타내는 단백질은 회합 속도 상수 k_{on}이 크거나 해리 속도 상수 k_{off}가 작다. 정전 상호작용은 원거리에서도 작용하는 결합 때문에 회합 속도 상수 k_{on}에 영향을 미치는 경우가 많다. 반면 소수성 상호작용은 해리 속도 상수 k_{off}에 영향을 미치는 경우가 많다.

해리 속도 상수는 분자 간 상호작용의 안정성(복합체의 안정성)을 논의하는 지표가 되기도 한다. 해리 속도 상수가 낮다는 것은 그 상호작용은 장시간 유지될 수 있다는 것을 의미하며, 복합체가 안정적으로 존재할 수 있음을 시사한다. 이 지표는 생체 분자가 기능을 발휘하기 위해 어느 정도의 시간의 상호작용이 필요한지, 또는 생체 분자간의 결

합에 의해 발현되는 기능이 어느 정도의 시간 동안 계속 작용할 수 있는지에 대한 논의를 가능하게 한다.

예를 들면, 세포표층의 수용체에 대한 리간드 결합에 의한 신호전달 효과나 세포내에서의 연동하는 분자 간 상호작용의 흐름 방식을 생각하는 데 중요한 파라미터가 된다. 바이오 의약품 개발에서는 특히 해리속도 상수 k_{off}가 주목받고 있으며, 약효의 강도나 지속성과 관련된 지표의 하나로 파악되고 있다.

9.3.2 카이네틱스 파라미터 산출[3)]

정량적인 카이네틱스 분석을 할 때, 여러 개의 서로 다른 분석 농도에 대한 결합 반응을 얻을 필요가 있다. 그 결과 얻을 수 있는 센서그램이 그림 9.5에 해당한다. 일반적으로 이 센서그램으로부터 카이네틱스 해석을 실시한다. 앞의 분자 A, 분자 B, 그리고 복합체 AB로 생각하면, 시간 t에 있어서의 복합체의 농도 변화율 d[AB]/dt는 식 (9.3)보다 아래와 같이 나타난다.

$$\frac{d[AB]}{dt} = k_{on}[A][B] - k_{off}[AB] \tag{9.5}$$

9

식 (9.5)은 복합체의 농도 변화율이 A, B 및 AB의 측정 시점에서의 농도에 의존하고 있음을 나타낸다. [A]와 [B]는 상호작용에 따라 감소하므로 $[A]_0$ (t = 0에서의 A의 농도), $[B]_0$ (t = 0에서의 B의 농도)는 $[A] = [A]_0 - [AB]$, $[B] = [B]_0 - [AB]$로 바꾸어 쓸 수 있다. 따라서 다음 식이 성립한다.

$$\frac{d[AB]}{dt} = k_{on}([A]_0 - [AB])([B]_0 - [AB]) - k_{off}[AB] \tag{9.6}$$

많은 SPR 장치에서 어날라이트는 액상에서 항상 일정 농도로 공급되고 있다고 가정한다. 분자 A를 어날라이트로 하면, $[A]_0 - [AB] = [A]_0$와 근사할 수 있으며, 아래와 같은 식으로 간이화할 수 있다.

$$\frac{d[AB]}{dt} = k_{on}[A]_0[B]_0 -(k_{on}([A]_0 - k_{off})[AB] \tag{9.7}$$

여기서, $k_{on}[A]_0 + k_{off} = k_{obs}$라고 하면($k_{obs}$는 겉보기 반응 속도 상수)

$$\frac{d[AB]}{dt} = k_{on}[A]_0[B]_0 - k_{obs}[AB] \tag{9.8}$$

로 바꿔 쓰고, k_{on}[A][B]는 정수가 되기 때문에 [AB]의 변화량을 1차 반응으로 취급할 수 있다. 따라서 측정에 의해 요구되는 k_{obs}를 [A]에 대해 플롯함으로써 결합 속도 상수 k_{on}을 산출할 수 있다.

SPR에 의한 상호작용 측정의 경우, 대부분은 플로우법을 채용하고 있는 측정계로 되어 있으므로, [A]는 시간에 관계없이 $[A]_0$의 상태를 유지함으로써 $[A] = [A]_0$로 근사할 수 있다. 어날라이트 농도를 C, 형성된 복합체 농도를 리스폰스 변화량 R로 대체하고

$[B]_0$를 최대 결합량 R_{max}에 대응시키면 식 (9.7)은

$$dR/dt = k_{on}C\,(R_{max} - R) - k_{off}R \tag{9.9}$$

게다가

$$dR/dt = k_{on}C\,R_{max} - (k_{on}C + k_{off})R \tag{9.10}$$

로 변환할 수 있다. 이 식 (9.10)을 이용하여 얻은 센서그램에 대해 비선형 최소자승법에 의한 커브 피팅을 함으로써 카이네틱스 파라미터를 산출할 수 있다. 해석에는 로컬 피팅(어날라이트의 각 농도에 관한 센서그램마다 파라미터를 산출하는 방법)과 글로벌 피팅(어날라이트의 전 농도에 대해 동시에 커브 피팅을 수행하는 방법)이 있다.

낮은 결합 친화성의 상호 작용 해석에서는 반응이 매우 빨리 평형으로 이행하기 때문에 결합 영역 및 박리 영역이 극히 짧으며, 속도론적 해석이 곤란한 일이다.

이 경우에는 어날라이트 농도를 변화시켜 평형에 이르렀을 때의 리스폰스 값의 해석에서 R_{eq}를 직접 측정하여 K_D를 구할 수도 있다. 식 (9.10)에서 $dR/dt = 0$, $R = R_{eq}$로 하고 R_{eq}/C를 R_{eq}에 대해 플롯하면 직선적인 그래프를 얻을 수 있고(스캐차드 플롯), 그 기울기에서 K_D를 산출할 수 있다. 다음 항 이후에 구체적인 실험 절차에 대해 기술한다.

9

9.3.3 리간드 조제[1)]

동역학 해석을 실시할 때, 칩 위에 리간드를 고정할 필요가 있다. 그 때, 적절한 양의 리간드를 고정화하는 것이 중요하다. 고정화량이 너무 적으면 충분한 리스폰스를 받을 수 없는 것은 당연하지만, 반대로 고정화량이 너무 많으면 어날라이트의 공급이 부족에 센서칩 표면 근방의 어날라이트 농도가 국소적으로 얇아지고, 적절한 해석을 할 수 없게 된 물질전달 한계(MTL), 또는 물질전달 효과라는 현상이 일어난다(그림 9.4). 이들을 고려하여, 칩에 고정된 리간드와 어날라이트의 분자량의 대비 및 결합 가수에서, 장치마다 권장의 최저 고정화량/최대 고정화량 사이에 들어가듯이 리간드의 고정화량을 조절하는 것이 중요하다.

또한, 상술한 바와 같이 칩으로의 고정화 과정에서 리간드가 종종 비활성화되므로, 고정화 후의 리간드가 어느 정도 결합 활성을 유지하고 있는지에 대해서도 고려하면서 고

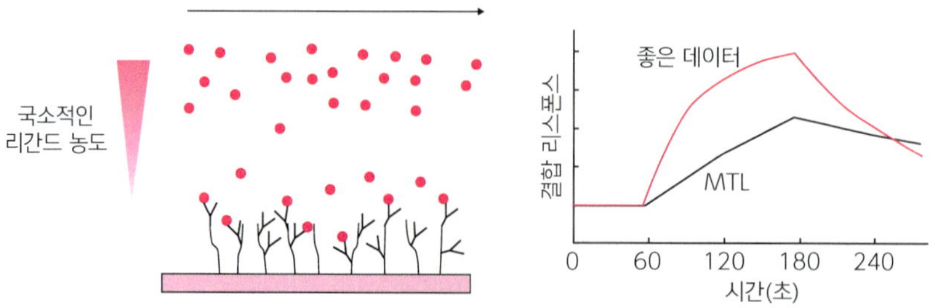

그림 9.4 메스 트랜스포트 리미테이션 이미지도(a)와 센서그램(b)

정화 조건을 검토할 필요가 있다. 간이적으로는 고정화에 의해 얻어지는 SPR 시그널량이 분자량과 분자수에 비례한다고 가정하여 아래와 같은 식에서 어림잡아 계산할 수 있다. 대부분의 경우, 리간드의 활성유지율이 100%가 되지는 않는다. IgG형의 항체는 높은 유지율을 얻는 경우가 많은 반면, 다양한 분자종을 이용한 상호작용 해석을 실시해 온 필자들의 경험으로는 대략 30~50%의 유지율을 보이는 경우가 많다.

리간드 활성 유지율(%)
= (리간드 분자량 + 어날라이트 분자량) × (어날라이트 최대결합량(실측치)
÷ 리간드 고정화량) × 100

리간드의 활성 유지율이 산출되면 리간드와 어날라이트 사이의 상호작용을 정량적으로 평가할 수 있는지 여부를 체크할 수 있다. 만약 관찰하고 싶은 상호작용이 1:1임을 알려진 경우 활성 유지율이 100%를 넘지 않는다. 만약 100%를 넘으면, 어날라이트가 비특이적으로 리간드에 흡착할 가능성이 있다. 그 경우는, 상호 작용 조건을 재검토하는지, 어날라이트의 응집성을 확인할 필요가 있다.

9

9.3.4 어날라이트 조제[1)]

리간드를 센서칩에 고정화한 후, 하천에 어날라이트를 첨가하고 상호 작용을 해석하다 널리 행해지고 있는 동역학 해석에서는 어날라이트 농도를 몇점 가량 흔들고 해석을 실시하여 각 응답 곡선을 만들어 글로벌 피팅을 실시함으로써 상호 작용 파라미터를 산출할 때, 어날라이트 농도로는 해리 상수 K_D의 1/10~10배 범위가 되도록 조정하는 것이 이상적이다(K_D에 대해서는 9.3.1항을 참조). 해리 상수가 불명인 경우는 대략적인 해리 상수를 상정하면서, 어날라이트 농도를 크게 흔들면 해리 상수를 위아래로 끼도록 조제하고 동역학 해석을 실시하고, 해석 결과를 바탕으로 조건의 최적화를 한다.

또한 결합 속도 또는 해리 속도가 느리고 결합 영역의 센서그램의 기울기가 직선적인 경우에는 센서그램의 커브를 얻을 수 있는 고농도 영역도 측정하면 양호한 해석 결과를 얻을 수 있다. 또한 해리 상수가 매우 낮은 높은 결합 친화성(pM 이하)을 갖는 상호작용 해석을 할 경우 어날라이트 농도를 pM 수준에서 조제하게 되는데, 종종 결합 반응이 관찰되지 않는 경우가 있다. 이는 어날라이트 농도가 낮기 때문에 몰수가 SPR 검출 한계 하한선을 넘었을 가능성이 높다.

또는 장치에 첨가할 때 사용하는 용기(튜브)에 어날라이트가 흡착되어 버렸을 가능성이 있다. 이러한 경우는 예외적으로 K_D 값보다 높은 어날라이트 농도를 조제한다. 측정 시의 유속에 대해서는 물질전달 한계를 피하기 위해 고유속으로 설정한다. 특히 분자간의 결합속도가 빠르고 해리속도가 느린 상호작용에서는 물질전달 한계가 일어나기 쉬우므로 고정화하는 리간드량을 조정하면서 유속을 설정한다.

적절한 조건하에서는 일정 이상의 유속에서 서로 다른 유속으로 상호작용 측정을 해도 센서그램의 형상은 변화하지 않는다. 또한 어날라이트의 센서칩에 대한 비특이 흡착에 의한 응답을 차감하기 위해 측정 시에는 리간드를 고정하지 않은 레퍼런스 셀에 대해서도 응답을 측정하고 리간드를 고정한 플로우셀에 대한 응답을 차감한 값을 이용하여 해석한다.

9.3.5 용액의 조제

측정 시의 러닝 용액은 리간드 및 어날라이트가 안정적으로 존재할 수 있다는 조건을 만족하면 되며, 다양한 완충액을 이용할 수 있다. 안정적으로 측정할 수 있는 완충액 여부는 단백질의 열 안정성과 상관하고 있는 경우가 많아 사전에 조사해 두는 것이 좋다. 환원제나 금속 이온 등은 때때로 안정성을 높이는 유효한 인자가 될 수 있다. 환원제는 하루 정도 지나면 산화가 진행되어 효과를 잃기 때문에 측정 당일의 조제가 바람직하다. 또, 아민 커플링법에 의해서 센서칩에 고정화할 때는 비아민계의 완충 용액을 사용할 필요가 있으며, 센서칩에 대한 비특이 흡착을 억제하기 때문에, 염을 첨가하는 것 외에, 자주 계면활성제를 사용한다. 어날라이트 용액과 러닝 용액이 다르면 그 용매의 굴절률 차이가 SPR 신호에 반영된다. 결과는 분석기의 송액을 시작하고 정지시킬 때 용액의 불일치로 인한 소음을 보여준다.

9

이를 피하기 위해 어날라이트와 달리기 용액은 동일해야 하며 투석 등을 통해 가능한 한 엄격하게 일치시키는 것이 중요하다. 유기용매는 특히 그 영향이 강하므로 주의가 필요하다. 특히 DMSO는 흡습성도 높기 때문에 투석은 오히려 적합하지 않으며 직전에 정확한 칭량을 필요로 한다(자세한 내용은 9.5.4항 참조).

표준적인 러닝 용액의 예 PBS, 0.005% Polyoxyethylene (20) sorbitan monolaurate, 1 mM DTT, 1% DMSO

9.3.6 재생 용액의 조건

SPR에 의해 카이네틱스 해석을 실시할 때 널리 이용되고 있는 기법이 멀티사이클 카이네틱스 해석이다(그림 9.5), 이 기법에서는 각 농도로 측정한 후 다음 농도의 측정까

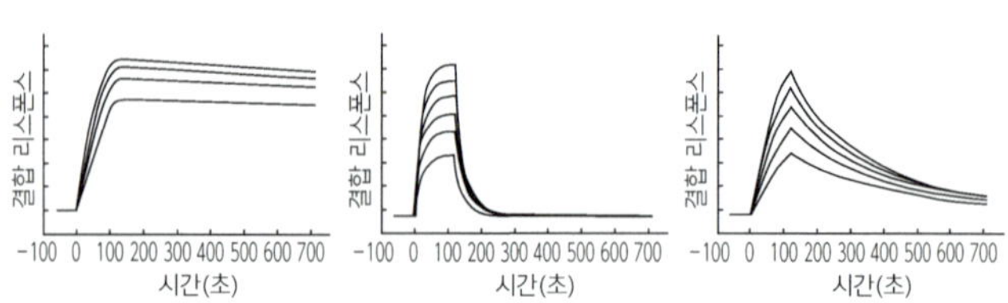

k_{on} ($M^{-1}s^{-1}$)	1.15×10^{5}	3.05×10^{5}	1.35×10^{5}
k_{off} (s^{-1})	1.35×10^{-4}	1.33×10^{-1}	1.13×10^{-2}
K_D (M)	1.17×10^{-9}	4.37×10^{-7}	8.44×10^{-8}

그림 9.5 멀티사이클 카이네틱스 측정을 통해 얻을 수 있는 센서그램의 예
각각 속도 상수가 다르다.

표 9.2 주로 사용되는 재생 용액

타입	구체적인 조성
산성용액	글리신염산염
알카리용액	NaOH
계면활성제	SDS
염	1 M NaCl
변성제	0.1~0.5% SDS
기타	1 M L-알긴염산염 수용액

지 리간드에서 모든 어날라이트가 해리되어 응답이 베이스라인으로 돌아갈 필요가 있는데, 특히 해리가 느린 상호작용의 경우에는 해리시간을 늘려도 완전히 해리되지 않는다. 이 경우 이온 강도나 pH의 변화, 혹은 계면활성제나 변성제의 첨가를 통해 강제적으로 해리시킬 필요가 있으며, 그 조작을 재생조작이라고 부른다(대표적인 재생용액을 표 9.2에 나타낸다).

멀티사이클 카이네틱스 해석을 실시하기 위해서는 리간드에서 어날라이트가 완전히 해리하면서도 리간드가 실활하지 않는 조건에서의 재생조작이 필요하기 때문에 재생조건의 지적화가 필수적이다. 검토 시에는 리간드를 센서칩에 고정화한 후 어날라이트를 유로로 흘려 재생용액의 첨가에 의해 리스폰스 커브가 기준선까지 돌아왔음을 확인한다.

그 후에 다시 동일 농도의 어날라이트를 첨가하여 첫 회와 동등한 결합 반응을 얻을 수 있는지에 따라 판단한다. 필자들은 어날라이트를 실활시키는 일이 적고 효과적으로 해리시킬 수 있는 재생 용액으로 종종 L-알기닌 염산염 수용액을 이용하고 있다.

9.3.7 싱글 사이클 카이네틱스법에 의한 상호작용 해석

최근에는 리간드의 안정성이 낮거나 상호작용이 극히 견고하기 때문에 재생이 어려운 표적 샘플에 대해 어날라이트를 해리시키지 않고 다단계적으로 각 농도의 어날라이트를 첨가하여 피팅을 수행함으로써 각종 파라미터를 산출하는 싱글 사이클 카이네틱스법이라 불리는 기법도 개발되고 있다(그림 9.6).

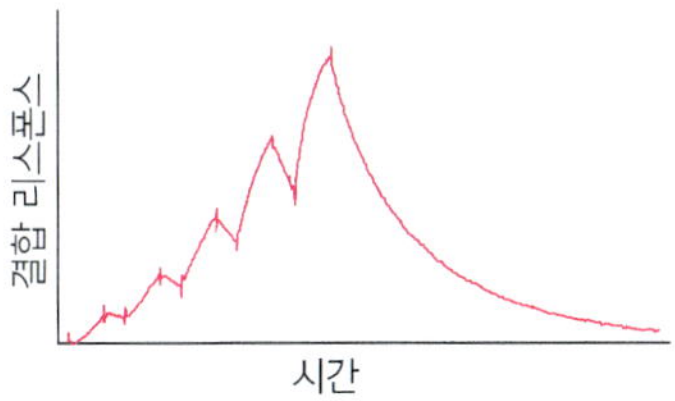

그림 9.6 싱글 사이클 카이네틱스 측정을 통해 얻은 센서그램

9.4 결합 응답의 질적 평가

9.4.1 농도 의존성 평가

어날라이트의 농도 증가에 따라 결합 응답은 증대하지만, 리간드의 양은 고정되어 있기 때문에 그 고정화량과 결합량 이론비에 의존한 어날라이트의 최대 결합량이 존재한다. 이때의 이상적인 플롯은 그림 9.7(a)이 된다. 어날라이트의 최대 결합량으로 포화에 이르고 있다. 한편으로 포화에 이르지 않거나 초과하는 결합 응답을 나타내는 경우에는 주의가 필요하다. 예를 들어 그림 9.7(b)의 경우, 전혀 포화에 도달하지 못했다.

이러한 경우는 예상보다 약한 결합의 가능성이 높다. 따라서 보다 높은 농도의 어날라이트를 조제해, 확실히 포화에 이르는 영역까지 보는 것이 중요하다. 그림 9.7(b)과 같은 직선적인 플롯을 나타내는 저농도 영역에서 카이네틱스 해석을 실시하면 실제보다 높은 결합 친화성을 얻을 수 있기 때문에 주의해야 한다.

그림 9.7(c)의 경우는 포화에 도달하기 직전에 응답이 저하되고 있다. 이는 고농도에서 어날라이트가 실활하고 있거나 재생의 반복에 의해서 리간드가 실활하고 있을 가능성을 생각할 수 있다. 그림 9.7(d)의 경우는 고농도 영역에서 응답이 다시 상승하고 있다.

9

이것은 고농도의 어날라이트가 비특이 흡착을 일으키는 것으로 우려된다. 그림 9.7(e)의 경우는 원래 리간드나 어날라이트가 변성을 일으키고 있으며, 모든 농도 영역에서 비특이한 작용이 주로 관찰되고 있을 가능성이 있다. 러닝 용액의 조건을 변경하거나 고정화 조건을 재검토하는 것이 좋다.

이와 같이 어날라이트를 임의의 1농도만으로 리간드의 활성을 체크하는 것은 주의가 필요하다. 제대로 농도 의존성을 확인하고 그림 9.7(a)과 같은 포화에 이르는 플롯을 얻을 수 있는 조건 검토를 유의하는 것이 중요하다.

9.4.2 결합 리스폰스 형상

결합 반응이 관찰되어 농도 의존성이 깨끗하게 관찰되고, 더욱이 이론식으로 피팅할 수 있었다고 해도, 비정상적인 응답의 형상도 잘 주의하지 않으면 데이터의 신뢰성이 의

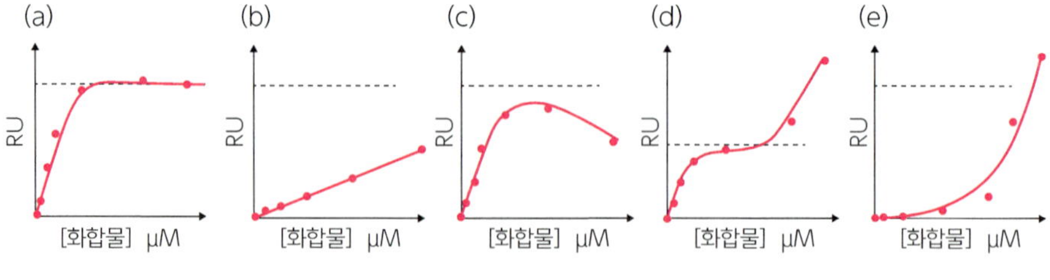

그림 9.7 결합 반응의 변화
(a) 리간드 농도 변화에 따른 이상적인 결합 반응 변화의 플롯, (b) 직선 결합 반응 변화, (c) 고농도로 내려가는 결합 반응 변화, (d) 고농도로 결합 반응이 재상승하는 변화, (e) 지수함수적으로 결합 반응이 상승하는 변화

심될 수 있다. 앞에서 설명한 최대 결합량은 그 중 하나이다. 카이네틱스 파라미터를 얻었더라도, 최대 결합량이 상정하고 있던 결합량 논비를 초과해 버린 경우에는 우연히 해석이 잘 되었을 가능성이 있으므로 얻은 파라미터는 신중하게 다루어야 한다. 그 외에도 아래의 점을 신경 쓰는 것이 좋다.

- 결합 응답이 포화에 이르지 않는다: 결합 친화성이 강한 경우에 종종 일어날 수 있으므로(nM 오더보다 낮을 때 관찰될 수 있음) 포화에 도달할 때까지 또는 약간의 곡선이 관찰될 때까지 회합 시간을 길게 하는 것이 좋다(혹은 어날라이트의 첨가량을 늘리는 것이 좋다).
- 해리가 너무 느리다: 위와 마찬가지로 결합 친화성이 강한 경우에 종종 일어날 수 있으므로 유의한 응답 감소가 관찰될 때까지 가능한 한 해리시간을 늘리는 것이 좋다.
- 회합 또는 해리에서 두 단계 보이는 러닝 용액과 어날라이트 용액에 조성의 차이가 있을 수 있다. 또는 어날라이트가 두 단계의 반응을 일으키고 있는 경우가 있다.
- 투석을 충분히 하거나 샘플이 보다 안정적이 되도록 고정 조건이나 용액 조건을 재검토하는 것이 좋다.
- 결합 반응이 넘실거린다: 이유는 명료하지 않지만, 어날라이트가 변성했을 가능성이 높고, 농도 설정이나 용액 조건을 재검토하면 해결할 수 있다.
- 반응이 하향으로 나온다: 레퍼런스에 흡착이 많은 경우는 알기 쉽지만, 그렇지 않은 경우는 이유는 난해하다. 주로 리간드에 원인이 있을 가능성이 있으며, 어날라이트의 결합에 따른 리간드의 구조 변화나 해리가 우려된다.

9

9.5 SPR의 응용

9.5.1 열역학 파라미터 해석(평형상태, 전이상태)

상술한 카이네틱스 해석에서는 분자간 상호작용의 세기(K_D)나 속도(k_{on} 및 k_{off})를 분석할 수 있다. K_D와 상호작용의 열역학적 파라미터(결합 자유에너지 변화 ΔG, 결합 엔탈피 변화 ΔH, 결합 엔트로피 변화 ΔS 사이에는

$$\Delta G = \Delta H - T\Delta S = -RT\ln(1/K_D) \qquad R\text{은 기체 상수, }T\text{는 절대 온도}$$

라는 관계가 성립한다.

$$\ln K_D = \Delta H / RT - \Delta S / R = \Delta G / RT$$

로 나타낼 수 있으며, 이를 반트호프의 식이라고 부른다. 따라서 여러 온도에서 K_D를 산출하고 그 결과를 그림 9.8과 같이 플롯함으로써 그 기울기와 절편에서 상호작용의 엔탈피 ΔH 및 엔트로피 ΔS를 구할 수 있다. 온도 영역은 10℃ 이상이 바람직하며, 2~5℃ 간격으로 5점 이상 취하는 것이 좋다. 플롯의 기울기로부터 열역학적 구동력을 논의할 수 있으며, 우하향의 경우는 엔탈피 구동형(그림 9.8(a))을, 우상향의 경우는 엔트로피

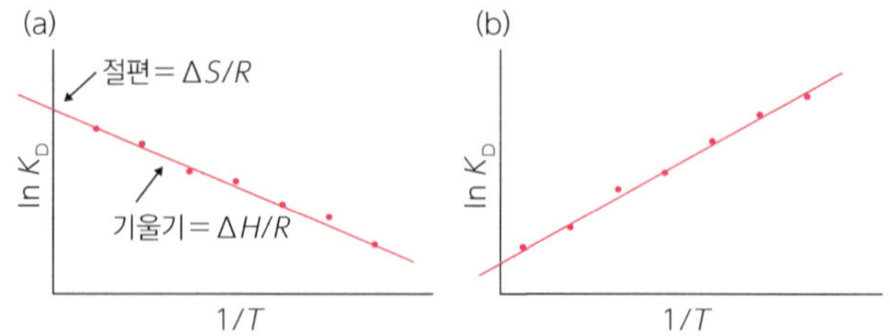

그림 9.8 반트호프 플롯
(a) 엔탈피 구동형의 경우 (b) 엔트로피 구동형의 경우

구동형(그림 9.8(b))을 의미한다. 엔탈피 구동형의 경우는 그 분자간 상호작용은 수소 결합이나 정전 상호작용을 주로 한 상호작용임을 시사한다. 즉 높은 특이성이 기대된다.

한편, 엔트로피 구동형의 경우, 분자간 상호작용은 주로 소수성 상호작용이 구동력임을 알 수 있으며, 특이성에 관해 신중한 논의가 필요하다. 때로는 직선적이지 않은 플롯이 재현성 있게 얻어진다. 이는 상호작용에 열용량 변화 ΔC_P를 포함하고 있음을 시사한다. 그러나 온도 변화에 따른 단백질의 실활로 관찰되고 있을 수도 있으므로 취급에 주의가 필요하다.

게다가, 결합 및 해리 속도 상수(k)는 eyring plot에 의해

$$\ln k/T = \Delta S^{\ddagger}/R - \Delta H^{\ddagger}/RT + \ln k_B/h \quad k_B\text{는 볼츠만 상수, } h\text{: 플랑크 상수}$$

라는 식으로 나타낼 수 있다. 이 $\Delta H^{\ddagger}$ 및 $\Delta S^{\ddagger}$는 각각 결합의 전이상태에서의 엔탈피 및 엔트로피 변화이며, 이 기법을 이용함으로써 결합의 전이 상태에서의 물리 상태에 대해 해석할 수 있다. 일반적으로 상호작용에 따른 열역학 파라미터에 대해서는 등온 적정형 열량 측정(ITC)이 널리 이용되고 있지만 SPR에 의한 해석에서는 위와 같이 전이 상태에 관한 파라미터를 산출할 수 있고, 또한 일반적으로 ITC보다 적은 양의 샘플량으로 해석이 가능하다는 이점이 있다.

9.5.2 결합 사이트 탐색

항체의 에피톱 탐색과 샌드위치 어세이 조합을 검토할 때 사용될 수 있다. 항원을 리간드로 고정화하고 평가하고 싶은 항체를 어날라이트로 이용한다. 하나의 항체를 인젝트하여 결합 반응을 관찰한 후 계속해서 또 다른 항체를 흘려보냄으로써, 만약 결합 반응이 가산적으로 관찰된다면 각 항체는 항원에 대해 각기 다른 에피톱임이 시사된다. 이 경우 샌드위치 어세이에 응용될 수 있다. 만약 항체의 해리가 빠를 경우 두 가지 항체를 혼합한 상태로 첨가하고 그 결합 반응이 각각에서 관찰되는 결합 반응의 합에 상당하면 다른 에피톱이라고 판단할 수도 있다.

동일한 결합 사이트인지를 평가하기 위해 경합 어세이로 해석하는 방법도 있다. 검증하고 싶은 두 종류의 분석기에 대해 각각 결합 반응을 관찰하고 혼합 용액을 흘렸을 때 결합 반응이 총합보다 낮을 경우 경쟁할 수 있다.

9.5.3 농도 측정

SPR에서는 표적분자와 특이적으로 상호작용하는 분자의 결합량을 측정함으로써 샘플 중에 존재하는 표적분자의 농도를 정량할 수 있다. 구체적인 방법으로는 표적분자 A와 직접 결합하는 분자 B를 센서칩에 고정화하여 표적분자 A의 결합 응답으로부터 농도를 산출하는 직접법과 농도를 측정하고자 하는 표적분자 A를 센서칩에 고정화, 거기에 표적분자와 결합하는 분자 B를 혼합한 측정 샘플을 첨가하여 결합반응을 해석함으로써 유리분자 B의 농도를 정량화함으로써 용액 중의 표적분자 A의 농도를 역산하는 저해법이 있다.

직접법에서는 분자 B를 센서칩에 고정화한 후 농도 기지의 A의 표준 샘플을 여러 종류의 농도로 첨가하고, 그 결합 응답을 농도에 대해 플롯한 검량선을 작성한다. 다음으로 농도 미지의 측정 샘플을 첨가하여 얻어진 결합 리스폰스 및 검량선에서 농도를 산출한다(그림 9.9(a)). SPR 측정을 통해 얻은 결합 반응은 몰농도가 같을 경우 어날라이트의 분자량에 비례하기 때문에 저분자량의 화합물 등의 농도를 측정할 때에는 직접법으로 분석이 어려운 경우가 많다. 그 때 충분한 분자량을 가진 분자 B를 이용함으로써, 저해법에 의해서 농도를 정량할 수 있다. 저해법에서는 표적 분자 A의 농도가 높아질수록 결합 리스폰스가 작아지는 반비례 커브로 이루어진 검량선을 얻을 수 있다(그림 9.9(b)).

농도 측정의 경우에는 리간드의 고정화량을 가능한 한 많이 하고, 또한 유속을 낮춰 물질전달 한계에 걸린 조건하에서 측정함으로써, 결합량이 리간드와 어날라이트의 친화성에 의존하지 않고 어날라이트 농도에만 의존하는 직선성 높은 검량선을 얻을 수 있다(그림 9.9(c)).

농도 측정의 경우에는 원칙적으로 레퍼런스 셀의 측정은 필요하지 않지만, 칩에 대한 비특이 흡착이 일어나고 있는 경우에는 레퍼런스 측정을 실시하고, 결합 리스폰스를 차감하여 해석에 이용한다. 또한 농도 측정에서는 검량선용 표준 샘플을 포함하여 다수의 샘플을 측정하는데, 이때 재생이 불충분하면 정량의 정밀도가 떨어지기 때문에 재생 조건의 검토는 꼼꼼히 실시한다.

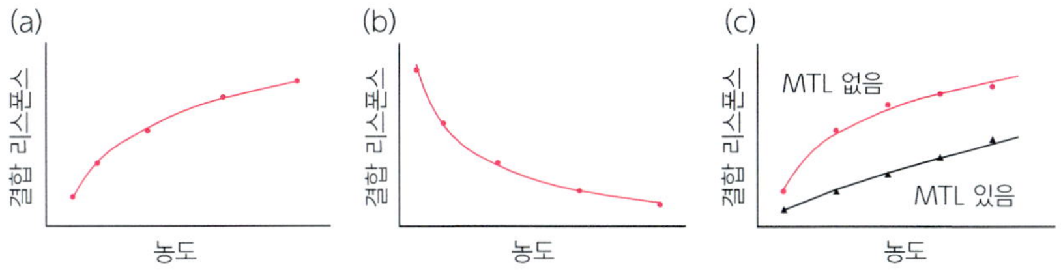

그림 9.9 농도 산출
(a) 직접법, (b) 저해법에 의한 검량선, (c) 질량 이동현상의 유무에 따른 검량선의 변화

9.5.4 저분자 화합물 스크리닝

최근의 SPR은 검출 감도가 향상하고 있어, 작은 분자량의 어날라이트도 명확하게 검출할 수 있다. 그 결과, SPR에 의한 저분자 화합물 스크리닝이 가능하게 되어 있다.

SPR의 결합 리스폰스는 분자량의 변화에 상관하기 위해서 표적 분자의 고정화만 잘 하면, 화합물의 결합을 직접적이고 매우 고감도로 검출할 수 있어, 저분자 화합물 스크리닝의 강력한 도구가 될 수 있다. 여기에서는 분자량 200 Da 정도의 분절 화합물 라이브러리의 SPR검사의 사례를 소개하면서, 그 어세이계 구축의 중요한 포인트를 개설한다.

(1) 불안정한 고정화 방법

9.5.2항에서 기술한 것처럼, 리간드의 고정화 방법은 여러 개 있지만, 스크리닝에서 중요한 포인트는 고정화량을 올리고 활성 유지율이 높고, 불활성화하기 어려운, 긍정적 컨트롤을 두는 것을 들 수 있다. 저분자 스크리닝에서는 어날라이트는 저분자 화합물이기 때문에, 그 분자량이 커도 0.5 kDa 정도, 작은 것은 0.2 kDa 이하이다. 리간드가 단백질의 경우, 그 분자 크기는 100배 이상 다른 경우가 많다. 그러므로, 통상의 동역학 해석에서 실시하는 고정화량과 비교해서 수 십~수 백배의 고정화량이 필요하다.

9

이 때문에 고정화량을 올리기 위한, 고정화 방법의 선택과 그 때의 리간드 농도 설정을 잘 검토하는 것이 좋다. 고정화량을 버는 방법으로 가장 보편되는 고정화법이 아민 커플링법이다. 고정화량을 거둘 수 있었다고 해도, 다음에 중요한 포인트가 활성 유지율이다.

예를 들어 아민 커플링의 경우, 고정화량을 올리기 위해, pH를 보다 낮고, 더욱이 리간드 농도를 높게 하여 고정화시키려 하면, 고농도 샘플이 낮은 pH 조건에 노출된다. 따라서 단백질이 변성(실활)된 상태로 고정화되어 버려, 고정화량이 높아도 활성유지율이 낮아 결과적으로 어날라이트가 검출되지 못하는 경우도 흔하다. 더 고정된 리간드는 일련의 스크리닝에서 어느 정도 실활했는지 아는 것이 중요하다. 스크리닝은 5시간 이상, 길게는 2일이 걸리는 경우가 많기 때문에 리간드의 시간 경과에 따른 실활은 피할 수 없다.

따라서 표적 분자에 대하여 반드시 결합하는 것으로 알려진 이미 알려진 분자(기존약, 저분자량의 항체 등)를 포지티브 컨트롤 분자로 설정하고, 스크리닝 초기, 중반 그리고 마지막으로 반드시 포지티브 컨트롤 분자를 넣어 리간드의 실활 정도를 모니터링함으로써 결합 리스폰스를 표준화한다. 리간드의 실활을 막을 수 없는 경우에는 리간드마다 재생시키는 선택도 있다.

(2) DMSO에 의한 백그라운드 신호

저분자 스크리닝에서는 주로 사용되는 화합물 라이브러리가 유기 용매에 용해된 상태에서 사용된다. 유기 용매로는 DMSO가 가장 많이 사용된다.

SPR은 용매의 약간의 조성의 차이가 플라즈몬 공명에 영향을 미치기 때문에 유로 내의 용액(러닝 버퍼, 전개 용매라고도 부른다)과 어날라이트의 용매를 신중하게 맞추지 않으면 결합에서 유래하지 않는 신호(백그라운드 신호)가 관찰되고 만다.

특히 DMSO는 0.1% 농도가 어긋났다고 해도 큰 신호가 관찰되기 때문에 농도를 고정밀도로 맞추는 것이 요구된다. 그 때 주의해야 할 점은 칭량, 흡습, 그리고 교반이다.

예를 들어, 1% DMSO를 포함하는 버퍼 조건에서 스크리닝을 실시할 때, 100% DMSO로 준비된 스톡의 화합물 용액을 버퍼로 100배 희석하게 되는데, 러닝 버퍼에도 마찬가지로 1% DMSO를 조제한다. 이때, 메스실린더나 교정이 걸린 마이크로피펫을 이용하여 칭량을 정확하게 행하는 것이 좋다. 이때 DMSO와 수용액을 혼합하기 위해 잘 교반할 필요가 있다. 특히 어날라이트측은 마이크로플레이트의 각 웰 중에서 조제하는 경우가 많기 때문에 마이크로피펫으로 여러 번(10회 이상) 피펫팅을 하는 것이 바람직하다.

피펫팅의 부피는 샘플량의 절반 이상으로 설정하는 것이 더 효과적이다. 화합물 스톡(100% DMSO 용액)이나 DMSO 원액의 보관 방법에 대해서도 주의해야 한다. DMSO는 흡습성이 높기 때문에 수분이 DMSO 중에 쉽게 포함되어 농도가 변화할 수 있다. 화합물 스톡은 냉동 보관하여 서리가 끼는 것을 피한다. DMSO 원액도 건조 선반(데시케이터) 안에 보관하고 가능한 한 다 쓸 수 있도록 소분된 것을 사용하는 것이 좋다.

(3) 주요 주의점

화합물은 비교적 소수성이 높기 때문에 기판이나 리간드에 대해 소수성 상호작용에 의해 비특이적으로 흡착되는 것도 적지 않다. 이러한 화합물은 흡착되면 해리되기 어렵고, 결과 기준선의 상승이나 비정상적으로 높은 결합 반응이 관찰되어 다음 화합물 평가에 악영향을 미칠 가능성이 우려된다.

또한 화합물의 소수적인 작용에 의해 리간드가 변성되어 실활해 버릴 수도 있다. 이러한 경우는 그 이후의 스크리닝의 질이 의심되므로 관찰된 시점에서 화합물 라이브러리에서 제외하고 이후의 화합물에서 재스크리닝을 할 수밖에 없다. 재스크리닝을 가능한 한 피하기 위해 파일럿 스크리닝으로 리간드 없이 화합물을 한번 흘려보내고 기판에 흡착하는 것을 미리 제외하는 방법도 있다.

9.5.5 캡처법에 의한 항체 스크리닝

단일 클론 항체를 획득할 때, 세포 융합을 실시하여 하이브리드 균주를 수립한 후 단일 클론화하여 각 클론의 배양 상청을 이용한 ELISA에 의해 항체를 선별하는 방법이 널리 사용되고 있다. 그러나 ELISA의 신호는 항체의 결합 활성뿐만 아니라 각 클론의 발현량에 따라 달라지기 때문에 친화성이 높지만 발현량이 낮은 클론을 걸러낼 가능성이 있다. SPR을 이용한 스크리닝에서는 항체의 결합 활성과 배양액 중의 항체 농도가 동시에 해석될 수 있기 때문에 이러한 위음성의 예를 줄이고 보다 정밀도 높은 스크리닝을 수행할 수 있다.

측정에 있어서 항원 혹은 항체 중 하나를 리간드로 센서칩 상에 고정하지만, 스크리닝에서는 다수의 항체를 이용하여 측정하기 때문에 공유결합에 의해 항체를 고정하는 경우는 클론수만큼 센서칩이 필요하므로 대규모 스크리닝에 적합하지 않다. 또한 항원

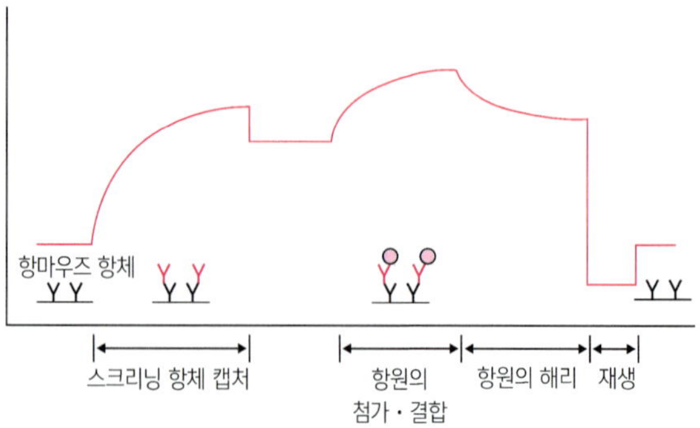

그림 9.10 캡처법을 이용한 항원 항체 상호작용 해석 센서그램

을 고정하는 경우에도 반복 재생이 필요하다. 따라서 불안정한 항원에 대한 항체 선별이 어려울 수 있다.

이러한 점을 극복하기 위해 이용되는 방법으로 캡쳐법이 있다. 미리 센서칩 상에 항마우스 항체(혹은 토끼, 사람 등 면역 숙주의 계에 맞춘다)를 아민 커플링으로 고정화하고 거기에 하이브리드마의 배양 상청을 첨가한다. 그러면 상청 중의 항체가 캡처되고 거기에 항원을 첨가함으로써 결합 반응을 얻을 수 있다(그림 9.10).

범용되고 있는 항 마우스 항체나 항 인간 항체에서는 항체에 대한 결합 활성을 손상시키지 않고 해리시킬 수 있는 재생조건을 최적화되어 있기 때문에 항원을 하이브리드마 유래 항체 클론별로 해리시키고 순차적으로 클론을 결합시켜 항원으로의 결합을 해석해 나감으로써 결합 활성 기반의 스크리닝을 수행할 수 있다. 또한 캡처법에서는 스크리닝 항체를 흘린 시점에서의 반응을 확인하면서 배양상청의 첨가량을 조절할 수 있기 때문에 배양액 중의 항체 농도에 좌우되지 않는 평가계를 구축할 수 있다는 이점도 있다.

9.6 끝에

근래 생체 고분자의 물리화학적인 상호작용 해석은 분자 자체의 기능, 본질에 접근하기 위한 해석 수단에 그치지 않고, 창약이나 기능성 소재에의 응용에 있어서 위력을 발휘하기 시작했다. 예를 들어 항체 의약품 개발에서는 ELISA에서 선발한 후에 SPR에 의한 속도론 해석을 도입함으로써 정확한 결합 친화성뿐만 아니라 해리 속도 상수를 평가하여 약효의 지표로도 활용되고 있다. 또한 저분자 의약품 개발에서 도 높은 결합 친화성을 얻으면서 회합 속도 상수가 높고 해리 속도 상수가 낮은 화학구조로 구조 전개해 나가는 지표에 SPR이 이용되는 장면이 증가하고 있다.

이와 같이 상호작용에 관한 속도론 해석은 기초연구에서 산업응용에 이르기까지 폭넓은 영역에서 활용할 수 있는 지극히 범용성이 있는 해석기술이다.

【참고 문헌】

1) 『Biacoreを用いた相互作用解析実験法 (Springer Lab Manual)』, 丸善出版 (2012).

2) *Nat. Rev. Drug. Discov.*, 1, 515 (2002).

3) ぶんせき, 1, 2 (2014).

4) *J. Mol. Biol.*, 389, 880 (2009).

5) 蛋白質科学会アーカイブ, 13, e096 (2020).

10 선광도와 원편광 이색법(CD)

10.1 처음에

단백질 등의 생체 고분자나 이를 제어하는 생리활성물질의 대부분은 키랄이며 분자 키랄리티를 기반으로 하는 분자의 3차원 입체구조는 생명현상에 본질적인 것이다. 따라서 생리활성물질의 절대배치 결정이나 생체 고분자의 입체구조 해석은 생명과학 연구에 필수적이다. 또한 기능성 재료로서의 키랄 머티리얼은 기능의 정밀 제어에 필수적인 것이며 절대 배치를 포함한 입체 구조 해석은 그러한 기능을 해명하는데 필수적인 연구 사항이다. 그러나, 키랄리티를 분석하는 분광법은 그다지 많지 않다. 본 장에서는 가장 친숙하고 유효한 키랄 해석 방법으로서 선광도와 CD에 대해 개략적으로 설명한다.

10.2 선광도

10.2.1 측정 원리와 장치의 개요

자연광에는 여러 방향으로 진동하는 빛이 포함되어 있다. 편광자에 의해 진동면이 가지런한 직선 편광을 만들고, 그것이 광학 활성 물질을 통과하는 과정에서 투과광의 편광면이 회전하는 현상(선광)을 이용하여 선광도를 측정한다.

선광도 측정은 킬러리티에 관한 가장 오래된 분석법으로 1815년에 프랑스의 물리학자 Jean-Baptiste Biot에 의해 발견되었다. 진행되어 오는 빛을 마주한 관측자가 볼 때, 편광면이 우회전(시계방향)일 경우에 우선성(dextrorotary, *d*-)이라고 하며, (+)로 표기

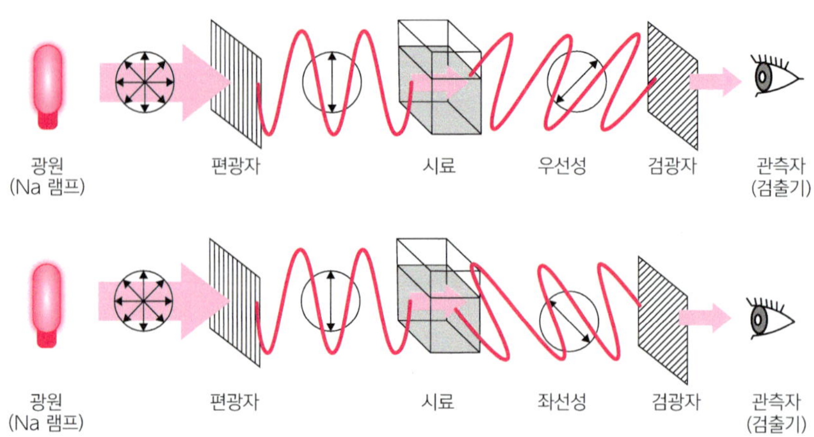

그림 10.1 선광도 측정 개념도

한다. 반대로 좌회전(반시계방향)일 때는 좌선성(levorotatory, *l*-)이라고 하며, (-)으로 표기한다. *d*-, *l*-의 표기는 이른바 DL 표기법과는 관계가 없으므로 혼동하지 않도록 (+)-, (-)-를 사용하는 것이 좋다(그림 10.1).

회전각 α는 투과하는 물질의 영향을 받기 때문에 투과하는 길이, 즉 셀길이와 농도에 따라 규격화할 필요가 있다. 선광도 α를 규격화한 것으로서, 비선광도 $[\alpha]$가 다음과 같이 정의되어 있다. 또한 선광도는 농도나 온도의 영향을 받으므로 농도, 온도를 기록하는 것이 관습이 되고 있다. 또한 셀길이와 농도의 단위에는 특히 주의가 필요하다.

용액 시료 측정의 경우 $[\alpha]^t_\lambda = 100\alpha/(lc)$ (10.1)

액체 시료 측정의 경 $[\alpha]^t_\lambda = \alpha/(l\rho)$ (순액체) (10.2)

여기서 t는 측정온도(℃), λ는 빛의 파장(nm) 또는 광원, α는 실측된 선광각(도), l은 셀길이 [dm(= 10 cm)], c는 농도[용액 100 cm^3 안에 포함된 시료의 질량(g)], ρ는 순액체의 밀도(g cm^{-3})이다.

10.2.2 광원과 파장

광원에는 일반적으로 나트륨의 D선(589.3 nm)이 이용된다. 문헌값은 D선으로 측정된 것이 대부분이므로, 비선광도의 비교를 위해서라도 D선으로 측정하는 것이 좋다. D선에서의 값이 극히 작은 경우는 다른 파장에서 측정을 해 보는 것이 좋다. 장치에 의하지만, 수은 광원과 전용 필터를 통해 다파장(577, 546, 435, 404 nm 등)에 의한 측정이 가능하다.

10.2.3 조작 방법

(1) 측정 용매 선택

용해도를 고려하고 눈에 잘 띄지 않으며 휘발성이 적은 용매를 선택할 것. 비선광도와 용매의 관계는 일의적으로 설명할 수 없기 때문에 부호나 수치의 비교에는 동일 용매로 실시하는 것이 바람직하다. 그러므로 신규 광학활성 화합물의 선광도를 측정하는 경우에는 특수한 용매의 사용은 피하고 가능한 한 일반적인 용매를 이용한다.

상용되는 용매로는 물, 메탄올, 에탄올, 1,4-디옥산, 클로로포름 등이 있다. 클로로포름은 유기화합물에 대한 용해도가 높기 때문에 매력적인 용매이긴 하지만 안정제나 미량의 산이 포함될 수 있으므로 주의할 것. 디클로로메탄, 디에틸에테르는 휘발성이 크고 농도가 변화하기 쉬워 그다지 적합하지 않다.

(2) 측정 온도

선광도는 일반적으로 온도의 영향을 받으므로 공조가 구비된 방에 선광계를 설치하고 용매 등도 온도 평형에 도달한 상태에서 사용할 것 또한 측정 온도를 기록해 둘 것, 온도 변화가 큰 시료는 항온셀을 사용하여 시료의 온도를 엄밀하게 일정하게 유지하는 것이 좋다.

(3) 불순물

용액이 균일하지 않은 경우는 산란에 의한 편광면의 흐트러짐이 관측될 수 있으므로 여과, 원심분리 등으로 미립자나 고형물을 제거할 것, 또한 불순물로 인해 시료가 착색되어 있는 경우 올바른 측정을 할 수 없으므로 가능한 한 순수한 화합물로 하고 탈색을 해 둔다.

(4) 선광도 측정용 셀

시료측정 셀은 선광계용으로 만들어진 변형된 유리 또는 석영제의 것을 사용할 것. D선의 경우는 유리제로 하는 것이 문제가 없지만, 자외의 파장 영역에서 측정하는 경우는 석영셀을 이용한다. 내경 10 mm, 광로길이 100 mm가 표준셀인데, 이를 사용하려면 다량의 샘플이 필요하다. 소량의 샘플의 경우는 내경 3.5 mm, 광로길이 100, 50, 10 mm 등의 마이크로셀을 사용하면 좋다. 셀의 내경에 맞추어 시료실의 조리개를 8 mm 혹은 3 mm로 조정해 둘 것. 측정 시에는 빛의 투과면을 부드러운 종이(킴와이프® 등)로 닦는다.

측정 전에는 빛의 투과 방향에서 셀을 보고 먼지나 불용물로 용액이 탁하지 않은지 기포가 없는지 확인한다. 사용 후에는 적절한 용매로 세척 후 풍건하여 보관한다. 미지시료 측정 블랭크 측정은 같은 셀을 사용한다. 시료를 교체할 때는 두세번의 공세척을 실시하고, 이전 샘플을 완전히 치환할 것. 셀을 셀 홀더에 세팅할 때는 같은 위치, 같은 방향으로 세팅한다.

(5) 시료의 칭량

10 mg 이상의 칭량을 전자저울(0.1 mg 정밀도)로 측정하고 메스플라스크로 정확한 부피를 측정함으로써 유효숫자 3자리 데이터를 얻는 것이 바람직하다. 소량의 샘플을 측정하려면 농도의 유효 숫자와 얻은 선광도의 유효 숫자에 주의하라.

(6) 블랭크 측정

미지시료를 측정하기 전에 용매만을 넣은 블랭크 측정을 한다. 사용용매로 셀을 잘 씻은 후 용매만을 셀에 넣고 시료의 경우와 동일 조건으로 측정한다. 샘플 측정값에서 블랭크 측정값을 뺀 값이 순 선광각이다. 블랭크 보정으로 자동으로 공제될 수도 있다.

10.2.4 결과의 견해와 해석 방법

셀 길이, 농도(용질량과 용액의 체적량)를 미리 입력해 두면, 선광계에 비선광도가 표시된다. 선광도는 다른 일반적인 분광법과 비교하여, 고농도에서의 측정이 많다. 그러므로 용매 및 분자간의 상호작용의 영향을 받기 쉽고 용매의 종류, 농도, 온도에 따라 다른 값이 될 수 있다. 그러므로 측정 조건을 예와 같이 기록해 둔다.

예: $[\alpha]^{20}_{D}$ + 12.3 (c 0.456, EtOH)

농도 c는 g/100 cm 단위임에 주의. 또한 비선광도의 값이 작을 경우에 측정값이 안정되지 않을 수 있다. 이런 경우에는 농도나 셀 길이를 바꾸어 큰 실측값을 얻을 수 있도록 고안하는 것이 좋다.

10.2.5 비선광도 이용방법

절대 배치가 알려진 화합물이라면 보고된 비선광도 데이터를 비교하여 키랄 화합물의 절대 배치를 결정할 수 있다.

최근 몇 년 동안 절대 배치를 결정하기 위해 이론 계산과 비선광도를 비교하려는 시도가 있었다. 그러나 비선광도는 측정값이 측정조건에 크게 영향을 받는다는 점, 하나의 파장에 의한 데이터라는 점을 고려할 때, 다른 데이터도 병용하여 결론을 내는 등 신뢰성을 향상시키기 위해 노력할 수 있다. 또 광학 순도의 결정에 비선광도의 값을 사용할 수 있다.

$$\text{광학 순도(optical purity \%)} = 100[\alpha]_D(\text{sample})/[\alpha]_D(\text{reference}) \quad (10.3)$$

단, 광학 순도 100%의 화합물의 비선광도의 믿음직한 데이터가 필요하고 또한 비선광도의 값이 작은 경우는 신뢰할 수 있는 광학 순도 값을 얻기 어렵다. 그런 경우에는 광학 분할 컬럼 등 다른 방법이 바람직하다. 또 통상의 시료에서는 광학 순도와 거울 상체 과잉(enantiomeric excess)은 같은 값을 나타내지만, 용질끼리의 상호 작용이 강한 경우에는 광학 순도와 거울상체 과잉은 반드시 동일한 값이 되지 않으므로 주의할 필요가 있다.

10.3 원편광 이색성(ECD) 스펙트럼

10.3.1 측정 원리

빛은 전자파이며, 직교하는 전기장과 자기장을 진행 방향에 수직으로 진동하고 전해지는 횡파이다. 자연 빛에는 여러 방향에 진동하는 빛의 성분이 포함된다.

이 중 원편광은 직교하는 파도의 벡터의 위상이 1/4파장 어긋났을 때 생기는 빛이다. 원편광에는 좌회전 원편광과 우회전 원편광이 있고 광학 활성인 물질을 투과함으로써 좌우 원편광에서 흡수의 차이가 생길 수 있다. 강도가 다른 원편광은 타원편광으로 관측된다. 이 현상을 원이색성(circular dichroism: CD)이라고 한다. 즉, 직선편광은 좌회전과 우회전 원편광의 합으로 생각할 수 있으며, 각각에 대한 흡수 계수가 다른 데 따른 원이색성이 발생한다. 타원 편광의 단축의 장축에 대비가 정접(tan)이 되는 각도 0이 타원각이다.

원이색성은 몰타원율[0] 혹은 몰원이색성 △로 나타난다.

$$[\theta] = \theta M/(lc) \quad (10.4)$$

여기서, θ은 실측의 타원각(도), l은 셀길이(dm), c는 농도(g 용질/100 cm^3 용액), M은 분자량이다. 유기화합물의 경우 일반적으로 몰원이색성 $\Delta\varepsilon$를 이용한다. $\Delta\varepsilon$(dm^3 $mole^{-1}$ cm^{-1})는 좌회전 및 우회전 원편광에 대한 몰흡광계수의 차이이다.

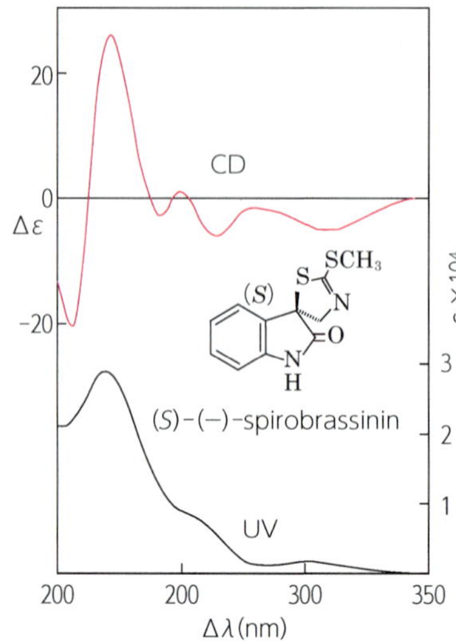

그림 10.2 UV, CD 스펙트럼의 예
(*S*)-(−)-spirobrassin의 UV 스펙트럼 (하단) CD 스펙트럼 (상단).
출전: M. Suchy, et al., *J.Org. Chem.*, **66**, 3940 (2001)

$$\Delta\varepsilon = \varepsilon^{l} - \varepsilon^{r} \tag{10.5}$$

몰타원율 [θ]와 몰원이색성 Δε 사이에는 다음의 관계가 있다.

$$[\theta] = 3300\Delta\varepsilon \tag{10.6}$$

실제로는 As는 다음 식에서 구한다.

$$\theta/33 = \Delta A = \Delta\varepsilon c' \, l' \tag{10.7}$$

여기서, ΔA는 원이색성 흡광도, c'는 몰농도(mol 용질/dm^3 용액), l'는 셀 길이(cm)이다. Δε 혹은 [θ]을 파장에 대하여 플롯한 것을 CD 스펙트럼이라고 하며, UV-VIS 스펙트럼의 흡수대에 대하여 흡수형 곡선을 나타낸다(그림 10.2). 양의 부호를 가진 것을 양의 Cotton 효과, 음의 부호를 가진 것을 음의 Cotton 효과라고 한다.

원이색성은 빛의 파장에 관계없이 관측될 수 있는 현상이지만, 자외·가시 흡수에 있어서의 종래의 CD 스펙트럼을 전자 전이에 근거하는 CD로서, electronic circular dichroism: ECD라고 부르고, 적외 흡수에 있어서의 CD 스펙트럼을 진동 전이에 근거하는 CD로서, 적외선 원이색성 또는 진동 원이색성(vibration circular dichroism: VCD)이라고 부르며 구별하고 있다.

10.3.2 원이색성(ECD) 분광계의 구성과 작동원리

ECD 분광계는 주로 ① 광원(크세논램프), ② 분광용 프리즘, ③ 렌즈, ④ 필터, ⑤ CD 모듈레이터, ⑥ 시료 홀더, ⑦ 검출용 광전자증배관으로 구성되어 있다.

광원인 크세논램프에서 나온 빛은 두 프리즘을 거침으로써 단색광이 됨과 동시에 직선 편광이 된다. 이 단색 직선 편광은 CD 모듈레이터에 의해 좌회전 원편광과 우회전 원편광이 번갈아 나오도록 변조된다. 이 변조광이 시료를 통과한 후 광전자증배관에 의해 그 광량이 검출된다. 원편광 변조광이 광학 활성 시료를 통과하면 좌회전 원편광과 우회전 원편광에 대한 몰흡광계수 ε_1와 ε_r가 다르므로 광전자증배관이 받는 광량은 시간 변화한다.

10.3.3 조작 방법

(1) ECD 분광계 설치 및 측정 준비

CD의 흡수 파장이나 강도는 온도의 영향을 받을 수 있으므로 CD 분광계는 공조실에 설치하는 것이 바람직하다. 광원(크세논램프)을 냉각시키기 위해 수돗물 또는 냉각수 순환장치를 가동시킨다. 또한 크세논램프에 의해 발생하는 오존으로부터 광학계를 보호하기 위해 통상적인 측정의 경우(~약 190 nm), 건조 질소가스(유량 3~5 L/min)를 미리 흘려 놓는다.

진공자외 영역(~약 180 nm)을 측정할 때는 보다 많은 양의 질소가스(15~20 L/min 정도)를 흘려보낼 필요가 있다. 이 경우 대량의 질소가스를 사용하므로 교체용 질소통을 준비하거나 질소발생장치를 도입하는 것이 좋다. 광원의 크세논램프를 켜고 30분 정도 워밍업시켜 안정화시킨다. 10

(2) ECD 스펙트럼 측정용 셀

CD 스펙트럼을 측정하려면 투과율이 좋고 왜곡이 적은 고품질의 셀이 필수적이다. 일반적으로 300 nm 이하의 자외선 영역까지 측정하는 경우에는 석영제 셀을 이용하지 않으면 안 된다. 가시 영역에 흡수를 가지지 않는 유리제나 플라스틱제 셀도 측정 파장, 목적(다검체 어세이 등)에 따라서는 사용 가능하다.

CD 측정용으로 각형(셀 길이 1~20 mm), 원통형(셀 길이 0.1~100 mm)의 고정 석영 셀이 시판되고 있다(일본 분광 등). 가장 일반적인 광로길이는 10 mm(1 cm)이다. 보다 짧은 셀(1 mm 혹은 0.1 mm)은 용매의 영향이 적기 때문에 같은 용액이라도 10 mm 셀을 이용하는 경우에 비해 더 짧은 파장까지 측정할 수 있다. 다만 동일한 흡광도를 얻기 위해서는 상당한 고농도로 시료를 조제할 필요가 있다. CD용 셀은 사용 후 바로 가용 용매로 세척한 후 풍건하게 저장함과 동시에 매우 고가이므로 떨어뜨려 깨지지 않도록 조심한다. 단백질과 같은 극미량 샘플의 경우 마이크로 샘플 디스크를 사용하여 측정한다.

(3) 측정 용액 시료 제작에 대해서

CD 스펙트럼을 측정함에 있어서 미리 자외·가시 스펙트럼을 측정하여 흡수 극대 파장에서의 흡광도가 1 정도가 되도록 농도와 셀 길이를 정한다. CD 스펙트럼은 좌원 편광과 우원 편광의 흡수 차이에서 유래하므로 흡광도가 2 이상이 되면 좋은 S/N을 얻을 수 없다.

CD의 강도는 보통 유효숫자 3자리 이상으로 측정되므로 시료의 무게도 정밀 전자저울을 이용하여 10^{-6} g 정도까지 측정한다. 보통은 1.0 mg 이상의 시료를 이용하는 것이 좋다. 또한 정확한 부피를 측정하기 위해 반드시 메스플라스크(10 mL)를 이용한다. 수 mg의 시료를 칭량하는 실제 방법은 다음과 같다.

① 메스플라스크(10 mL)에 들어가는 작은 보트(3 mm × 6 mm × 3 mm 정도)를 알루미늄 박(두께 0.015 mm)으로 만든다.

② 보트의 외관을 칭량한다. 보트에 시료를 싣고 칭량한다. 보트별로 메스 플라스크에 넣는다.

③ 소량의 용매를 넣고, 시료를 완전히 녹인 것을 점검한다. 규정선까지 용매를 가하고, 잘 흔들어 균일하게 한다. 보트 자체의 부피는 오차범위 내이므로 농도를 0으로 계산한다.

(4) 측정 용매의 선택

용매는 측정 대상시료에 충분한 용해도를 가지고 파장 영역에 흡수가 없이 제대로 투명하고 있는 것을 선택해야 한다. 또, 측정 중 농도가 변화하지 않도록, 휘발성이 낮은 용매를 선택하지 않는 편이 좋다.

10

시판 용매의 경우, 불순물이 적은 스펙트럼 측정 그레이드의 것을 사용한다. 통상은 n-헥산(~185 nm (1 mm cell), 시클로헥산(~185 nm (1 mm cell), 1,4-다이옥산(~210 nm (1 mm cell), 1,2-디클로로에탄(~210 nm (1 mm cell), 메탄올(~195 nm (1 mm cell), 에탄올(~200 nm (1 mm cell), 물(~180 nm (1 mm cell) 등을 사용하다 또, 셀 길이를 짧게 하면 용매의 영향이 적게 되기 때문에, 일반의 짧은 파장까지 측정할 수 있지만 높은 농도의 측정에 되기 때문에 시료의 용해도의 문제가 생길 수 있다.

클로로포름은 유기화합물에 대하여 매우 뛰어난 용해도를 가지고 있어 매력적인 용매이지만, 자외영역에 흡수를 가지므로 관측 파장에 주의하여 측정할 필요가 있다(~240 nm (1 cm cell), ~230 nm (1 mm cell), ~220 nm (0.1 mm cell))

(5) ECD 스펙트럼 측정 절차

① ECD 스펙트럼 측정에서는 대상으로 하는 흡수대의 흡수 극대에서의 흡광도 A가 1 정도($A < 2$)가 되도록 용액의 농도와 셀 길이를 선택한다.

② 시료용액을 셀에 충분한 양을 넣는다. 셀 내부에 용매가 잔류해 있을 경우 소량의 시료용액으로 2,3회 공세후 시료용액을 넣는다. 셀의 광 투과면은 손으로 직접 만지지 않도록 하고 킴와이프® 등의 부드러운 종이로 깨끗이 한 후 시료실에 세팅한다. 셀은 일정한 방향, 일정한 위치에 둔다.

③ 측정조건을 입력한다. 시작파장, 종료파장, 주사속도, 리스폰스, 적산횟수 등을 입력한다. 미리 빠른 주사속도로 예비 측정해 놓고 CD강도, 노이즈크기, 광전관의 전압을 체크해 두면 된다. 응답은 데이터 당 적산시간이며, 보통 0.5~4 sec 정도이다. 적산횟수를 늘리면 그 제곱근에 비례하여 S/N는 상승한다.

④ 측정 시 실험노트, 차트, 컴퓨터에 측정조건, 시료번호, 셀의 광로장, 농도, 용매 등을 잊지 않고 기록, 입력해 둔다.

⑤ 대상으로 하는 흡수대가 여러 개 있고 각각의 몰흡광계수가 극단적으로 다르다면 농

도나 셀 길이를 바꿔 여러 번 측정하는 것이 좋다.

⑥ 장치 부속 데이터 프로세서를 사용하여 데이터를 가공한다. 오리지널 데이터는 가공한 데이트와 함께 반드시 저장해 둘 것. 또한 측정 데이터는 텍스트 데이터로 출력하고 엑셀®, 캘린더 그래프® 등의 그래프 작성 소프트웨어로 가공하여 자료를 작성하는 것이 좋다.

(6) 블랭크 측정

시료를 측정한 후에는 용매만 블랭크 측정을 반드시 한다. 셀을 용매로 잘 씻은 후 용매를 넣고 시료의 경우와 동일한 조건에서 측정한다.

10.3.4 UV–VIS 스펙트럼 측정

CD 스펙트럼은 좌원 편광과 우변 편광의 흡수 차이이므로, 자외·가시 흡수가 없는 파장 영역에서는 관측되지 않는다. 그러므로 CD 스펙트럼의 해석이나 귀속에는 UV-VIS 스펙트럼의 정보가 필수가 된다.

CD 스펙트럼을 측정하기 전에는 반드시 UV-VIS 스펙트럼을 측정하고 CD 스펙트럼을 위한 최적의 농도를 조제한다. 측정한 UV-VIS 스펙트럼 데이터는 텍스트 데이터로 출력하고 CD 스펙트럼과 동일한 파장 스케일로 중첩된 차트를 작성하여 스펙트럼 해석이나 귀속에 참고하면 된다.

10.3.5 데이터의 정리와 기술

CD 스펙트럼에서는 그 Cotton 효과를 극값의 파장 위치(입ext)와 강도(Ag)를 이용하여 다음 예와 같이 기술한다. 필요하면 제로 교점의 파장 위치도 포함한다.

CD(EtOH)λ_{ext} 320.5 nm($\Delta\varepsilon-63.1$), 308.0(0.0), 295.5(+ 39.7)

CD 스펙트럼 및 UV-VIS 스펙트럼은 엑셀® 캘린더 그래프® 등의 그래프 작성 소프트웨어로 가공하여 데이터의 해석이나 논문등의 발표용으로 활용하면 좋다.

10.3.6 ECD 분광기 교정

CD 분광계가 올바른 파장과 강도를 나타내는지 확인하기 위해 표준시료를 사용하여 교정한다. 다음 것이 표준값으로 제안되었다.

(+)–10–컴퍼설폰산암모늄(c 0.06 H_2O) λ_{ext} 290.5 nm, $\Delta\varepsilon$ + 2.40
안드로스테론(c 0.05 g/100 cm^3 1,4–디옥산) λ_{ext}304 nm
$\Delta\varepsilon$ + 3.39(–)–판트락톤(c 0.015 H_2O) λ_{ext} 219 nm $\Delta\varepsilon-5.00$

10.3.7 입체 구조 해석에 대한 ECD 스펙트럼의 응용

광학 활성 화합물은 CD 스펙트럼을 원리적으로 측정할 수 있다. CD 스펙트럼은 소분자에서 생체 고분자까지 폭넓은 화합물에 적용할 수 있으며 절대 입체 배치 결정, 입체

배좌 해석, 2차 구조 해석 등에 이용되고 있다.

(1) 절대구조 기지물과의 CD 스펙트럼 비교

화합물의 절대 배치를 결정하는 경우, 절대 배치가 알려진 화합물과의 비선광도를 비교하는 것이 일반적이지만, CD 스펙트럼이 이미 알려진 화합물로 보고된 경우 그 비교를 통해 절대 배치를 결정할 수 있다.

비선광도에 비해 다른 파장의 비교를 위해 신뢰성이 증가한다는 점, 미량으로 비교할 수 있다는 점 등의 이점이 있다. 다만 강한 발색단을 가지지 않는 광학 활성 화합물의 CD 스펙트럼 강도는 일반적으로 약하기 때문에 비교할 때 주의가 필요하다. 또한 발색단 근방의 구조가 거의 같을 경우에는 CD 스펙트럼의 비교로부터 절대 배치를 결정할 수 있지만 복잡한 구조의 경우는 단순히 비교할 수 없을 때도 있다.

(2) 경험칙의 이용

유기화합물이나 착염화합물에 대해서는 많은 측정 데이터에서 다양한 경험칙이 도출되고 있다. 예를 들어 케톤의 옥탄트칙, 공역 디엔의 헤리티칙 등이다. 그러나 경험칙에는 예외도 있으므로 현재는 CD 여기자 킬러리티법 혹은 이론 계산을 이용하는 것이 일반적이다.

10

(3) CD 여기자 키랄리티법

CD 스펙트럼에서 두 개 이상의 발색단의 상호작용을 이용하는 방법으로 이론 계산을 하지 않고 절대 배치를 간편하게 결정할 수 있는 방법이다. 강한 $\pi \rightarrow \pi^*$ 흡수대를 가진 두 동일 발색단이 공간적으로 키랄한 관계에 있는 경우 CD 스펙트럼은 부호의 상반되는 매우 강한 분열형 Cotton 효과를 나타낸다. 일반적으로 방향고리와 같은 발색단을 가진 키랄 화합물은 자외 가시 흡수에 대응하는 CD 스펙트럼을 주지만 절대값($\Delta\varepsilon$)은 작다.

이에 반해 여기자 킬러리티법으로 주어지는 CD 스펙트럼의 강도는 강하고, 그 부호는 간단한 두 패턴으로 분류된다는 이점을 갖는다. 디올 등의 관능기에 두 개의 발색단을 도입 후에 스펙트럼을 도입하면, 두 개의 발색단이 정의 키랄리티를 갖는 경우에는 장파

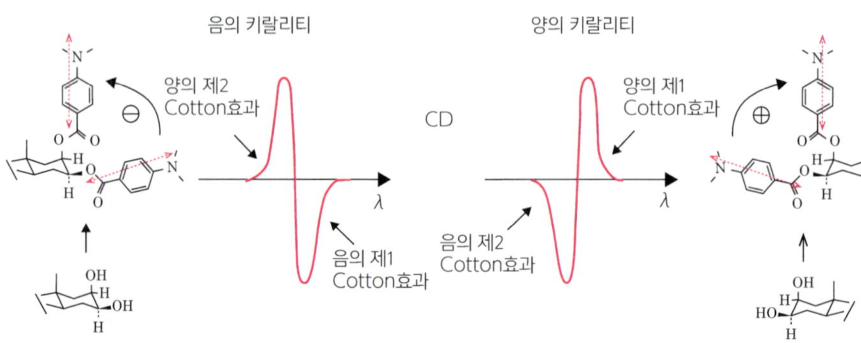

그림 10.3 CD 여기자 키랄리티법 개념도

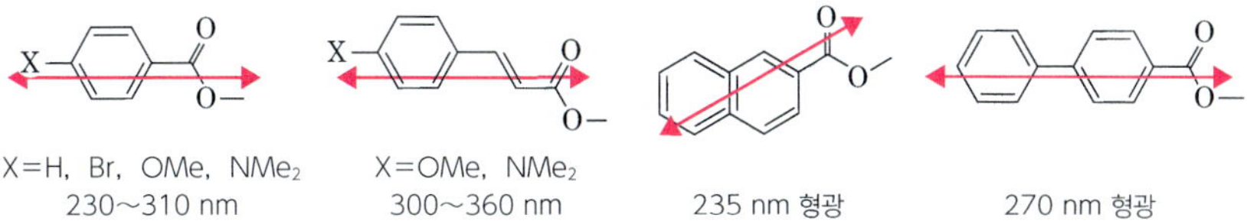

그림 10.4 CD 여기자 키랄리티법에 적합한 발색단과 전자 전이의 방향

장 측에서 양의 코튼 효과를 나타내는 CD가, 반대로 음의 키랄리티를 갖는 경우에는 장파장으로부터 부정의 분열형 코튼 효과가 관측된다.

이 두 종류의 단순한 패턴으로부터 절대 배치를 일의적으로 결정할 수 있다(그림 10.3). 발색단으로서는 그림 10.4와 같은 전자 전이 모멘트의 방향이 명확한 발색단을 이용하는 것이 올바른 결론을 얻는 지름길이다.

(4) 이론 계산 스펙트럼과 실측 스펙트럼의 비교를 통한 절대 구조 결정

후술한 VCD에서는 비교적 이른 시기에 이론 계산에 의한 절대배치 결정이 표준적인 방법이 되어 확립되었는데, ECD 스펙트럼에서도 최근 몇 년간 이론 계산 스펙트럼과의 비교가 절대배치 결정에 이용되고 있다. 목적의 광학활성 화합물의 입체배좌 해석을 실시하여 각각의 컴포머에 대한 CD 스펙트럼을 밀도범 함수법(density functional theory: DFT)에 의해 시뮬레이션하여 이론 ECD 스펙트럼을 도출한다. 얻어진 이론 스펙트럼과 실측 CD 스펙트럼을 비교함으로써 절대배치가 비교된다.

배좌 분식이 중요시됨에 따라 배좌 해석이 용이한 화합물에는 본법이 적합하다.

CD 강도가 압도적으로 약한 화합물, 회합하기 쉬운 화합물, 용매 효과가 높은 화합물은 적용할 때 주의해야 한다.

(5) 생체 고분자에 대한 응용

단백질은 α헬릭스나 β시트 구조와 같은 2차 구조나, 랜덤 코일 구조에서 유래한 특징적인 CD 스펙트럼을 원자외 영역에 나타낸다. 공개 소프트웨어를 통해 CD 스펙트럼에서 단백질 내 2차 구조에 대한 정보를 얻을 수 있다. 산은 또한 이중 나선 구조의 피치와 같은 차이를 반영하는 특징적인 CD 스펙트럼을 나타낸다.

(6) 광학 활성 합성 고분자에의 응용

ECD는 키랄 고분자의 용액 중에서 컨포메이션 해석에도 이용되고 있다. 주사슬 골격에 UV 흡수가 있는 경우, 그 Cotton 효과로부터 주사슬의 컨포메이션에 관한 지식을 얻을 수 있다. 특히, 한 방향으로 치우친 라센 구조의 형성을 확인하는 데는 효과적이다.

10.4 적외선 원이색성(VCD) 스펙트럼

원이색성은 빛의 파장에 관계없이 관측될 수 있는 현상이며, 이 중에서도 특히 적외광을 이용한 분광법을 적외선 원이색성 또는 진동 원이색성(vibrational circular dichroism: VCD)이라고 부른다. 현재 시판되고 있는 VCD 분광계는 일반 IR 분광계와 마찬가지로 푸리에 변환형이다. 분광계의 특성에 따라 다르지만 일반적으로 4000~800 cm^{-1}로 측정된다.

유기 저분자의 경우는 일반적으로 몰원이색성 As를, 생체 고분자 시료 등에서는 몰원이색성 AA를 이용하는 것이 일반적이다.

10.4.1 적외선 원이색성(VCD) 분광계의 구성과 작동원리

VCD 분광계는 주로 ① 광대역 IR 광원, ② 간섭계, ③ 특정 파장만을 투과시키는 광학 필터, ④ 편광자, ⑤ 포토엘라스틱 변조기(photoelastic modulator: PEM), ⑥ 시료 홀더, ⑦ 액체 질소 냉각형 검출기로 구성된다.

VCD 장치는 기존의 IR 분광계에 후부착할 수 있는 것, PEM 2대를 탑재하는 것 등 여러 가지가 있다. VCD 분광기는 기본적으로 푸리에 변환형으로 전체 파장을 동시에 측정할 수 있지만, PEM은 어떤 파장을 중심으로 원편광 변조한다. PEM의 설정을 중심파수로 설정하면 λ에서는 직선편광이 깨끗하게 원편광 변조되지만, λ 이외의 파수에서는 타원편광이 되어 측정감도·신뢰성이 저하된다. 대체로 4λ/3에서 2λ/3의 범위에서 VCD를 측정한다. 이보다 떨어진 영역의 VCD를 측정하는 경우에는 PEM의 설정을 변경한 후 다시 측정하는 것이 바람직하다.

10.4.2 조작 방법

(1) VCD 분광계 설치 및 측정 준비

VCD 강도의 온도 변화를 피하기 위해 공조실에 VCD 분광계를 설치하는 것이 좋다.

분광기 특성에 따라 다르지만 대개 실제 측정 1시간 전에는 검출기 듀어에 액체 질소를 넣고 분광계의 전원을 켜 분광계를 안정화시킨다.

(2) VCD 스펙트럼 측정용 셀

VCD 스펙트럼을 측정하려면 투과율이 좋고 왜곡이 적은 고품질의 BaF_2 셀 또는 CaF_2 셀이 필요하다. BaF_2는 약 750 cm까지의 넓은 파수 영역에서 측정할 수 있지만, 약간이나마 물에 약하기 때문에 수용액이나 습기에 장시간 닿으면 셀 표면에 흐림이 생긴다. CaF_2 셀의 경우 1000 cm^{-1} 이하 측정이 불가능하지만 물에 대한 내성은 매우 높다. VCD 측정용으로 두 장의 창판을 합친 셀(스페이서 두께가 0.05~0.2 mm)이 가장 많이 사용된다. VCD용 셀은 매우 비싸기 때문에 떨어뜨려서 깨지지 않도록 조심한다.

(3) 시료의 정제

시료는 충분히 정제 건조한다. 특히 아세톤이나 아세트산에틸 등은 소량이라도 카르보닐 C = O의 신축 진동 영역에 현저한 IR 흡수를 나타내기 때문에 시료뿐만 아니라 사용하는 광학셀이나 마이크로시린지도 잘 건조시킨다.

VCD는 전항에서 설명한 통상의 CD 분광법과 비교하여 감도가 낮은 분광법이며, 너무 얇은 시료용액이면 양호한 VCD 시그널을 관측할 수 없다. 그래서 VCD 스펙트럼을 측정할 경우에는 대응하는 IR 흡수대의 흡광도 A가 1 이하가 되는 농도에서 흡수대가 최대한 커지는 용액의 농도와 셀 길이를 선택한다. VCD의 크기는 보통 유효숫자 1~2자리 이상으로 측정되므로 유효숫자 2~3자리 이상을 달성하기 위해 시료의 칭량도 정밀 전자저울을 이용하여 10^{-4}~10^{-5} g 정도까지 측정한다. 측정에 필요한 용액의 양은 보통 0.1 mL 정도이므로 일반적으로 5.0~10.0 mg 정도의 시료가 있어야 VCD 측정을 실시할 수 있다.

(4) 측정 용매 선택

VCD 스펙트럼 측정의 용매로는 측정 영역에서 흡수가 적은 것이 좋다. 보통은 중수소화 클로로포름, 중수소화 벤젠, 중수소화 아세토니트릴, 중수소화 테트라하이드로퓨란, 중수소화 디메틸설폭사이드 등이 자주 이용된다. 수용성 시료의 경우에는 중수소화 디메틸술폭시드와 함께 메탄올, 중수, 물 등도 많이 이용된다.

알코올계 용매는 IR 흡수가 강하기 때문에 측정용 셀은 광로길이가 가능한 한 짧은 것을 선택한다. 특히 물은 IR을 매우 강하게 흡수하기 때문에 0.01 mm 이하의 광로길이의 셀을 선택한다. 일반적인 용매의 IR 흡수 스펙트럼은 그림 10.5와 같다. 용매는 시판 스펙트럼용으로 충분하다. 중수소화 용매는 NMR 측정용으로 쉽게 구할 수 있지만 TMS를 포함하지 않는 용매를 선택하도록 주의한다.

10

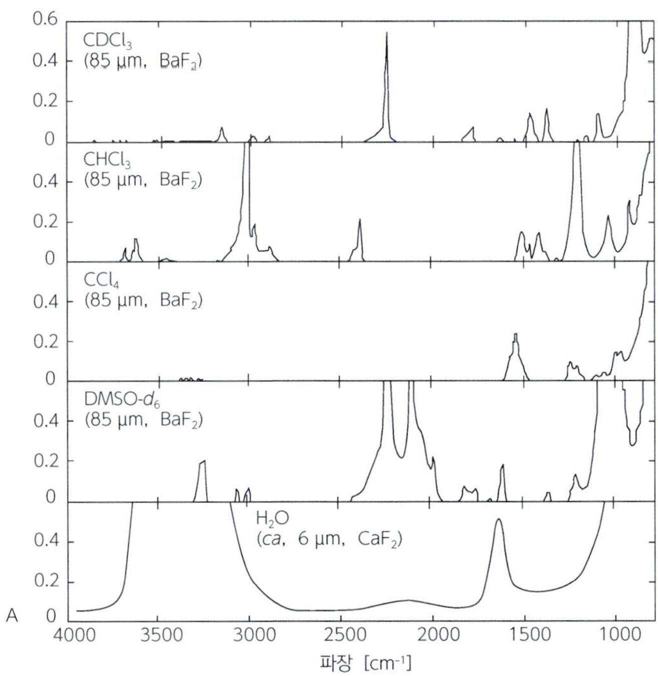

그림 10.5 VCD 측정에 사용되는 대표적인 용매의 IR 스펙트럼
출전: T. Taniguchi, *Bull. Chem. Soc. Jpn.*, **90**, 1005 (2017).

(5) VCD 스펙트럼 측정 절차

① VCD 측정에서는 해당 흡수대의 흡광도 A가 1 이하이면서 가능한 한 큰 값이 되도록 용액의 농도와 셀 길이를 선택한다.

② 용액을 셀에 충분량(통상 0.05~0.2 mL) 넣고 마개를 한다. 세척에 사용한 아세톤 등이 셀 내에 남아 있으면 대응하는 IR 흡수가 관측되어 버리기 때문에 내부를 잘 건조시킨다. 셀 창판의 바깥쪽이 용매로 젖어 있는 경우는 킴와이프® 등의 부드러운 종이로 깨끗이 한 후 시료실에 세팅한다. 셀은 일정방향 일정위치에 둔다.

③ 측정하고자 하는 범위나 시료의 성질에 따라 분해능(resolution)이나 PEM의 중심파수를 설정한다. 또한 IR과 VCD의 적산 횟수를 설정한다. IR의 적산은 16회 정도면 충분하다. 반면 VCD는 3000회 이상 적산하는 것도 일반적이며 신호가 작을 때는 더 적산이 필요하다.

④ 측정 시 차트상에 측정조건, 셀의 광로길이, 농도, 용매 등을 잊지 않고 기록해 둔다.

⑤ 예를 들어 시료 상태의 변화, 외부 온도 및 장치 상태의 변화에 따른 기준선의 변화 등을 고려할 수 있다. 검출기에 충분한 양의 액체 질소가 들어 있지 않으면 특히 이러한 변화가 뚜렷하다.

10

(6) 블랭크 측정

시료를 측정한 후에는 용매만의 블랭크 측정을 반드시 한다. 셀을 용매나 아세톤으로 잘 씻은 후 용매를 넣고 시료의 경우와 같은 조건에서 측정한다. 시료분자의 VCD 스펙트럼 및 IR 스펙트럼에서 용매 스펙트럼을 뺀 것을 논문 등에 게재하는 것이 일반적이다.

만약 입수 가능하다면, 시료의 거울상 이성체를 이용하여 VCD 스펙트럼을 보정하면, 보다 아티팩트가 제거된 스펙트럼을 얻을 수 있다. 그 경우의 보정으로서 다음 식을 이용한다.

$$\Delta A(+)_{\text{보정후}} = 1/2[\Delta A(+)_{\text{보정전}} - \Delta A(-)_{\text{보정전}}]$$

10.4.3 VCD 분광계 교정

VCD 분광계가 올바른 파장과 강도를 나타내고 있는지를 체크하기 위해 표준시료를 사용하여 교정한다. α-피넨의 양 거울상체가 표준시료로 자주 이용되고 있다.

10.4.4 VCD 스펙트럼의 입체 구조 결정에의 응용

VCD에 의한 입체 구조 결정은 주로 밀도범 함수법(DFT) 계산으로 시뮬레이션한 이론 VCD 스펙트럼과 실측 VCD 스펙트럼을 비교함으로써 이루어진다. 그림 10.6(a)에 이론 계산에 의한 구조 결정의 순서를 나타냈다. 이 절차는「어떤 구조 정보를 알고 싶은가」에 따라 조금 다르다. 시료분자가 두 거울상 이성질체 중 어느 쪽인지를 알고 싶다면 한 거울상 이성질체에 대해서만 계산하고 실측 스펙트럼과 비교하는 것만으로도 충분하다. 이 때 두 스펙트럼의 형상과 부호가 일치하면 시료분자의 입체배치는 이론 계산에 사용한 거울상 이성질체와 동일하다. 반대로 실측과 이론 스펙트럼의 부호가 반대라면

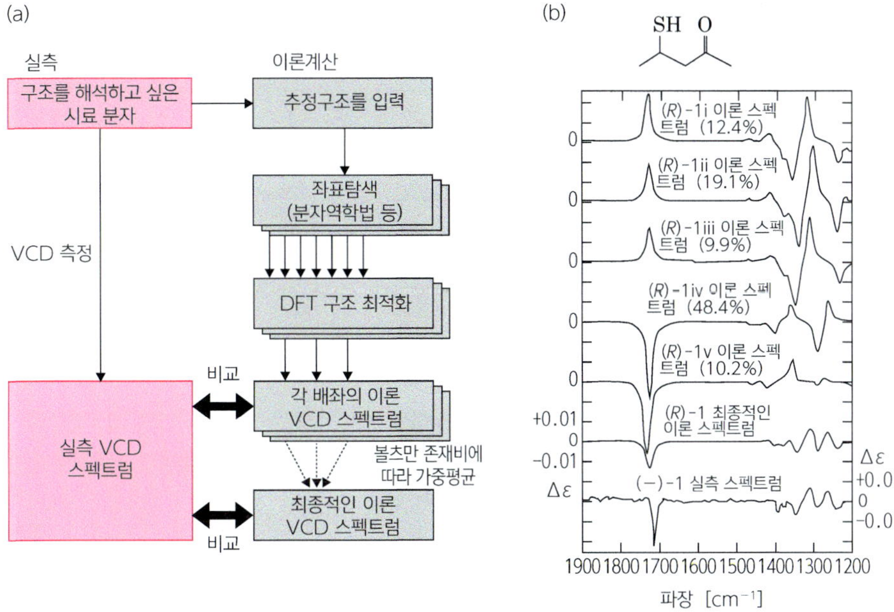

그림 10.6 VCD에 의한 구조 결정

(a) VCD에 의한 구조 결정의 일반적인 흐름, (b) 분자 1의 다섯 배좌 이성체에 대해 계산한 이론 VCD 스펙트럼, 가중평균 VCD 스펙트럼, 실측 VCD 스펙트럼(중클로로포름 사용, 광로 길이 0.085 mm, 농도 0.3 mol/L).

출처 : C. Kiske et al. *J. Agric. Food Chem.*, 64, 8563 (2016).

시료분자의 입체배치는 그 반대로 결론날 수 있다. 샘플 분자의 구조가 「가능한 디아스테레오머 여러 종류 중 어느 하나」인지 알고 싶다면 가능한 모든 이성체를 계산하고 실측 스펙트럼과 비교해야 한다. 입체배치가 이미 알려진 시료에 대해 입체배좌 해석을 할 경우에는 그 입체배치를 가진 분자에 대해서만 계산한다. 분자간 상호작용 양식에 대해 해석하고 싶다면 둘 이상의 분자를 다양하게 배치하여 이론계산을 하고 각 이론 스펙트럼을 실측 스펙트럼과 비교한다.

대부분의 경우, 분자는 용액 중에서 복수의 배좌 이성체를 취할 수 있기 때문에, 먼저 각각의 배좌 이성체의 구조와 에너지를 계산한다. 이때 CONFLEX, Spartan, Macromodel 등의 소프트웨어를 통해 분자 역학법에 기초한 배좌 탐색을 실시하면, 후의 밀도범 함수법(DFT) 계산에 사용하는 복수의 초기 배좌를 쉽게 낼 수 있다.

단순한 구조의 분자라면 회전 가능한 결합의 이면각을 수동으로 변화시킴으로써 여러 개의 배좌 이성체를 얻을 수도 있다. 이와 같이 얻은 배좌에 대해서 DFT 계산으로 새로운 구조 최적화를 실시한다. 최적화된 안정적인 배좌 이성체(기준으로서 최안정 배좌 이성체로부터 2 kcal/mol 이내 정도)에 대해서 각각 CD 또는 VCD를 계산한다. DFT 계산은 Gaussian 등의 소프트웨어로 간단하게 실시할 수 있다.

마지막으로 각 배좌 이성체의 스펙트럼에 대해, Boltzmann 존재비의 가중치를 매겨

더함으로써 최종 이론 스펙트럼을 얻는다. 이 스펙트럼을 실측 스펙트럼과 비교하여 시료 분자의 구조 정보를 얻는다.

구체적인 예로서 향료분자의 입체배치 결정 예를 그림 10.6(b)에 나타낸다. 배좌 탐색과 DFT 구조 최적화 결과, 5개의 안정 배좌 이성체가 예측되었다. 이들에 대해 각각 VCD를 계산한 결과, 어느 하나로서, (–)-1에 대한 실측 VCD 스펙트럼과 비슷하지 않다. 그러나 각각의 스펙트럼을 각 배좌의 Boltzmann 존재비에 기초하여 가중평균하여 얻은 이론 스펙트럼은 실측 스펙트럼과 높은 일치를 보였다. 이상에서, (–)-1의 입체 배치를 R로 결정할 수 있다.

10.5 끝에

최근의 계산기 과학의 진보에 따라 키랄 관계의 분광법에서도 이론 계산과 비교하여 논의를 진행하는 것이 주류가 되고 있다. 그러나 실제 스펙트럼의 측정에는 다양한 조건 검토가 수반되는 경우가 많아 화합물의 특성을 잘 이해하고 정확한 데이터를 취하도록 측정자는 세심한 주의를 기울일 필요가 있다. 계산기 과학자와 공동으로 연구를 진행하는 경우에는 데이터만 혼자 다니지 않도록 충분한 토론을 실시하여 실수가 없도록 한다.

10

【참고 문헌】

1) W.Klyne, J.Buckingham, "Atlas of Stereochemistry, Absolute Configurations of Organic Molecules, 2nd Ed.," vol.1,2, Chapman and Hall (1978). J.Buckingam, R.A.Hill, "Atlas of Stereochemistry, Absolute Configurations of Organic Molecules," Supplement, Chapman and Hall (1986). H.B.Kagan Ed., "Stereochemistry - Absolute Configurations of 6000 Selected Compounds with One Asymmetric Carbon Atom,"vol.4, Georg Thieme (1977).

2) 原田宣之,『旋光性, 旋光分散, 円二色性 (実験化学ガイドブック)』, 日本化学会編, 丸善 (1984).

3) K.Nakanishi, N.Berova, R.Woody, Ed., "Circular Dichroism, Principles and Applications," VCH Publishers (1994).

4) 原田宣之, 中西香爾,『円二色性スペクトル–有機立体化学への応用』, 東京化学同人(1982).

11 전기 분석 화학

11.1 처음에

전기 분석 화학은 전극과 산화 환원종 사이에서의 전자 수수를, 전류나 전압으로서 관측하고 정성 혹은 정량에 이용하는 분석 기법이다. 분석에 실용되고 있는 수법으로서, 전극에 정미 전류가 흐르지 않는 상태에서 카이 회로(제로 전류)전위를 측정하는 포텐시오메트리와 일정 전위에서 전류를 측정하는 암페로메트리가 있다. 포텐시오메트리의 실용적인 예로서는 이온 센서나 pH 미터가 알려져 있다. 또, 암페로메트리의 이용 예로서는 클라크형 산소 전극과 혈당값 센서, 혹은 액체 크로마토그래피의 전기 화학적 탐지기가 들 수 있다.

그러나, 그러한 실용적 분석법을 개발하거나 원리를 이해하기 위해서는 무엇보다도 전위와 전류의 관계를 기록하는 볼타메트리를 아는 것이 필수적이다.

전기 화학은 원리적으로는 전극 반응의 속도론이며, 외부에서 전위를 설정함으로써 활성화 에너지를 제어하고, 이때 전극 표면에서의 전자 수수 반응의 속도를 전류로 측정하는 방법론이다. 전류가 전위의 함수일 뿐만 아니라 전류를 결정하는 반응물의 농도 분포가 시간과 공간(거리)의 함수이므로 초학자에게는 볼타메트리의 이해에 복잡함과 난해함이 따라다닌다. 게다가 포텐시오스탯이라는 생소한 장치에 더해 3개의 전극을 필요로 하기 때문에 실측으로 향하는 장벽이 필요 이상으로 높게 느껴지는 것 같다.

본장에서는 전기분석화학에 대한 배리어를 조금이라도 낮추기 위해 먼저 전기화학 측정장치나 전극계의 원리에 대해 기술한다. 그 후 대표적인 측정법인 전위소인법(볼타메트리)과 전위스텝법(암페로메트리 등)의 에센스에 대해 기술한다.

그 밖에도 전위에 정현파와 같은 변조를 가하고, 그에 따라 변화하는 전류 신호를 해석하는 교류법 등의 유용한 각종 측정법이 있다. 이러한 측정법의 해설은 전문서에 양보하기로 하고, 본 장에서는 비교적 간편한 측정법인 직류법에 한한다.

11.2 측정 장치와 3전극계의 원리

전기화학 측정에서 전극간의 전위를 제어하여 전류를 계측하는 포텐시오스탯(potentio = 전위의, stat = 일정)과 전류를 제어하여 전위를 계측하는 갈바노스탯(galvano = 전류의)이 기초가 되는 중요한 장치이다. 이러한 장치를 이용하여 전류 또는 전위를 계측하기 위해서는 작용극, 참조극, 대극의 3전극이 필요하다. 본 절에서는 이들 장치 및 3전극 셀을 이용한 전기화학 측정법에 대해 해설한다.

11.2.1 포텐시오스텟의 기초

먼저, 전해질 용액에 2개의 전극을 삽입하고 직류 전압을 인가하여 물의 전기분해(전해)를 행하는 경우에 대해 생각한다. 2개의 전극 사이에 인가하는 전압의 크기를 조금씩 키워나가면 어느 일정 이상의 전압의 인가에 의해 전류는 급격히 증가하여 두 전극 표면에서 작은 기포가 발생한다. 플러스 전원 측 전극을 양극(어노드)이라 하고, 식 (11.1)에 나타내는 물의 산화 반응에 의한 산소 발생이 일어난다. 한편, 마이너스 전원 측 전극을 음극(캐소드)이라 하고, 식 (11.2)에 나타내는 양성자의 환원 반응에 의한 수소 발생이 일어난다.

$$2H_2O \longrightarrow O_2 + 4H^+ + 4e^- \tag{11.1}$$

$$2H^+ + 2e^- \longrightarrow H_2 \tag{11.2}$$

이와 같이, 전원으로부터 전압을 가함으로써 전극 표면에서 전자 이동을 수반하는 전기화학 반응을 진행시켜 전기 분해를 유발할 수 있다. 두 전극 모두 산화 반응과 환원 반응이 일어나므로 전류가 흐른다. 이 전기분해 시, 양극과 음극 사이에 가한 전압(전위차)은 알 수 있지만, 각각의 전극의 전위는 알 수 없다. 전위란, 기준이 되는 전극과의 전위차이다.

전위는 전기화학 활성종(물의 전기분해에서는 산소, 수소 및 양성자)의 전극 표면에서의 농도에 의존하기 때문에 양극 및 음극의 전위는 전기화학 반응의 진행과 함께 서서히 변화한다. 그래서, '전극에서 전기화학 반응이 진행되고 전극 표면에서의 전기화학 활성종의 농도가 변화해도 전극의 전위를 일정하게 유지하는' 것을 가능하게 한 장치가 포텐시오스텟이다. 이 장치에서는 세 번째 전극인 참조극이 필요하며, 이 참조극에 대한 작용극(주목하고 있는 전기화학 반응을 일으키는 전극)의 전위를 제어할 수 있다. 전극 전위를 제어함으로써 어떤 특정 산화환원종의 산화환원 전위를 조사할 수 있다. 또한 용액에 포함된 산화환원종의 농도는 이때 흐르는 전류량으로부터 결정될 수 있다. 이것은 질적 분석과 정량적 분석을 동시에 수행할 수 있음을 의미한다.

현재 시판되고 있는 포텐시오스텟에는 전극에 임의파형의 전압(시간 경과에 따라 전극 전위를 바꾸는 것)을 인가하기 위한 함수 발생기가 내장되어 있으며, 관측된 전류는 모니터 상에 표시되어 기록할 수 있다. 사이클릭 볼타메트리(CV)시에는 전위를 시간에 대하여 직선적으로 변화시키고, 그 때 관측되는 전류를 전위에 대하여 플롯한다. 또한, 전위 스텝 방법에서는 어느 일정한 전위에서 순간적으로 다른 일정 전위로 변화시켜 전류를 시간에 따라 플롯한다. 이것들로부터 얻은 전류–전압 곡선이나 전류–시간 곡선을 해석함으로써 전극 반응 기구를 조사할 수 있게 된다.

CV 측정 시 결정해야 할 파라미터를 나타낸다. 먼저 초기 전위, 초기 전위 유지 시간을 설정한다. CV 측정을 시작하면 보통 전위는 자연 전위에서 설정한 초기 전위로 전환되고 초기 전위가 유지 시간만큼 유지된다. 자연 전위란 용액 안에 포함된 전기화학 활성종의 산화체 및 환원체의 농도비로 결정되는 전위를 말한다. 이 전위와 초기 설정 전위가 크게 다른 경우에는 측정 개시와 함께 큰 전류가 흐른다. 따라서, 유지 시간을 극단적으로 짧게 설정(수 초)하면 전류가 흐르고 있는 상태에서 전위 소인이 시작되어 예기치 못한 전류가 관측될 수 있다.

다음으로 제1 반환 전위, 제2 반환 전위 및 전위 소인 속도(스캔 레이트)를 설정한다. 이에 대해서는, 11.4.1항에 상세 내용을 기재했다. 마지막으로 사이클 횟수, 샘플링 시간 및 전류 레인지를 결정한다. 사이클 횟수는 초기 전위에서 두 개의 반환 전위를 거쳐 초기 전위로 돌아가는 사이클을 몇 번 반복하느냐이다. 샘플링 시간은 몇 초마다 전류를 플롯하느냐이다. 예를 들어 샘플링 시간을 100 ms라고 하면, 소인 속도가 100 mVs^{-1}로 10 mV에 1회 10 mVs^{-1}로 1 mV에 1회 전류량이 플롯되게 된다.

전류 레인지는 관측하고 싶은 전류를 전압으로 변환할 때 저항의 크기로 결정되고 계측한 전류를 플롯할 때의 풀 레인지로 했다. 예를 들어 500 nA의 전류를 측정하고 싶은 경우, 100 nA의 범위를 사용하면 100 nA 이상의 전류는 계측 시에 표시할 수 없기 때문에 레인지 오버가 된다. 이 경우, 1 μA의 전류 레인지를 사용해야 한다 1 μA의 전류 레인지를 사용했을 경우, 장치의 회로 내에서 전류는 1 MΩ의 저항을 흐른다. 여기서 옴의 법칙으로부터 흐르는 전류를 전압으로 변환하고 출력한다. 즉, 500 nA의 전류가 흐를 경우에는 0.5 V가 출력된다. 최대 출력 전압이 ±1 V의 포텐시오스텟의 경우, 1 μA의 전류 레인지를 사용하면 ±1 μA가 측정할 수 있는 최대 전류이다. 전압으로 변환하면 작은 전류도 옴의 법칙에서 전압으로 변환할 수 있어 전류값 측정의 감도 향상 및 노이즈 저감이 가능하다.

11.2.2 전기 화학 분석용 전극

전기 화학 측정은 대부분의 경우, 작용극, 참조), 대극인 "3전극계"에서 이루어진다. 주목하는 전기 화학 반응이 진행하는 전극을 작용극(WE)이라고 부른다. 작용극의 전위의 기준으로서 이용하는 전극을 참조)(RE)라고 부른다. 대극(CE)은 작용극에서 진행하는 전자 전달 반응과 반대형 전자 전달 반응을 진행시키고 전류를 내보내기 때문에 이용된다. 본 항에서는 각각의 전극의 종류와 기본적인 특성을 부감한다.

(1) 작용극

작용극은 용액 안의 분자에 전자를 공급(분자를 환원)하고 또는 분자로부터 전자를 수용(분자를 산화)한다. 산화체(Ox)과 환원제(Red)의 전자 수수를 생각해 보면, 작용극은 식 (11.3)처럼 Ox에 전자를 공급하는 음극과, 식 (11.4)처럼 Red에서 전자를 수용하는 양극으로도 작용(그림 11.1).

$$\mathrm{Ox} + e^{-}(\text{전극}) \longrightarrow \mathrm{Red} \tag{11.3}$$

$$\mathrm{Red} \longrightarrow \mathrm{Ox} + e^{-}(\text{전극}) \tag{11.4}$$

작용극에는 여러 종류가 있는데, 목적 측정에 적절한 작용극을 선택하기 위해서는 그 전극의 '전위창(potential window)'을 알아야 한다. 전위창이란 목적 분자의 반응 이외의 반응이 진행되지 않는 전위 범위를 말한다. 수용액 중에서 전극 전위를 음으로 크게 하면 어떤 전위에서 식 (11.2)에 나타낸 양성자의 환원 반응이 일어난다.

따라서, 음측에 큰 전위를 인가한 경우 목적 분자의 환원뿐만 아니라 양성자 환원 반

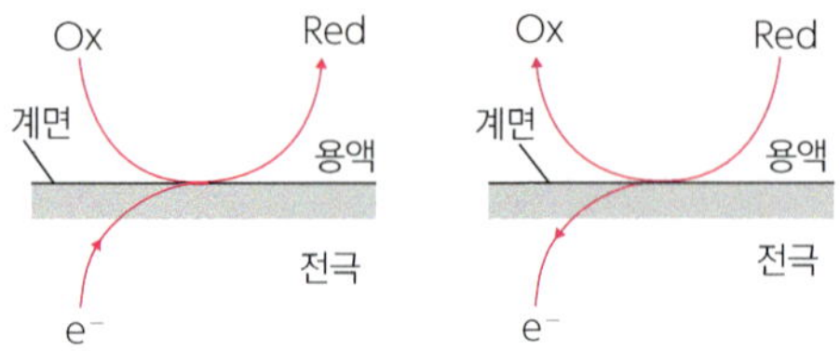

그림 11.1 작용극에서의 산화체(Ox)의 환원 및 환원체(Red)의 산화 전자 수수

응이 동시에 진행되므로 목적 분자의 측정은 할 수 없다. 이 양성자 환원 반응이 일어나는 전위를 음측 전위창이라고 한다. 전위창은 용매, 지지 전해질 및 전극의 종류에 따라 달라진다(표 11.1).

지지 전해질로서 산성을 나타내는 과염소산을 이용한 경우와 염기성을 나타내는 수산화나트륨을 사용한 경우에 전위창이 크게 다르다는 것을 알 수 있다. 이는 양성자 환원 반응이 일어나는 전위가 양성자 농도(pH)에 의존하기 때문이다.

또한, 전위창은 전극 재료에 따라 다르다. 이는 전극 재료에 따라 양성자 환원 반응에 따른 수소 발생의 과전압(수소 과전압)이 다르기 때문이다. 수은 전극은 수소 과전압이 크기(양성자 환원 반응의 전위가 음으로 크다) 때문에 산화 환원 전위가 음으로 큰 전기화학 활성종의 측정에 유리하다. 또한 용액 속에 녹아 있는 산소의 환원반응(식 (11.5))이 측정을 방해할 수 있다. 이를 제거하기 위해 측정 전에 아르곤이나 질소 등의 불활성 가스를 용액 안에 통기(버블링)하여 용존산소를 제거하면 좋다.

$$O_2 + 4H^+ + 4e^- \longrightarrow 2H_2O \tag{11.5}$$

11

표 11.1 과염소산 및 수산화나트륨을 지지 전해질로 한 수계 용매에서 각종 전극을 이용했을 때의 전위창

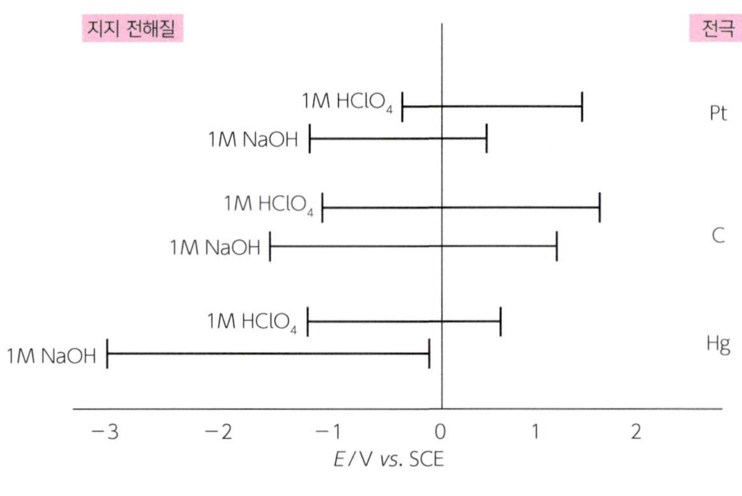

수용액 중 정측 전위창은 물의 산화반응 식 (11.1)에 의해 한정된다. 물의 산화반응에 의한 산소발생 과전압(산소와전압)도 전극재료에 따라 다르다, 금전극이나 백금전극은 산소과전압이 크기 때문에 산화환원 전위의 정측에 큰 산화환원종의 측정에 유리하다. 단, 구리 전극이나 은 전극과 같은 화학적으로 안정적이지 않은 전극을 이용하는 경우에는 전극 자신의 산화에 의한 용해나 산화물 생성이 전위창을 제한하므로 주의가 필요하다. 전기화학 측정을 하기 위해서는 작용극 표면에서 불순물을 제거하고 청정하게 할 필요가 있다. 백금이나 금 등의 귀금속 전극의 경우 통상 다음의 ①~⑤의 순서로 표면을 청정화한다.

① 미세한 사포 등으로 전극 표면을 평활화한다.
② 알루미나 연마제 등으로 연마하여 경면 마무리로 한다. 알루미나 연마제의 입자지름을 직경 1~0.06 μm 정도로 단계적으로 미세하게 한다.
③ 증류수 중에서 전극표면을 초음파 세척하고 전극표면에 부착된 알루미나 입자를 제거한다.
④ 잘 수세한다.
⑤ 측정에 사용하는 전해액 중에서 전위 소인을 반복한다.

CV를 이용하면, 귀금속 전극 표면의 청정도를 평가할 수 있다. 그림 11.2에, Au전극을 이용한 1 mol L^{-1} H_2SO_4 안에 있어서의 고리형 볼타모그램(CV 곡선, CV 측정에서 얻어지는 전류-전위 곡선)을 나타낸다. 물의 전해 산화와 산화 피막 생성에 기인하는 산화 전류와 산화 피막의 환원에 기인하는 환원 전류가 관측된다. 이러한 전류는 특정 전위에서 관측되기 때문에 이 곡선을 얻을 경우 전극 표면이 청정하다고 판단할 수 있다.

전극 표면이 불순물 등으로 오염되어 있을 경우 얻어지는 파형은 다르다. 통상 수소 발생과 산소 발생이 일어나는 전위 범위에서 전위 소인을 반복하면 서서히 이상적인 CV 곡선에 접근하여 청정한 전극 표면(전기화학적으로 활성)을 얻을 수 있다. 이 방법으로 청정한 전극 표면을 얻지 못할 경우에는 전극 표면을 청정화 ③ 후에 뜨거운 질산, 왕수 등으로 세척하면 된다. 이 CV 곡선에서 전류가 제로인 이상 분극성 전위 범위(1 mol L^{-1} H_2SO_4 용액 중 전기화학 측정의 경우 0.1~0.8 V)가 전위창이다. 얻을 수 있는 CV 곡선은 전극 재료의 금속종에 고유하며, 전위창도 다르다. 귀금속 전극과 마찬가지로 자주

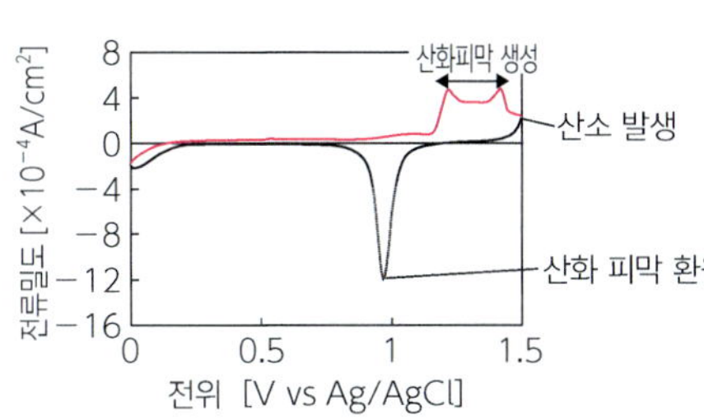

그림 11.2 Au 전극을 이용한 1 mol L^{-1} H_2SO_4 중 사이클릭 볼타모그램

11

사용되는 전극인 글래시 카본 전극은 상기 ①~③에서 청정화할 수 있다. 투명하고 도전성이 있는 인듐주석 산화물(ITO) 전극은 표면을 알코올이나 아세톤으로 가볍게 닦아 사용한다. 또한 청정화에 황산이나 알칼리 용액이 이용되기도 한다.

(2) 참조극

참조극이 작용극의 전위를 측정 및 제어하기 위한 전위의 기준이 되는 전극이다. 이상적인 참조극으로서 이하의 조건을 충족시킬 필요가 있다.

- 참조극에서 전극 반응이 가역이며 전위가 네른스트 방정식에 따르고 응답한다.
- 그 전위가 장시간 안정적이다.
- 참조극에 전류가 흐르고 반응이 진행된 경우에도 전위 변화가 미미하며, 즉시 첫 번째 전위로 돌아간다(히스테리시스를 나타내지 않는다).
- 전위는 온도에 의존하지만, 일정 온도에서 일정 전위를 나타낸다.
- 금속과 그 금속염으로 구성된 참조극의 경우, 금속염의 용해도가 작다.

표 11.2에 자주 사용되는 참조극과 표준수소전극(SHE)에 대한 전위를 나타낸다. 식 (11.2)에 나타내는 H^+/H_2계의 표준상태에서의 산화환원 전위를 기준으로 하고, 제로(V)로 하고 있다. 다른 참조극의 전위는 이 전위를 기준으로 표현되어 있다.

11

SHE 구조의 일례를 그림 11.3(a)에 나타낸다. 양성자의 활량이 1($\alpha_{H+} = 1$)인 수용액(HCl 수용액에서는 1.18 mol kg)에 수소가스를 충분히 통해 포화시켜 수소의 활량을 1($\alpha_{H2} = 1$)로 한다. 여기에 백금검정을 도금한 백금전극(Pt–Pt)을 삽입하면 SHE를 제작할 수 있다.

SHE의 전극 반응은 가역적이며 산화 및 환원의 양방향 반응 속도 모두 빠르기 때문에 전극 전위는 일정하게 유지된다. 또한 SHE는 넓은 온도 범위와 pH 영역에서 재현성이 높기 때문에 수용액용 참조극으로서 매우 우수하다.

그러나 전극 구성이 비교적 복잡하다는 점, 용액 중에 공존하는 화학물질이 백금 전극으로의 흡착(O_2, Fe^{3+} 등의 산화제, 환원되어 석출하는 금속 이온, 흡착성 물질로서의 시안화물, 황화물 등)에 의한 전위에 미치는 영향 때문에 그다지 사용되지 않는 것이 현실이다.

표 11.2 자주 사용되는 참조극과 표준 수소 전극에 대한 전위
(전위는 25℃일 때의 값이다, a는 활량을 나타낸다)

참조전극	구성	전극 E/V vs SHE	약호
표준수소 전극	Pt–Pt | H_2 | HCl(= 1)	0.000	SHE
포화카로멜 전극	Hg | $HgCl_2$ | 포화 KCl	0.244	SCE
	Hg | Hg_2Cl_2 | 1 M KCl	0.280	
은-염화은 전극	Ag | AgCl | 포화 KCl	0.199	Ag/AgCl
	Ag | AgCl | HCl(= 1)	0.222	

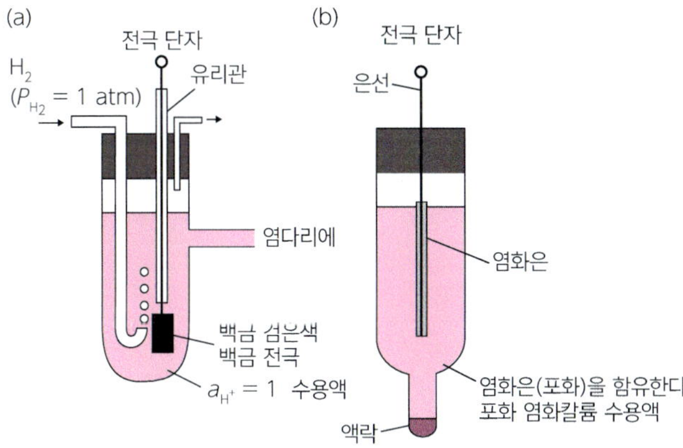

그림 11.3 (a) 표준 수소 전극과 (b) 은염화 은전극 구성의 예

실용적인 참조극으로서 전극 전위가 안정적이고 재현성이 우수하며 취급이 용이한 은-염화은(Ag/AgCl) 전극이 널리 사용되고 있다. 그림 11.3(b)에 은-염화은 전극의 구성을 나타낸다. 한쪽 끝을 한천(전해질 포함)이나 다공질막으로 막은 액락을 가진 유리관 내에 포화 KCl 수용액(Ag^+ 포함)을 넣고 표면을 AgCl로 덮은 은선을 삽입하였다.

전극의 전위는 네른스트의 식으로 나타낼 수 있다. 네른스트의 식은 전극 전위와 전극 표면에서의 전기화학 활성종의 산화체와 환원체의 농도비를 관련짓는 식이다. 식 (11.6)의 반응이 가역으로 진행되는 경우 전극 반응의 전위는 식 (11.7)으로 나타낼 수 있다.

$$\mathrm{Ox} + \mathrm{e}^- \rightleftarrows \mathrm{Red} \tag{11.6}$$

$$E = E° - \frac{RT}{nF} \ln \frac{a_{\mathrm{Red}}}{a_{\mathrm{Ox}}} \tag{11.7}$$

여기서, E는 전극 전위(V)를, E°는 식 (11.6)의 전극 반응의 표준전극 전위(V)를, R은 기체 상수(J mol^{-1} K^{-1})를, T는 절대 온도(K)를, n은 반응 전자수를, F는 패러데이 상수(C mol^{-1})를 나타낸다. a_{Ox} 및 a_{Red}는 각각 산화체 및 환원체의 활량을 나타낸다. 따라서 표준상태에서 수소전극의 전극 전위(E)는 수소전극의 표준전극전위(°)가 제로로 정의되고, 양성자($a_{\mathrm{Ox}} = a_{\mathrm{H^+}}$) 및 수소($a_{\mathrm{Red}} = a_{\mathrm{H2}}$)의 활량이 각각 1이므로, 제로가 된다. 은-염화은 전극의 전극반응은 식 (11.8)으로 나타내며, 그 전극전위는 식 (11.9)으로 나타낸다.

$$\mathrm{AgCl} + \mathrm{e}^- \longrightarrow \mathrm{Ag} + \mathrm{Cl}^- \tag{11.8}$$

$$E = E° - \frac{RT}{F} \ln a_{\mathrm{Cl}^-} \tag{11.9}$$

식 (11.9) 중의 E°는 은-염화은 전극의 표준전극 전위(표준상태에서의 전위)를 나타내고 있으며, 표 11.2로부터 0.222 V vs. SHE이다. 순고체인 AgCl과 Ag의 활량은 1이므로 식에 포함하지 않는다. 따라서 Cl^-의 활량이 1인 은-염화은 전극과 표준수소 전

11

극을 같은 전해질 중에 삽입하면, 은-염화은 전극의 전극 전위는 표준수소 전극에 대해 0.222 V를 나타내게 된다. 식 (11.9)로부터 은-염화은 전극의 전극 전위는 Cl^-의 활량(농도)에 의존함을 알 수 있다. 따라서 은-염화은 전극의 내부 용액에 포화 KCl 용액을 이용하면 Cl^-의 활량이 증가하므로 전극 전위는 0.199 V로 저하된다.

전기화학반응에서 자주 사용되는 페리시안 이온/페로시안 이온계의 전극반응은 식 (11.10)으로 나타내며, 그 표준전극전위는 0.356 V vs. SHE이다.

$$Fe(CN)_6^{3-} + e^- \longrightarrow Fe(CN)_6^{4-} \tag{11.10}$$

이는 활량 1의 양이온을 포함하는 용액에 불활성 전극(백금 전극 등)과 SHE를 삽입하고, SHE에 대한 불활성 전극의 전위를 계측하면 0.356 V를 나타내는 것을 의미한다. 따라서 포화 KCl 수용액을 내부용액으로 하는 은-염화은 전극을 SHE 대신 이용하면, 불활성 전극의 전위는 0.157 V가 된다. 이때, 이 전위는 은-염화은 전극에 대한 전위이므로 0.157 V vs. Ag/AgCl로 나타낸다. 단, 표준전극 전위의 값은 열역학적으로 계산되어 있기 때문에 실측과는 다를 수 있다. 이 계의 농도(활량)와 전위의 관계는 11.5절의 퍼텐셜 스텝법에서 상세히 기술한다.

(3) 대극

11 대극은 작용극과 사이에 전류를 흐르게 하기 위해 이용한다. 어떤 산화 반응이 작용극에서 진행하고 있을 때, 대극에서는 이 속도로 환원 반응이 진행되고 있다. 즉, 전류($C\ s^{-1}$)은 단위시간 당에 흐르는 전자의 수에 비례하므로 작용극에서의 전자 수용과 대척점에 있어서의 전자 공여가 같은 속도로 진행된다. 작용극으로 환원 반응이 진행하는 경우, 상기는 거꾸로 된다.

대극 면적은 작용극과 비교하여 크게 할 필요가 있다. 반대쪽의 면적이 작으면, 대극 전자 이동 반응 속도가 제한되어 전류의 조절이 되었고, 작용극의 반응 속도가 감소하기 때문이다. 전극 재료에는, 화학적으로 안정하고 전기 화학적 거동이 많이 알려진 백금 전극이 잘 사용된다. 지름 1 mm 정도의 백금선을 코일 모양으로 두른 타입과 백금판을 백금선에 접속한 타입이 있다.

11.3 전해셀의 실제

11.3.1 전해셀

전기화학 측정은 전해질을 채운 전해셀에 3전극을 삽입하여 수행한다. 그림 11.4에 가장 간단한 일실형 전기화학 측정용 전해셀 개념도를 나타낸다. 비커 등의 용기에 측정 대상물질을 포함한 전해질 용액을 가하고 작용극, 참조극, 대극을 설치하면 전기화학 측정이 가능해진다. 셀의 가스 도입구에서 N_2, Ar 등의 불활성 가스를 도입하면 용존산소를 제거할 수 있다. 앞서 언급한 바와 같이, 전기화학 반응을 진행시키면 작용극과 대극에서 서로 역방향 전자 수수 반응이 진행된다. 따라서 전류가 클 때나 장시간 측정 시에는 대극에서 생긴 반응 생성물이 작용극에 달하여 주목하는 반응에 영향을 줄 염려가 있다. 그것을 막기 위해 작용극과 대극을 분리하여 배치한 2실형 셀이 사용된다.

두 방을 유리 필터로 분리하여, 전해액의 혼합을 막는다. 이로써, 대극에서 생성한 반응 생성물이 작용극에 도달할 수 없게 된다. 다만, 전해질 이온은 유리 필터를 통과하기 때문에 전류는 확보된다. 3전극계의 전기화학 측정에서는 전류의 대부분을 작용극-대극간에 흘릴 수 있으므로 용액저항에 의해 작용극-참조극 간에 생기는 IR 강하를 작게 할 수 있다. 그러나 작용극에 걸리는 전위는 *IR* 강하만큼 작아지므로 전류가 클 때나 용액 저항이 높을 때는 *IR* 강하를 무시할 수 없게 된다. 이 경우 참조극의 선단을 작용극에 가능한 한 가깝게 하는 것이 좋다. 그림 11.5에 삼실형 전기화학 측정용 전해셀의 개념도를 나타낸다.

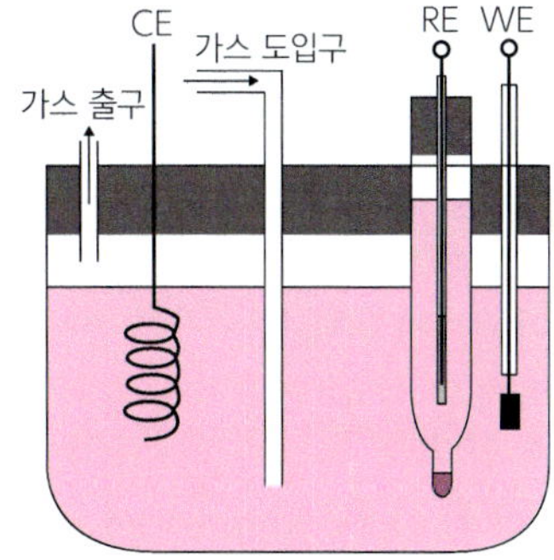

그림 11.4 전기화학측정용 전해셀의 예 (1실형)
CE: 대극, WE: 작용전극, RE: 참조전극

참조극을 작용극에 가깝게 하기 위해 유리관의 끝을 가늘게 구부린 루긴 모관이 이용된다. 참조극의 외액에 염다리를 담가 루긴 모관을 작용극 표면에 가까이 한다. 루긴 모관보다 참조극측에 고농도 전해질을 이용함으로써 용액저항을 억제할 수 있으므로 모세관 선단과 작용극 사이의 용액저항에 의한 *IR* 강하만을 고려하면 된다.

11

11.3.2 전해질 용액

작용극의 전위를 제어하고 측정 대상물질의 전극반응을 조사하기 위해서는 측정 대상물질을 용매에 용해함과 동시에 도전성을 갖게 할 필요가 있다. 전기화학 측정에 사용하는 용매는 물, 유기용매, 이온액체(용융염)이다. 현재의 전기화학 연구에서는 수용

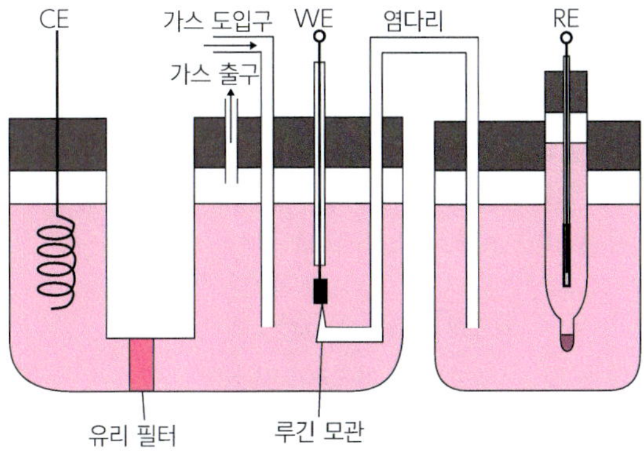

그림 11.5 전기화학 측정용 전해셀의 예(3실형)
CE: 대극, WE: 작용전극, RE: 참조전극

액을 이용하는 경우가 대부분이므로 여기서는 도전성 수용액(전해질)에 대해 해설한다. 물은 상온에서 액체이며, 증기압이 높지 않고, 점도가 너무 높지 않으며, 독성이 낮으며, 입수하기 쉽고, 환경 부하가 작은 매우 우수한 용매이다.

또한 전극 재료, 산소 및 수소 과전압에도 의존하는데, 용존 산소만 제거하면 측정 가능한 전위 범위(전위창)가 2 V 이상으로 넓다. 물은 거의 절연체이므로 전기화학 측정에 이용하기 위해서는 지지 전해질을 용해(일반적으로는, 0.1 mol L^{-1} 정도)하여 도전성을 갖게 할 필요가 있다. 물은 극성 분자이며 비유전율이 높으므로 많은 전해질을 용해시킬 수 있다. 지지 전해질로 KCl, NaCl, $NaClO_4$ 등이 자주 이용된다.

또한 생체관련 물질이나 살아있는 세포를 대상으로 한 전기화학 연구에서는 pH를 중성영역에 제조한 인산완충액을 비롯한 각종 완충액이나 세포배양용 배지도 전해질 용액으로 이용되고 있다. 이들 전해질의 용해로 생성하는 음이온(Cl^-, ClO_4^- 등)의 산화되는 전위는 물의 정측 전위창인 H_2O의 산화 전위와 비교하여 높다. 또한 생성하는 양이온(K^+, Na^+ 등)의 환원되는 전위는 물의 음측 전위창인 H^+의 환원 전위와 비교하여 낮다. 따라서, 이러한 전해질의 첨가는 물의 전위창에 영향을 미치지 않는다.

11.4 사이클릭 볼타메트리(CV)

11.4.1 전극 반응의 초기 진단법

11

전위와 전류의 관계를 아는 볼타메트리 중에서도 간편하고 범용되고 있는 것이 사이클릭 볼타메트리(CV)이다. 얻어진 전류-전위 곡선은 사이클릭 볼타모그램(CV 곡선)이라 불린다. CV 측정 시에는 보통 직경이 mm오더인 백금이나 글래시카본의 디스크 전극이 이용된다. μm 사이즈의 미소전극의 CV에서는 정상전류를 얻을 수 있기 때문에 mm 오더의 디스크 전극을 이용해 얻을 수 있는 CV와는 다른 유용성이 있지만, 그 해석에 대해서는 본서에서는 생략한다.

CV는 전위 소인법의 일종으로 정전위법이나 전위법과는 구별된다. 그림 11.6에 CV에서의 전위 소인 방법을 나타낸다. 초기 전위 E_1에서 일정 속도인 전위 E_2까지 소인한 후, 그 전위 E_2로 즉시 반환하여 같은 속도로 역방향으로 소인하고, 다른 전위 E_3로 다시 절인하여 초기 전위 E_1까지 소인하여 종료한다.

때로는 $E_1 \rightarrow E_2 \rightarrow E_1$과 1회의 반환으로 끝내기도 한다. 그 전위 소인에 따른 전류를 기록하면, 그림 11.7과 같은 CV 곡선을 얻을 수 있다. 예를 들어, 500 mV의 전위 범위를 100 mV s^{-1}의 속도로 주사하면, 1회의 측정은 10s로 종료된다. 이와 같이, 단시간에 결과를 얻을 수 있는 신속성은 CV의 장점 중 하나이다. CV 곡선의 특징은 그림 11.7과 같이 정소인과 역소인에 따라 정부의 전류 피크가 나타나는 것이며, 그 해석을 통해 아래와 같은 전극 반응에 관한 특성을 즉시 진단할 수 있다.

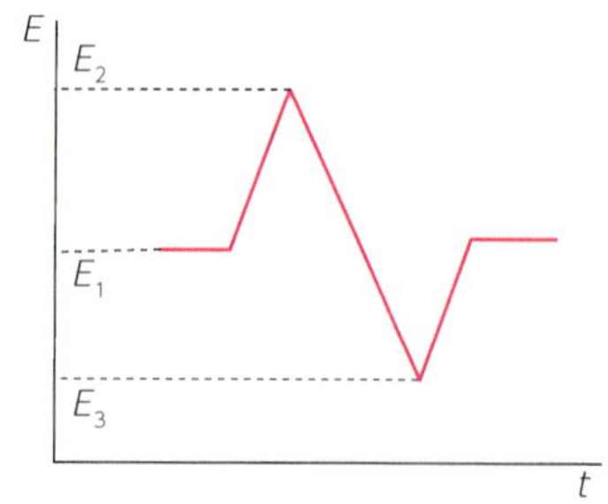

그림 11.6 사이클릭 볼타메트리에서의 전위 소인

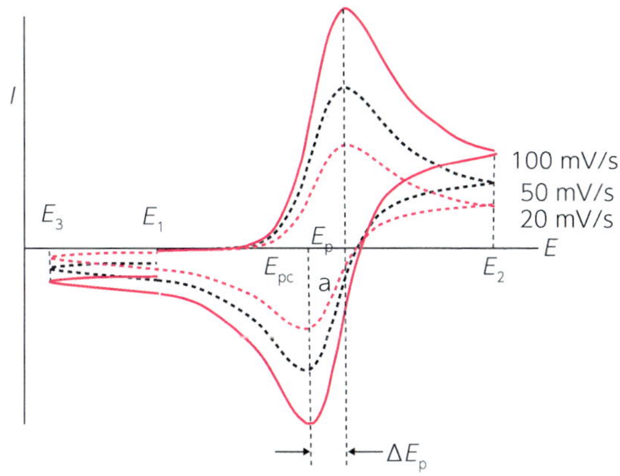

그림 11.7 가역계 사이클릭 볼타모그램의 소인 속도 의존성

- 전극반응의 가역성(전자이동과정과 확산과정의 경쟁관계)
- 표준전극전위 혹은 식량전위(화학반응을 수반하는 경우의 평형상수)
- 전극반응을 율속하는 조건(전극으로의 확산, 동시에 생기는 화학반응이나 분해반응, 전극표면으로의 흡착 등)
- 산화 환원종의 농도나 확산 상수

다음 항에서는 CV 곡선에서 유용한 정보를 얻는 방법을 구체적으로 설명한다.

11.4.2 사이클릭 볼타모그램 (CV곡선)

(1) 가역성 진단

산화환원종의 전극으로의 물질이동과정(보통 확산과정) 전자이동과정보다 충분히 빠를 경우, 그 전극 반응은 가역계라고 불린다. 가역계라면 CV뿐만 아니라 여러 측정법에 의해 얻어진 데이터의 해석이 용이해진다. 반환점까지 전위를 충분히 소인한 경우, 정전류 피크의 전위 E_{pa}와 음전류 피크의 전위 E_{pc}의 차이 ΔE_p는 다음 식으로 표현된다.

$$\Delta E_p = E_{pa} - E_{pc} = 2.218\ RT/nF \tag{11.11}$$

여기서, R, T, n, F는 각각 기체 상수(J mol^{-1} K^{-1}), 절대 온도(K), 반응에 관련된 전자 수, 패러데이 상수(C mol^{-1})이다. 25℃에서는 $n = 1$에서 ΔE_p는 57 mV 정도, $n = 2$에서 ΔE_p는 29 mV 정도가 되므로 이 수치를 기준으로 전극 반응의 가역성을 진단할 수 있다. 이 수치보다 큰 경우는 준가역계로 간주한다. 전위를 트레이스 해도 피크 전위가 볼 수 없을 정도로 ΔE_p가 큰 경우에는 비가역계이지만, 트레이스 범위는 한정되어 있어, 완전한 비가역계의 판정은 어렵다.

CV측정을 실시할 때, 첫째로 시험해야 할 것은 스위프 속도(v)의존성이다. 가역계의 경우는 그림 11.7과 같이 E_{pa} 혹은 E_{pc}는 v에 의존하지 않는다. 한편, 준가역계의 경우는

11

v의 증대 모두 E_{pa}는 정전위측으로, E_{pc}는 음전위측으로 쉬프트하고 결과적으로 ΔE_p는 커진다. 때로는 10 mV/s와 같은 저속 소인으로 가역이라고 진단된 전극반응이 500 mV/s의 고속 소인에서는 준가역행동이 되기도 한다. 그러므로 CV를 측정할 때는 반드시 소인속도를 넓은 범위에서 변화시키는 것이 중요하다.

부호의 피크 전위에 차이가 없는 경우는 산화 환원종의 전극에 흡착을 의심하지 않으면 안 된다. 또, 확산층이 극단적으로 얇은 박층 전극에서도 음의 피크 전위에 차이가 없어진다. 게다가, 정소인에서는 피크가 생기지만 역소인에서는 피크 전류가 나타나지 않는 경우는 비가역 외에, 전극 생성물의 분해 반응이나 비가역적인 부반응을 생각할 수 있다. 이 경우, 소인 속도를 높이면 가역계로 보일 수 있으며, 부작용의 속도론을 음미할 수 있다.

(2) 가역 반파 전위

가역계의 경우, 전위를 충분히 소인한 후 되돌린다면, E_{pa}와 E_{pc}의 중간점 전위는 가역 반파 전위 $E^{r}_{1/2}$에 근사할 수 있다. $E^{r}_{1/2}$는 산화체, 환원체의 벌크 농도에 의존하지 않고 식량전위 $E°$와 산화체 Ox, 환원체 R의 확산계수 D_{Ox}, D_R로만 나타나기 때문에 전기화학계의 정성적인 정보를 준다.

$$E^{r}_{1/2} = E°' - \frac{RT}{nF} \ln \left(\frac{D_{Ox}}{D_{Red}} \right)^{\frac{1}{2}} \tag{11.12}$$

11

$E°'$은 표준전극 전위 $E°$와 산화 환원종의 방사능 계수를 담고 있다. 그러므로 산화체, 환원제가 착 생성과 산 해리 등의 화학 평형을 동반할 경우에는 $E°$에서 전극 반응에 관여하는 화학 반응에 관한 정보를 볼 수도 있다. 예를 들어 pH나 리간드 농도 C_L을 바꾸었을 때에, 피크 전위 즉 $E°$이 이동하면, 동시 평형이 얽혀 있음을 알 수 있으며 pH에 대한 $E°$의 변화나 C_L에 대한 $E°$의 변화에 관여하는 산 해리나 착 생성의 평형 상수와 화학 양론을 알 수 있다.

(3) 피크 전류

가역계라면, 전자 이동 과정은 산화 환원종의 물질 이동 과정과 비교하여 매우 빠르므로 통상적인 디스크 전극으로 CV 측정을 행한 경우 물질 이동 과정에 지배된 확산율속의 전류가 관측된다. 이 경우 산화 반응에서 유래한 CV의 양의 피크 전류 i_{pa}는 다음 식으로 나타난다.

$$i_{pa} = 0.4463nFC_R D_R^{1/2} v^{1/2} (nF/RT)^{1/2} \tag{11.13}$$

여기서 C_R은 환원체의 초기(벌크) 농도이다. 따라서 전극반응의 가역성이 불분명한 경우 소인속도 v를 바꾸어 CV곡선을 기록하면 전기화학반응의 가역성 평가가 가능해진다. 가역계의 경우 i_{pa}가 12에 비례한다. 반면 준가역계이면 v를 크게 하면 i_{pa}와 v 사이의 비례관계가 상실된다.

비례관계를 얻을 수 없는 원인으로는 전극 반응의 가역성 저하 외에 전극 생성물의 분해, 부반응 속도론, 용량 전류의 관여를 들 수 있다. 참고로 산화환원종이 흡착되면 i_{pa}는 v에 비례하고 피크 전류는 벨 형태로 된다.

식 (11.13)은 i_{pa}가 C_R에 비례하고 있어 CV에 의해 환원체 R의 정량분석이 가능하다는 것을 나타낸다. 단, 가역성을 확인한 후에 이용해야 한다. 그 번잡함을 피하려면 CV와 같은 전위 소인법이 아니라 전류가 완전히 확산에만 율속되는 전위를 스텝하여 인가하는 크로노암페로메트리를 적용하는 것이 좋다. 25℃에서는 n = 1이라면 $E^r_{1/2}$보다 충분히 양의 전위(산화의 경우)로 스텝하면 농도에 비례한 전류를 얻을 수 있다. 자세한 것은 11.5절의 전위 스텝법으로 기술한다. 전극반응에 의해 생성된 산화체가 효소반응 등에 의해 환원체로 재변환되는 경우는 전위소인을 실시해도 볼타모그램이 피크 형상이 되지 않아 정상 전류가 된다. 이는 전류의 결정이 산화환원종의 확산 과정이 아니라 효소에 의한 촉매반응에 율속되기 때문이다. 이 경우, 한계 전류를 주는 전위 영역을 이용하면 효소 기질의 정량분석이 가능해진다. 미소 전극을 이용한 CV 측정으로도 정상 전류를 얻을 수 있다. 시간이나 전위에 의존하지 않는 한계 전류를 얻을 수 있는 시스템은 분석에 유용하다.

11.4.3 CV 측정 주의점

CV는 간편하고 유용성은 높지만 그만큼 주의해야 할 점도 많다. 첫 반응이나 전극계를 다룰 때 유의해야 할 점은 아래에 기술한다.

(1) 초기 전위의 설정

포텐시오스텟에는 자연전위(개회로전위)를 측정하는 모드가 구비되어 있으므로 첫 측정계에서는 자연전위를 측정하고 그 자연전위를 초기전위로 소인을 시작하면 좋다. 이것은 초기 전위에서 전극 반응을 일으켜 불필요한 전류를 흘리지 않기 위해서이다. 그러나 이것은 반드시 옳지 않다. 자연전위는 목적 이외의 약간의 산화환원종으로 결정되는 경우가 많다. 따라서, 한번 소인해 보고, 목적 물질의 큰 피크 전류가 관찰되면, 다음은 환원체의 산화의 경우는 가능한 한 음의 전위에서, 산화체의 환원의 경우는 가능한 한 양의 전위에서 소인하기 시작하는 것이 좋다. 또한 반환 전위도 가능한 한 $E^r_{1/2}$에서 떨어지도록 하는 것이 좋다. 이로써 이론적으로 해석하기 쉬운 CV 곡선을 얻을 수 있다. 이 초기 전위의 문제를 피하기 위해 연속적으로 소인을 반복하는 다중 소인의 CV 곡선을 사용하는 초보자가 많다. 언뜻 보기에 깨끗해 보이지만 식 (11.13)에 기초한 이론적인 전류 해석은 할 수 없다.

(2) IR 강하와 준가역성의 혼동

소인속도 v를 바꾸어 정부의 피크 전위차 ΔE_P를 확인한 경우, v와 함께 E_P가 커졌다고 해서 준가역이라고 판단해서는 안 된다. IR 강하에 의해서도 같은 관계가 생긴다. 즉, 그림 11.8과 같이 전류가 흐를수록 IR만큼 전극에는 순전위가 인가되지 않아 피크 전위는 외관상 쉬프트하기 때문이다.

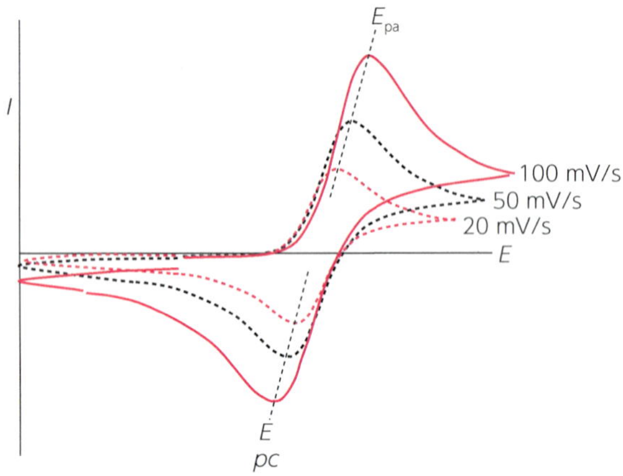

그림 11.8 용액 저항이 큰 경우의 사이클릭 볼타모그램

*R*이 1 kΩ이고 *I*가 10 μA인 경우, 전위의 쉬프트 폭은 10 mV이다. 지지 전해질의 농도가 작거나 유기 용매를 사용한 경우, 혹은 복잡한 형상의 셀에서 작용극과 참조극의 거리가 긴 경우 등은 주의를 요한다. *IR* 강하가 영향을 미치는지 여부는 지지 전해질의 농도 상승이나 참조극의 위치에 따라 ΔE_p의 개선 여부를 통해 확인할 수 있다.

11

(3) 확산 율속의 실현

CV의 이론은 전극 표면으로의 물질의 확산이 면에 수직 방향에만 국한된다는 가정에 기초하고 있다. 따라서 전극 표면이 작아지면 에지 부근의 구형 확산 효과가 커져 이론을 따르지 않게 된다. 그런 의미에서 전극의 크기나 형상은 확인해 두어야 한다.

디스크 전극의 직경이 1 mm 정도로 작을 경우 용액의 점성이나 산화환원종의 확산계수, 지지 전해질의 농도 등에 의해 평면 확산이 보증되지 않을 수 있다. 또한, 셀의 바닥면이나 벽면에 전극이 접근함에 따라 확산층이 흐트러질 수도 있으므로 작용극은 용액의 중심에 배치하도록 주의한다. 게다가, 대극의 크기와 위치도 중요하다. 대극을 작용극에 접근시키면 본래 영향을 주지 않을 영동 전류가 영향을 주기도 한다. 대극은 작용극으로부터 충분히 떼거나 서로 평행하게 배치하여 전류밀도에 얼룩이 생기지 않도록 해야 한다. 당연히 전극 표면 부근에 대류 등 용액의 물리적인 움직임이 없도록 하는 것도 확산율속을 실현하기 위해서 필요하다. 그런 점에서 산소를 몰아내기 위해 질소 버블링을 할 때는 측정 전에 버블링을 멈추고 용액 위의 공간을 통기하도록 해야 한다.

11.5 퍼텐셜 스텝법

11.5.1 암페로메트리

퍼텐셜 스텝법은 크로노암페로메트리라고도 불린다. 그 이름과 같이 작용극의 전위를 어떤 전위(E_1)에서 어떤 전위(E_5)로 스텝(순간적으로 E_1에서 E_5로 바꾸는 것)했을 때 작용극으로 흐르는 전류를 시간의 함수로 측정하는 기법이다. 일반적으로 용액에 포함된 모든 분자 및 이온이 반응하지 않는 전위를 초기 전위(E_1)로 사용한다.

그림 11.9(a), (b)에, 퍼텐셜 스텝법에서 인가하는 전위 및 측정되는 전류의 시간 변화를 각각 나타낸다. 여기서 작용극은 전기화학적으로 활성 분자인 산화환원종의 환원체 Red(전극표면에서 산화될 수 있는 분자)와 충분한 농도의 전해질을 포함하는 수용액 안에 침지되어 있다고 하자. 전극 전위를 그 분자 Red가 산화되지 않는 전위 E_1에서 충분히 산화체인 Ox로 산화되는 전위 E_5로 스텝(그림 11.9(a))했을 경우의 전류 응답(그림 11.9(b))과 전극 표면에서의 반응 및 전극 표면 근방의 산화 환원종(Red 및 Ox)의 농도 분포 시간 변화를 생각해 보자. 여기에서는 물질 이동(수용액 중 Red 및 Ox의 이동)은 확산에 의해서만 일어난다(용액이 섞이거나 흐름이 없거나 하지 않는다)고 한다. 또한 Red/Ox의 식량 전위를 $E°$로 한다. 또한 반응은 확산율속이라고 하자. '확산율속이다'이란 Red의 전극에서의 산화반응에 의한 전자이동 반응속도가 Red의 확산에 의한 용액 내 이동속도와 비교하여 압도적으로 빠른 상황인 것이다.

전극전위를 Red의 산화반응이 일어나지 않는 E_1라고 했을 경우 전극표면에 Red가 충돌해도 Red의 산화반응은 진행되지 않으므로 전류는 제로이다. 한편 전극표면에서 충분히 빠른 속도로 Red가 Ox로 산화된다(전자이동반응이 일어나는) 전위인 E_5로 전극전위를 스텝하면 전극표면 근방에 존재하던 Red는 전극표면에 충돌했을 때 전극에 전자를 전달함과 동시에 자신은 Ox로 산화된다(식 11.4), 전극전위를 E_5로 스텝하면 매우 큰 스파이크 모양의 산화 전류가 관측되고, 그 후 서서히 감소한다(그림 11.9(b)).

그림 11.10에 전극 표면으로부터의 거리에 대한 Red 및 Ox의 상대 농도를 나타낸다 시간 t가 제로 이전인 경우, 즉 전극 전위가 초기 전위 E_1인 경우 전극 표면에서 산화 반응은 진행되지 않는다. 따라서, Red 농도(C_{Red})는 전극 표면으로부터의 거리에 의존하지 않고 벌크 농도와 같아진다. 또한, Ox의 농도(C_{ox})는 모든 영역에서 0이다. 시간이 0이고 전극 전위를 E_5로 스텝하면, 식 (11.4)에 따라 전극 표면의 Red는 Ox로 산화된다.

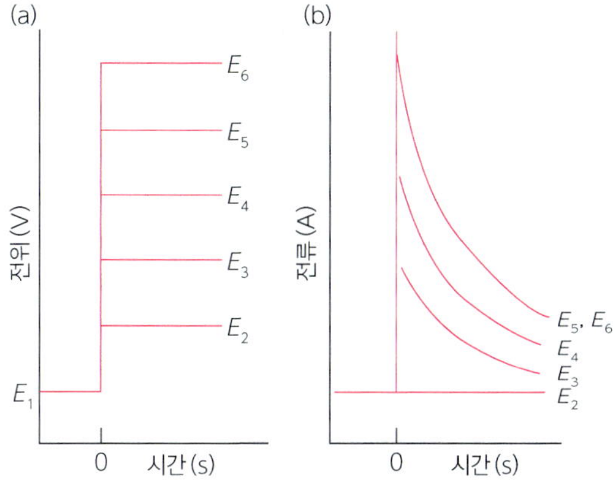

그림 11.9 포텐셜 스텝법에서 (a) 인가하는 포텐셜 및 (b) 측정 전류의 시간 변화

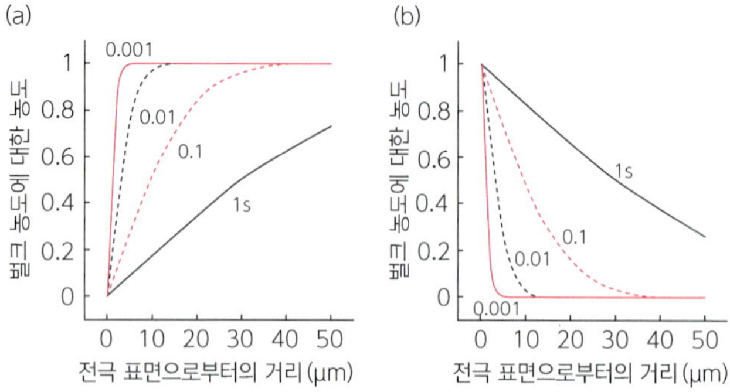

그림 11.10 전극 표면으로부터의 거리에 대한 (a) Red 및 (b) Ox의 상대 농도

이 산화반응에 의해 전극표면에서의 Red의 농도는 0이 된다. 따라서, 전위를 E_5로 스텝한 직후에는 전극근방에 존재하는 Red가 전극에서 순간적으로 산화되기 때문에 큰 산화전류가 흐른다. 식 (11.4)에 따라, Red가 전극으로 반응하여 Ox로 산화되면, 전극 표면에서의 Red 농도는 0이 된다. 이때 전극 표면으로부터 약간 떨어진 곳에서는 Red 농도가 벌크 농도와 같은 농도로 존재하기 때문에 전극 근방에서는 매우 가파른 Red의 농도 구배가 형성된다.

11

이와 같이 형성된 전극 표면 근방에서의 농도 구배는 시간이 지남에 따라 서서히 먼 바다로 퍼진다. 이는 전극으로부터 떨어진 위치에 존재하는 Red가 전극 표면에서의 Red 농도가 0이 됨에 따라 차례로 전극 표면으로 이동(확산)하기 때문이다. 산화 전류는 Red의 농도 구배에 비례한다. 따라서 농도 구배가 시간 경과에 따라 완만해짐에 따라 (그림 11.10(a)의 기울기), 산화 전류는 시간 경과에 따라 감소한다(그림 11.9(b)).

다음으로, 전위 스텝 후에 전극 반응으로 생성하는 Ox의 농도 분포에 대해 생각한다. 식 (11.4)의 반응에 의해 전극 표면에서 소비되는 Red의 소비 속도(mol s^{-1})와 전극 표면에서 생성되는 Ox의 생성 속도(mol s^{-1})는 동일하다. 첫 번째 용액 중에 Ox는 포함되어 있지 않으므로 이 반응으로 생성한 Ox는 전극 표면에서 벌크를 향해 확산된다. 따라서, Ox 농도는 전극과의 거리가 멀어짐에 따라 급격히 감소한다. 게다가, 확산율속이므로 시간 경과에 따라 농도 구배는 서서히 완만해진다. 따라서 전극 표면으로부터의 거리에 대한 Red 및 Ox의 농도 분포는 대칭이 된다(그림 11.10(b)). 단, 엄밀하게는 Ox와 Red의 확산 계수가 같은 경우에 한한다.

여기서 네른스트의 식을 생각하고, 전위 단계에 따라 반응이 진행되고 전류가 흐른다는 것을 이해하자. 네른스트의 식은 전극 전위와 전극 표면에서의 전기화학 활성종의 산화체와 환원체의 농도비를 연관시키는 식이며 다음과 같이 표현된다.

$$E = E^{\circ\prime} - \frac{RT}{nF} \ln \frac{C_{\mathrm{Red}}}{C_{\mathrm{Ox}}} \tag{11.14}$$

여기서, $E^{\circ\prime}$는 식량전위(V)를 나타낸다. 이 식은 식 (11.7)의 네른스트 식의 활량을 농도로 대체하여 나타내고 있다. 따라서 식량전위($E^{\circ\prime}$)는 활량계수를 표준전위(E°)에 더한 것이다. 또한 CV에서 E_{pa}와 E_{pe}의 중점 전위를 측정하고 산화체 및 환원체의 확산 계수를 알고 있으면 식 (11.12)에서 식량 전위를 결정할 수 있다. 네른스트의 식에서 자연 대수를 상용 대수로 변환하면 RT/nF의 값은 $2{,}303RT/nF$가 된다. 게다가 온도가 25℃이고 반응 전자수 n이 1일 경우, 이 값은 0.059가 되어 네른스트의 식은

$$E = E^{\circ\prime} - 0.059\log \frac{C_{\mathrm{Red}}}{C_{\mathrm{Ox}}} \tag{11.15}$$

으로 써 나타낼 수 있다. 산화 환원종으로 Red만을 포함한 용액 중에서의 앙페로메토리— 냄새고, 초기 전위를 화학 식량 전위 $E^{\circ\prime}$보다 -0.24 V 부에 설정($E - E^{\circ\prime} = 0.24$)하는 경우, Ox 농도에 대한 Red 농도($C_{\mathrm{Red}}/C_{\mathrm{ox}}$)는 10,000이 되어야 하며 Ox의 전극 표면농도를 거의 제로가 되도록 지정하고 있다. 의하여 식 (11.4)의 반응은 진행되지 않다. 여기서 전극전위를 식량전위 $E^{\circ\prime}$보다 0.24 V 정으로 스텝($E - E^{\circ\prime} = 0.24$ V)하면 $\mathrm{C_{Red}/C_{ox}}$의 값은 0.0001이 되어야 한다 즉 Red의 표면농도는 거의 제로가 되어야 하므로 식 (11.4)의 반응이 진행되고 Red가 Ox로 산화되어 산화전류가 흐른다. 이 산화전류의 경시변화 I(t)는

$$I(\mathrm{t}) = nFAD_{\mathrm{Red}}^{1/2}\ C_{\mathrm{Red}}^{*}\pi^{-1/2}t^{-1/2}$$

로 나타낼 수 있다. 여기서, A, D_{Red}, C_{Red}*는 각각 전극 면적, Red의 확산 계수, Red의 벌크 농도이나. 이는 코트렐의 식이라고 불리며 분지의 확산을 나타내는 픽의 제2법칙(확산 방정식)을 풀고 전극 표면에서의 농도 구배($\mathrm{d}C_{\mathrm{Red}}$/dt)를 시간 t의 함수로 나타내면 이끌 수 있다. 이 식은 전류가 시간 t의 제곱근에 비례하여 감소한다는 것을 보여준다. 따라서 측정된 전류를 $t^{-1/2}$를 가로축으로 플롯하면 직선관계를 얻을 수 있고, 그 기울기는 $nFAD_{\mathrm{Red}}{}^{1/2}\mathrm{C_{Red}}{}^{*}\pi^{-1/2}$가 된다. 전극면적 A, 용액 중의 산화환원종의 확산계수 D_{Red}, C_{Red}* 중 두 가지를 알고 있으면 나머지 하나를 결정할 수 있다.

11.5.2 노멀 펄스 볼타메트리

노멀 펄스 볼타메트리(NPV)에서는 식 (11.4)의 산화 반응이 진행하지 않는 전위 E_1, 부터 다른 크기의 전위로 순차적으로 스텝핑하고 얻은 전류를 전위에 대해서 플롯한다. 즉, 다른 전위에 스텝하는 암페로메트리를 수행하여 얻은 각각의 암페로그램의 일정 시간의 전류를, 각각의 전위에 대해서 플롯하는 것과 동등하다.

초기 전위를 전해 산화 반응이 진행하지 않는 전위 E_1이라고 하며, E_1보다 약간 큰 전위인 E_2에 전위를 스텝한다. 이 전위 E_2이 식 (11.4)의 산화 반응을 일으키지 않는 전위였다면, 전해 산화 전류는 거의 흐르지 않는다. 예를 들어, 초기 전위 E_1를 $E^{\circ\prime} - 0.24$ V라고 하고, 거기서 0.06 V 양의 전위($E_2 = E^{\circ\prime} - 0.18$ V)로 스텝했다고 하자. 이때, 초기 전위 E_1 를 인가하고 있을 때, 전극 표면에서의 $C_{\mathrm{Red}}/C_{\mathrm{ox}}$의 값은 10,000이 되고 있다.

전위를 E_2로 스텝하면, $C_{\mathrm{Red}}/C_{\mathrm{ox}}$의 값은 1.000이 되어야 한다. 따라서 이 경우 전극 표면에 존재하는 Red의 약 0.1%가 반응할 뿐이며($C_{\mathrm{Red}} : C_{\mathrm{ox}}$ = 10,000 : 1이 9.991 : 10이

되면, C_{Red}/C_{ox}의 값은 약 1,000이 된다.), 전류는 거의 관측되지 않는다. 전위를 충분히 정의 값인 E_5에 스텝 할 경우 전극 표면의 Red농도는 제로다, 전류는 Red의 확산에 의해 조절된다. 그러므로 코트렐의 식에 따른 전류가 관측된다(확산 율속에 도달한 확산 전류). E_5보다 큰 전위인 E_6에 스텝한 경우, 관측되는 전류 응답은 E_2과 같아진다. 확산 속도에 도달하면, 그 이상의 전위를 가하면, 전위는 전류 응답에 영향을 미치지 않는다.

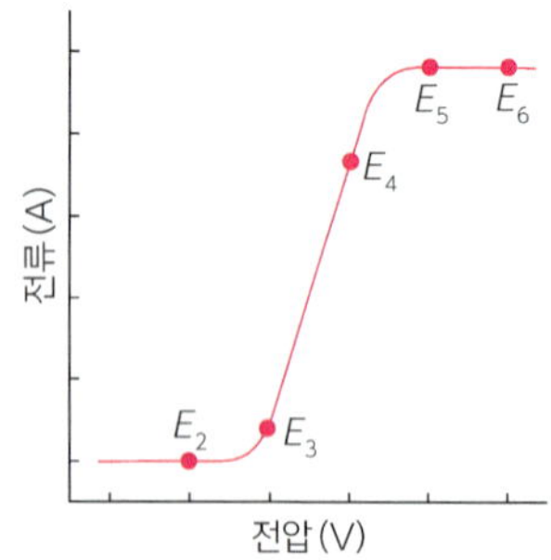

그림 11.11 암페로그램의 전류를 어느 시간 τ에서 꺼냈을 때의 전류-전위 곡선

전위를 E_3 및 E_4로 스텝한 경우, Red의 산화 반응은 일어나지만 Red의 표면 농도는 0이 되지 않는다. 이 경우에도 전극 표면의 일부 Red가 산화되어 Red의 표면 농도가 감소하므로 벌크에서 전극 표면으로의 Red 확산에 의한 이동이 일어난다. 그러나 이 경우 Red의 벌크 농도와 표면 농도의 차이는 확산 율속의 경우(전위를 E_5로 스텝한 경우)와 비교하여 작다. 따라서 Red의 단위시간 당 전극 표면에의 도달 분자수(플럭스, 표면에서의 Red의 농도 구배에 의존)는 적어진다.

예를 들어, 전위 E_3가 식량전위보다 0.03 V 음의 경우 C_{Red}/C_{ox}의 값은 3.2가 되고, 전극 표면 근방에 존재하던 M_{Red}의 약 1/4이 Ox로 산화되게 되는 이 암페로그램에서 시간에서의 전류를 꺼내 스텝한 전위에 대해 플롯한다(그림 11.11). 이것은 대류 조건하에서 얻을 수 있는 볼타모그램과 매우 비슷하다. 대류 조건하의 CV에서는 용액의 교반이나 전극의 회전에 의해 강제로 반응 분자를 전극 표면에 공급하고 있는 상태에서 전위를 소인하는 방법이다, 이로써 전극 근방에 형성되는 확산층의 두께를 얇고 일정하게 유지하는 것이 가능해진다.

용액이 정지해 있는 계에서는 전위의 소인에 의해 전극 표면에서의 반응 분자 농도가 제로에 이르면 확산율속이 되고, 확산층은 두껍게 성장한다. 즉, 벌크 농도 영역과 벌크 농도 이하의 영역의 계면 위치가 전극 표면으로부터 멀어져 간다. 한편, 대류 조건 하에서는 반응 분자가 대류에 의해 강제로 전극 근방에 공급되기 때문에 확산층의 확산이 억제되어 확산층의 두께를 얇고 일정하게 제한할 수 있다.

참고로 CV에서의 전위 소인 속도를 고려하여 각 암페로그램에서의 전류를 시간에 대해 비스듬히 오른쪽으로 꺼내 플롯하면 피크를 갖는 확산 한계에 기초한 사이클릭 볼타모그램을 얻을 수 있다. 이 방법을 사용하여 볼타모그램을 얻기 위해서는 여러 번 암페로메트리를 반복해야 한다. 게다가 암페로메트리의 전해 산화 반응 후의 전극 표면 근방에는 벌크 존재하지 않는 산화 단체가 고농도로 생성되고 있다. 그러므로 반복 실험을 하기 전에, 용액을 교반하여 전극 표면의 C_{Red}/C_{ox}를 초기 상태로 되돌릴 필요가 있다.

거기서 NPV에서는 시간에서 전위를 E_1에서 E_2에 스텝 한 뒤 시간에서 전위를 E_1로 돌리다 전위가 E_2로 유지되는 사이에 산화 반응이 진행되고 Ox가 생성, 전위를 E_1에 되돌림으로써 생성된 Ox는 전극으로 다시 환원되고 Red로 돌아간다. 즉, 식 (11.4)의 반작용인 식 (11.3)이 진행한다. 생성된 Ox가 거의 모두 전극으로 환원되면 전류는 제로에 돌아간다. 이렇게 해서 전극 근방의 C_{Red}/C_{ox}를 초기 상태로 되돌린 후에 다음의 전위 스텝을 한다. 이때는 전의 전위보다 더 큰 전위에 스텝하고 전류를 측정하여, 또 원래대로 되돌린다. 이렇게 해서 얻는 NPV곡선은, CV곡선과 달리, S글자(s자형이며, 또, 전류의 샘플링 시간을 짧으면 얻는 전류가 커진다. 암페로메트리에서 전위 단계 이후의 전류가 급격히 감쇠하기 때문이다. NPV 곡선에서 얻을 수 있는 정상 전류(전위를 E_5 이상으로 스텝했을 때 얻을 수 있는 일정한 전류)는 암페로메트리에서 전위를 확산 율속에 이르는 전위로 스텝했을 경우에 얻을 수 있는 전류와 같다. 따라서, 정상 전류는 코트렐의 식으로 나타낼 수 있다.

CV에서는 전위를 시간 변화시키고 있기 때문에 전극 표면에서의 전기 이중층의 충전과 전해 반응이 혼재되어 있어 구별할 수 없다. 한편, 전위 스텝법을 응용한 NPV에서는 전위 스텝 직후에 전기 이중층의 충전은 종료되므로 이후의 전해 반응에 의한 패러데이 전류만을 계측할 수 있다. 따라서 검출 감도가 높고 미량 분석에 적합하다.

11.6 끝에

본장에서는 용액 중에 존재하는 산화환원종이 전극표면에서 전자를 공여하는 산화반응 및 전자를 수용하는 환원반응이 일어날 때 흐르는 전류로부터 산화환원종을 검출하는 전기분석화학에 대해 해설하였다.

11.2절에서는 전기분석화학의 대표적인 측정장치인 포텐시오스탯과 3전극계의 측정원리에 대해 기술하였다. 11.3절에서는 전기화학 측정에 사용되는 3전극의 배치로부터 실제 측정 방법에 대해 기재하였다. 그리고 11.4절 및 11.5절에서는 각각 전기화학 측정의 대표적인 예인 사이클릭 볼타메트리와 전위 스텝법에 대해 구체적인 예를 들어 소개했다. 이 장을 통독함으로써 전기화학 측정을 시작할 수 있을 것으로 기대한다.

이 장을 통해 전기화학 측정이 질적 분석과 정량적 분석을 동시에 할 수 있는 방법임을 알 수 있었을 것이다. 산화환원종의 산화환원전위는 산화환원종의 종류에 따라 달라진다. 따라서 산화반응 및 환원반응이 일어나는 전위를 조사함으로써 용액 중에 포함된 산화환원종의 종류를 결정하는 정성분석이 가능하다. 또한 산화(또는 환원) 반응을 일으킬 때의 산화(또는 환원) 전류의 크기에 따라 산화 환원종의 농도를 결정하는 정량분석이 가능하다. 특히 사이클릭 볼타메트리는 산화환원 전류 피크의 출현 전위와 피크 전류의 크기에서 수초 측정으로 정성분석과 정량분석이 가능한 매우 유용한 기법이다. 그러나, 거의 같은 전위에서 산화(또는 환원)되는 분자를 선택적으로 검출하기는 어렵다.

예를 들어, 신경전달물질인 도파민 및 아드레날린은 거의 같은 전위에서 산화되기 때문에 한쪽만을 선택적으로 검출하기가 어렵다. 게다가 직접 전극에서 산화환원되는 분자의 수는 한정되어 있다. 그래서 전기화학 계측은 화학반응, 생화학반응 및 광화학반응에 의해 전기화학 활성종이 생성되는 계와 조합된 화학센서 및 바이오센서로 응용 전개되고 있다. 이 장의 내용을 알면 이러한 응용에 대해서도 쉽게 이해할 수 있을 것이다.

【참고 문헌】

1) A. J. Bard, L.R. Faulkner, "Electrochemical Methods," John Wiley & Sons (1980).
2) 藤嶋昭他,『電気化学測定法 (上) (下)』, 技報堂出版 (1984).
3) 喜多英明, 魚崎浩平,『電気化学の基礎』, 技報堂出版 (1983).
4) 電気化学協会編,『電気化学測定マニュアル』, 丸善 (2002).
5) 大堺利行他,『ベーシック電気化学』, 化学同人 (2000).
6) 城間純著, 桑畑進・松本一監修,『電気化学インピーダンス』, 化学同人 (2019).

색 인

기기분석 핸드북 2 고분자·분리분석편

초 판 2024년 4월 30일

저 자 오승호

발행인 오상환
편집인 이은숙

발행처 신일서적(주)
서울시 영등포구 도림로 310-1 신일빌딩 5층
등록일 2013년 4월 18일. 제2013-000039호
연락처 전화 02-834-9101 | 팩스 02-844-1853
이메일 shinil@shinilbooks.com
홈페이지 www.shinilbooks.com

정 가 22,000원

ISBN 979-11-91489-88-0 93470

◆ 저자와의 협약 하에 인지는 생략합니다.
◆ 잘못 만들어진 책은 구입하신 서점이나 본사로 연락주시면 교환해 드립니다.